教育部人文社会科学研究规划基金项目（批准号：23YJA840015）研究成果
中国特色高水平高职学校建设系列成果/金苑文库

# 社区信用治理研究

毛　通　楼裕胜　著

中国纺织出版社有限公司

**图书在版编目（CIP）数据**

社区信用治理研究 / 毛通，楼裕胜著. -- 北京：中国纺织出版社有限公司, 2025. 3. -- ISBN 978-7-5229-2500-4

Ⅰ. C916.2

中国国家版本馆CIP数据核字第2025AQ6078号

责任编辑：刘桐妍　　责任校对：王蕙莹　　责任印制：储志伟

中国纺织出版社有限公司出版发行

地址：北京市朝阳区百子湾东里A407号楼　邮政编码：100124

销售电话：010—67004422　传真：010—87155801

http://www.c-textilep.com

中国纺织出版社天猫旗舰店

官方微博 http://weibo.com/2119887771

河北延风印务有限公司印刷　各地新华书店经销

2025年3月第1版第1次印刷

开本：710×1000　1/16　印张：18.5

字数：269千字　定价：89.90元

本书系作者主持的教育部人文社会科学研究规划基金项目“共同体模式下城市社区信用治理的机制与路径研究”（批准号：23YJA840015）的研究成果

# 前言

PREFACE

在新时代国家治理体系和治理能力现代化的宏大叙事中，社区作为社会有机体的“毛细血管”，正在经历一场静默而深刻的治理革命。当中国特色社会主义进入新发展阶段，传统社区治理模式与社会主要矛盾变化的现实张力日益显现，如何破解基层治理“最后一公里”的困境，如何构建共建共治共享的社会治理格局，成为摆在理论与实践工作者面前的重大课题。

社会信用体系建设与社区治理创新的历史性相遇，为破解这一难题提供了全新视角。党的十八大以来，社会信用体系从经济领域向社会治理领域延伸拓展，逐渐成为创新社会治理的基础性工程。而社区作为社会信用体系建设的微观载体，正在实践中探索将信用元素嵌入基层治理的创新路径。这种融合既体现了中国社会治理的智慧传承，又彰显了数字化时代治理创新的时代特征。

本书的创作源于我们对基层信用治理实践的长期观察与思考。在宁波余姚“道德银行”的积分台账里，在萧山瓜沥“信用超市”的货架前，在富阳东洲“诚信楼道”的公示栏下，我们见证着信用治理如何重塑社区人际关系，如何激活居民自治活力。这些生动实践既展现出信用治理的蓬勃生命力，也暴露出规则体系不健全、信息共享不充分、激励机制不完善等现实挑战。正是这些来自基层的鲜活经验与深层困惑，促使我们系统梳理社区信用治理的理论脉络与实践路径。

本书构建了“四梁八柱”式的分析框架：以社区信用规则体系、信息体系、服务体系、文化体系为四维支撑，以治理结构、运行机制、评价系统为制度保障，通过理论阐释与案例分析相结合的方式，全景式展现社区信用治理的生态系统。书中既探讨党组织、自治组织、社会组织和市场主体的信用评价机制，也剖析信用积分、信用评价等创新实践；既有对荣成模式、富阳经验等典型案例的深度解构，也有对治理共同体建设路径的前瞻思考。

在研究方法上，我们坚持问题导向与实践导向相统一，采用“解剖麻雀”式的案例研究法与跨学科交叉分析法，融合社会学、公共管理学、法学等多学科视角。研究团队历时五年有余，走访调研100余个乡镇街道，与大批基层干部群众进行深入访谈，并参与指导多地信用社区的试点创建，力求使理论研究扎根中国大地，让学术话语接续实践地气。

本书的写作始终秉持三个基本立场：第一，坚持党建引领与群众路线的辩证统一，既强调党组织在信用治理中的核心作用，又注重激发居民自治的内生动力；第二，坚持法治思维与德治浸润的有机结合，既注重信用规则的刚性约束，又重视诚信文化的柔性教化；第三，坚持技术赋能与人文关怀的良性互动，既善用大数据、区块链等现代信息技术，又守护社区治理的温度与情怀。

期待本书能为从事社区工作的实践者提供方法工具，为政策制定者贡献决策参考，为学术研究者开阔理论视野，更期待能引发社会各界对基层治理创新的深层思考。社区信用治理的探索仍在路上，这项充满中国智慧的治理创新，正以其独特的实践逻辑，书写着新时代“枫桥经验”的崭新篇章。让我们共同见证并参与这场发生在街头巷尾的治理变革，为建设人人有责、人人尽责、人人享有的社会治理共同体而不懈探索。

谨以此书献给所有深耕基层治理沃土的实践者和思考者。本书出版受到教育部人文社会科学研究规划基金项目“共同体模式下城市社区信用治理的机制与路径研究”（批准号：23YJA840015）、浙江省高校重大人文社科攻关计划项目“新发展格局下我国社会信用‘五维’体系的统计监测及评价研究”（项目编号：2024GH067）、浙江金融职业学院中国特色高水平高职院校建设资金资助，出版社编辑们对本书出版给予了专业且全面的支持，在此表示衷心的感谢！书中疏漏之处，恳请读者不吝指正。让我们在理论与实践的交响中，共同奏响基层治理现代化的时代强音。

毛通

2024年秋于杭州

# 目录

CONTENTS

# 第一章

# 社区信用治理问题的由来

党的二十大报告对完善社会治理体系，建设人人有责、人人尽责、人人享有的社会治理共同体提出了新的要求。社区是社会治理的“最小单元”和“神经末梢”，其治理工作的统筹推进，关系到国家治理体系和治理能力现代化目标顺利实现的基础性工程。社会信用体系作为社会主义市场经济体制和社会治理体制的重要组成部分，在社区治理中发挥基础作用。研究如何以信用理念与方式打通基层治理的“最后一公里”，将社会信用体系建设重心下沉至社区，打造社区信用治理共同体，对于进一步完善中国特色社会信用治理理论，加快基层治理体系和治理能力现代化建设，具有双重意义。

## 第一节　中国社区开启治理体系现代化建设新篇章

### 一、社区治理与社区治理体系

“社区”这一概念最早由德国社会学家滕尼斯（Ferdinand Tonnies）在1887年出版的《社区与社会》一书中提出。滕尼斯认为，社区在本质上是一个相互关联的大集体，是构成整个社会的基本单位。在中国，社区是一个“舶来品”，这一概念由费孝通等老一辈社会学先驱在20世纪30年代引入。现代意义上的社区，最早见诸于官方文件，是2000年中共中央办公厅、国务院办公厅关于转发《民政部关于在全国推进城市社区建设的意见》（中办发〔2000〕23号）的通知。文件中将“社区”定义为“聚居在一定地域范围内的人们所组成的社会生活共同体”。在国内，社区习惯上常按地域分为城市社区和农村社区[1]。

社区治理是指政府、社区党组织、社区自治组织、营利组织、非营利组织、驻社区单位及居民等多元主体基于市场原则、公共利益和社区认同，协调合作，有效供给社区公共物品，满足社区需求，优化社区秩序的过程与机制。社区治理的目标就是通过多元权力对社区治理的参与，在多元权力格局职责分明而又相互依赖的基础上促进社区的良治，最终达到发扬民主、整合资源、促进社区建设的目的。这既是政治体制改革的过程，也是发扬民主的过程，同时也是社区建设和提高居民生活质量的过程。[2]

2012 年，党的第十八次全国代表大会上，“社区治理”首次写入党的纲领性文件。党的十八大报告提出，在城乡社区治理、基层公共事务和公益事业中实行群众自我管理、自我服务、自我教育、自我监督，是人民依法直接行使民主权利的重要方式，要健全基层党组织领导的充满活力的基层群众自治机制。以此为起点，我国的社区建设开始了从管理向治理的华丽转身。[3]

社区治理体系可以定义为围绕社区治理目标而系统设计的一整套运行机制与管理制度的统称。它涵盖主体构成、治理内容、治理方式、治理目标、治理机制等多个方面。社区治理体系强调的是社区治理过程中所包含的核心要素、结构关系以及它们之间的相互作用方式。所谓社区治理体系化，实则是社区治理的各个方面、各个环节以及各个主体有机地整合起来，形成一个系统、完整、协同的治理结构与运行机制。

2017 年，《中共中央 国务院关于加强和完善城乡社区治理的意见》中指出“城乡社区是社会治理的基本单元。城乡社区治理事关党和国家大政方针贯彻落实，事关居民群众切身利益，事关城乡基层和谐稳定”。文件就实现党领导下的政府治理和社会调节、居民自治良性互动，全面提升城乡社区治理法治化、科学化、精细化水平和组织化程度，促进城乡社区治理体系和治理能力现代化，加强和完善城乡社区治理作出具体部署。据此，我国社区治理正式开始

---

[1] 本书中所指的“社区”这一研究对象，既包括城市社区，也包括农村社区。

[2] 邱梦华．城市社区治理［M］.2 版．北京：清华大学出版社，2019 年。

[3] 张雷．建设以人民为中心的城乡社区治理新体系［J］. 中国民政，2022（6）:21-23.

体系化、现代化建设新时代。文件指出："健全完善城乡社区治理体系，要充分发挥基层党组织领导核心作用，有效发挥基层政府主导作用，注重发挥基层群众性自治组织基础作用，统筹发挥社会力量协同作用。"2021 年，《中共中央 国务院关于加强基层治理体系和治理能力现代化建设的意见》中进一步指出"基层治理是国家治理的基石，统筹推进乡镇（街道）和城乡社区治理，是实现国家治理体系和治理能力现代化的基础工程"。加强基层治理体系和治理能力现代化建设的主要目标是：建立起党组织统一领导、政府依法履责、各类组织积极协同、群众广泛参与，自治、法治、德治相结合的基层治理体系。

## 二、社区治理体系现代化的内在要求

社区治理体系的现代化，必然要求治理主体的多元化与高效协同相匹配、要求治理过程的制度化与全面法治化相融合、要求治理手段的信息化与智能化相促进，要求治理理念的人本化与价值引领与之相契合，具体而言：

第一，治理主体的多元化与高效协同。社区治理体系化要求汇聚党政、社区自治组织、社区社会组织、居民及市场营利性机构等多方力量，通过构建高效的协同机制，确保各方能够共同参与、协同合作，共同承担社区治理的责任和义务。这不仅能够极大地丰富治理资源，还能显著增强治理的灵活性和有效性，达到提升社区治理效能的目标。

第二，治理过程的制度化与全面法治化。社区治理体系化建立在完善的制度和法律法规基础之上，要求通过制定和实施一系列科学、合理的规章制度，明确界定各方权责，确保治理活动的规范性和合法性。同时，将法治化原则贯穿于治理全过程，保障治理活动的公正、公平和公开，以维护社区秩序和居民权益，达到社区治理的法治化、规范化目标。

第三，治理手段的信息化与智能化。社区治理体系化强调信息化与智能化的深度融合，要求充分利用现代信息技术手段，如大数据、云计算、人工智能等，赋能社区治理，提高治理效率，降低治理成本。通过构建智慧社区平台，推动社区服务的创新与升级，为居民提供更加便捷、高效、个性化的服务体验，达到提升居民生活质量和社区治理智能化水平的目标。

第四，治理理念的人本化与价值引领。社区治理体系化始终坚持以人为本的治理理念，将居民的需求和利益放在首位，关注居民的生活质量、精神文化需求等方面，努力实现社区的全面发展和居民的幸福安康。同时，注重价值引领，通过弘扬社会核心价值观、培育积极向上的社区文化等方式，提升居民的道德素养和社会责任感，营造和谐、文明、有序的社区环境，达到社区治理的人本化、价值化目标。

## 第二节　中国特色社会信用体系成为创新社会治理的重要手段

### 一、中国特色社会信用体系的内涵

社会信用体系是社会主义市场经济体制和社会治理体制的重要组成部分。党的二十大报告首次将社会信用与产权保护、市场准入、公平竞争并列为市场经济基础制度。中共中央办公厅、国务院办公厅印发的《关于推进社会信用体系建设高质量发展促进形成新发展格局的意见》指出，完善的社会信用体系是供需有效衔接的重要保障，是资源优化配置的坚实基础，是良好营商环境的重要组成部分，对促进国民经济循环高效畅通、构建新发展格局具有重要意义。

2014 年国务院印发的《社会信用体系建设规划纲要（2014—2020 年）》对“社会信用体系”定位与内涵进行了全面概括。“社会信用体系是社会主义市场经济体制和社会治理体制的重要组成部分。它以法律、法规、标准和契约为依据，以健全覆盖社会成员的信用记录和信用基础设施网络为基础，以信用信息合规应用和信用服务体系为支撑，以树立诚信文化理念、弘扬诚信传统美德为内在要求，以守信激励和失信约束为奖惩机制，目的是提高全社会的诚信意识和信用水平”。

与西方发达国家不同，我国正在建立一个包含经济交易信用体系和社会诚信体系在内的广义的社会信用体系。沈岿（2019）指出，这一体系建设超越了“征信”或“信用”在西方和我国早先的意涵[1]，将其视为世界上独一无二的，本质上是在几乎任何人、任何事上使用声誉机制的一个工程，在看似道德工程的表面背后，实兼加强法律实施之意。[2]高茜（2021）认为，“十四五”时期我国社会信用体系建设正迈向高质量发展的新阶段。社会信用体系建设高质量发展应至少具备以下五个特征：其一，法治化、规范化是基础和保障；其二，在制度创新引领下实现技术和产品服务创新；其三，信用成为实现资源精准对接和优化配置的关键要素；其四，守信主体获得更多信任、实现更多价值；其五，社会信用体系的人民性显著增强。[3]

## 二、中国特色社会信用体系的社会治理价值

林钧跃（2020）认为，无论是政府性质的社会信用体系，还是市场性质的社会信用体系，均有明显的利弊，都不适合于我国直接采用，建议我国应建立治理型的社会信用体系。[4]信用治国与社会互信关系的建立是国家治理体系和治理能力现代化的新内容。[5]有学者认为社会信用体系是人类为了解决现代市场经济社会信息不对称引发的诚信缺失问题而进行的制度设计，它是不同于传统熟人社会诚信维系的一种新的社会治理机制。[6]社会信用体系是因诚信文化软约束难以全面阻抑利益诱惑和遏制非诚信行为泛滥而创设的一种外治体系。[7]

---

[1] 沈岿. 社会信用体系建设的法治之道［J］. 中国法学，2019（5）:25-46.

[2] 韩家平. 中国社会信用体系建设的特点与趋势分析［J］. 征信，2018（5）:1-5.

[3] 高茜. “十四五”时期我国社会信用体系建设高质量发展的特征与推进举措［J］. 征信，2021（5）:9-12.

[4] 林钧跃. 辨识社会信用体系的性质及其现实意义［J］. 征信，2020（9）:1-7.

[5] 吴晶妹. 信用建设的重中之重：全面的社会互信建设［J］. 2020（7）:11-15+25.

[6] 王淑芹. 中国特色社会诚信建设研究——诚信文化与社会信用体系融通互促［M］. 北京：人民出版社 .2022.

[7] 王淑芹，郭玲. 中国社会信用体系建设的缘起与特征［J］. 首都师范大学学报（社会科学版），2023（3）:66-72.

2022年，中共中央办公厅、国务院办公厅印发的《关于推进社会信用体系建设高质量发展促进形成新发展格局的意见》指出，要“推进信用理念、信用制度、信用手段与国民经济体系各方面各环节深度融合”“运用信用理念和方式解决制约经济社会运行的难点、堵点、痛点问题”。中国特色社会信用体系建设过程中创新了优化资源配置的无形驱动轮和构建新型监管机制的有形驱动轮，构建了助力实现社会治理现代化的强大双轮驱动动力机制。[1]社会信用体系建设与社会治理具有协同性和互促性。社会信用体系建设优化了社会治理的主体、客体、环境和效能，社会治理的方式方法明确了社会信用体系建设以全面覆盖、以法为纲、与时俱进和人才主导为方向。[2]

中国特色社会信用体系在推动社会治理现代化进程中发挥着举足轻重的作用。它有效促进了资源向诚信主体流动，实现资源的优化配置，提高社会整体经济效益。作为社会主义制度的一大亮点，社会信用体系通过政府、市场与社会的紧密合作，共同提升了社会治理的效能与水平。通过建立健全的信用评价和奖惩机制，该体系确保了社会成员在经济、社会活动中的诚信行为，有效遏制了失信现象，维护了社会的公平正义。这一体系的建立，积极营造了“守信光荣、失信可耻”的社会风尚，为社会风气的根本好转提供了有力支撑。

## 第三节　社区信用治理是两大体系融合互促的必然选择

### 一、两大体系建设面临双重挑战

1. 社区治理体系面临现代化建设能力不足的挑战

快速城市化打破了传统熟人社会结构，互联网的兴起进一步打破了人们交

---

[1] 门立群．高质量社会信用体系建设 助力社会治理现代化路径研究［J］．中国经贸导刊，2023（11）:29–31.

[2] 董树功，杨峙林．基于社会治理的社会信用体系建设研究：学理逻辑与路径选择［J］．征信，2020（8）:67–72.

流互动的地域限制，深刻地改变了人们的生活方式、社交模式以及信息获取方式。这对传统基于地域范畴的社区治理带来挑战：

第一，社区公共性普遍不足。具体表现为：①公共空间萎缩。供居民进行公共交往、休闲娱乐、文化活动等功能的空间逐渐减少或功能退化，这种萎缩不仅体现在物理空间上的减少，还体现在居民之间交往互动频率的降低，以及社区公共舆论生产能力的减弱，进而影响了社区凝聚力和公共精神的培养。②公共参与不足。居民对社区公共事务的关注度和参与度下降，不愿意或无法有效地参与到社区管理和建设中来，导致社区治理的困难和公共服务的不足。③公共利益流失。社区内公共利益的维护和实现受到挑战，居民之间的共同利益难以得到保障，影响社区的和谐稳定和可持续发展。④公共精神淡漠。居民对社区的认同感和归属感减弱，缺乏公共责任感和奉献精神，导致社区公共性的进一步削弱。

第二，社区治理要素碎片化。具体表现为：①社区治理主体碎片化。治理主体多元化但相互协作不畅，难以形成合力。②治理资源碎片化。资源配置不均衡，配置机制不健全，缺乏有效的共享机制，导致资源利用效率低下。③治理信息碎片化。信息主体分割严重，各自为政导致信息难以共享和整合，形成了“信息孤岛”。

第三，社区治理体系不完善。具体表现为：①多元主体权责不清晰。政党、社区、社会组织和居民等多元主体之间的权责利边界模糊，利益分配不均衡，造成治理效率低下与引发利益冲突。②治理机制不顺畅。党建引领的社会参与制度不完善，各主体之间的协同合作机制不健全，缺乏有效的沟通和协调机制，导致工作推进困难，治理效果不佳。③服务供给不足与不匹配。利益诉求多样化，社区公共服务的供给主体、服务内容、服务手段单一，服务与居民需求不匹配，难以满足居民多样化的需求。

第四，社区治理能力待提升。具体表现为：①社区政治能力建设不足。乡镇（街道）为民服务能力较弱，主动性和创新性不足，社区党组织的核心引领作用不突出。②社区自治能力建设不足。社区基层群众性自治组织的“四自”能力（自我管理、自我教育、自我服务、自我监督）薄弱，居民参与渠道与平台缺乏，自治氛围不浓厚。③社区法治能力建设不足。基层党员、干部在法治意识、法治思维和法治能力有待提升，以权代法、以情代法的现象仍时有发生；社区居民对依法治理的认知度不够，缺乏主动参与和依法支持基层治理的意识和能力；社区公共法律服务资源相对匮乏；村规民约、居民公约的制定和执行，依法治理的机制和制度建设方面存在不足，难以保障依法治理的规范性和有效性。④社区德治能力建设不足。社区道德建设滞后，道德监督机制不健全，缺乏有效的监督和制约，道德引领不足，道德风尚和社区精神缺乏。⑤社区智治能力建设不足。社区数字化、智能化水平整体不高，智慧化建设仍有较大空间，社区数据资源共享不畅，智能化应用不完善。

2. 社会信用体系面临建设重心向基层延伸不足的挑战

我国自上而下推动社会信用体系的整体重构，但这一建设模式目前面临如何将建设重心进一步下沉至基层的诸多挑战：

第一，基层信用缺失对全社会信用环境的营造形成掣肘。社区作为社会的基本单元，其信用状况直接影响着全社会信用环境的构建。当前，部分社区内存在信用缺失现象，如邻里间的不诚信行为、物业与业主间的信任危机、社区商业活动中的欺诈行为等。这些行为不仅破坏了社区的和谐氛围，也削弱了居民对社区乃至整个社会的信任感。社区信用缺失如同一面镜子，反映出社会信用体系建设在基层的薄弱环节，对营造诚信、友善的社会信用环境构成了显著的掣肘。

第二，基层信用体系不完善成为社会信用体系建设短板。在推进社会信用体系建设的进程中，基层信用体系的不完善问题日益凸显。这主要体现在信用组织体系不完善、信用信息采集覆盖面不足、信用评价标准不统一、信用奖惩机制不健全、信用应用场景匮乏、信用服务能力薄弱等方面。由于基层信用体系建设的滞后，导致许多有价值的信用信息未能被有效整合和利用，难以形成全面、准确的信用画像。这不仅限制了信用服务在基层的推广和应用，也使得社会信用体系在预防失信行为、保护守信主体方面的作用大打折扣，成为制约社会信用体系整体效能提升的关键短板。

第三，基层参与积极性不足影响社会信用体系建设的认同与实践。在社会信用体系构建中，基层的积极参与是其成功的关键。然而，目前基层居民对信用体系建设的参与热情不高，成为一大障碍。这种不足主要源于对信用价值的认知不足、参与渠道有限及激励机制缺乏吸引力。基层参与不积极，导致信用体系难以在群众中扎根，影响了信用文化的普及和信用环境的营造。缺乏基层的广泛认同与实践，社会信用体系难以发挥其应有的作用，限制了其在基层的深入发展和全面覆盖。因此，激发基层参与热情，增强信用体系的群众基础，是推动社会信用体系建设向基层延伸、实现高质量发展的必由之路。

## 二、社区治理体系现代化亟须社区信用治理为其赋能

1. 通过社区信用治理增强社区的公共性

在社区范围内，由于公共资源（包括公共空间、设施及服务）产权模糊，个体及群体在自利驱动下过度或不当使用，导致资源枯竭、环境恶化及社区品质下滑，此即“公地悲剧”，严重削弱了社区公共性。郁建兴（2019）认为，建设社会治理共同体需要解决激励问题，而其背后的核心是责任划分问题。[1]作为一项公共服务、公共物品，如果无法在操作层面上划分社会治理的责任，“人人有责、人人尽责”就无法得到实现。产生“公地悲剧”的另一个原因是声誉机制的失灵。“公地悲剧”说明仅仅依靠公民内在的“道德自觉”是远远不够的，必须要有一个完善的声誉机制作为外在约束，促使全体成员认真履责，以此推动公共精神和社区共识的形成。然而，声誉机制的形成有一个前提条件，就是有赖于个人声誉标签的显化。在一个“熟人网络”中，成员之间的声誉标签几乎是透明的，声誉机制的作用得以正常发挥。但在一个陌生人网络中，由于信息的不对称，“声誉标签”无法自动形成，显化将变得十分困难，这将导致声誉机制的失灵。社区信用体系通过明确社区成员在公共资源使用中的权责，融合信用激励与约束双重机制，激发公众责任感，培养公共精神，提升公共参与度，引导大家自觉地遵守社区规则，共同守护公共资源，从而有效遏制“公地悲剧”的发生。

2. 通过社区信用治理提升社区治理的效率

治理型的社会信用体系才有可能支撑社会治理走向更高的“善治”阶段，

---

[1] 郁建兴．社会治理共同体及其建设路径［J］．公共管理评论，2019（1）:59-65.

而这种治理效果必定是更为和谐且更有效的。[1] 社区公共治理中供需错配产生的原因是信息不对称，社会信用体系建设有助于降低政府与社区、社区与公众的信息不对称，提高资源配置的效率。社会信用体系可以作为各治理主体之间的桥梁和纽带，通过信用信息共享和联动，促进相互之间的协作和配合。建立基于信用的合作机制，明确各主体的职责和权益，形成治理合力。利用信用体系的数据分析能力，精准识别社区治理中的资源需求和缺口，实现资源的优化配置和高效利用。通过信用评估，引导资源向信用良好的社区和项目倾斜，提高资源利用效率。社会信用体系能够打破信息主体之间的壁垒，实现信息的互联互通和共享整合。通过建立统一的信用信息平台，实现社区治理信息的全面收集和及时发布，为各治理主体提供准确、全面的决策依据，从而解决社区治理要素碎片化的问题，大大提升社区治理的效率。

3. 通过社区信用治理创新社区治理的模式

社会信用体系的引入，深刻革新了社区治理模式，有效弥补了传统治理模式中的诸多弊端与不足，通过构建以信用为核心的管理与服务体系，实现了从单一管理向多元共治、从被动应对向主动服务的转变。这种模式的创新，畅通了治理机制，不仅增强了治理的民主性和透明度，还使得治理决策更加贴近社区实际和居民需求，推动了社区治理的现代化进程。

## 三、社会信用体系高质量发展亟须社区信用治理来夯实建设基础

1. 通过社区信用治理提升社会信用环境整体质量

社区信用治理是构建良好社会信用环境的重要基石。通过加强社区内信用信息的采集与管理，建立健全信用评价体系和奖惩机制，可以有效遏制不诚信行为，促进社区和谐稳定。同时，社区信用治理的强化还能提升居民对信用的认知度和重视程度，形成“守信光荣、失信可耻”的良好风尚，从而为社会信用体系的高质量发展提供坚实的群众基础和社会环境。

---

[1] 林钧跃．社会信用体系：社会治理工具的最佳选择［J］．中国信用，2018（12）:117-118.

2. 通过社区信用治理弥补社会信用体系建设短板

针对基层信用体系不完善的问题，社区信用治理的深化是重要解决途径。通过完善社区信用组织体系，拓宽信用信息采集渠道，统一信用评价标准，健全信用奖惩机制，并探索多样化的信用应用场景，可以显著提升基层信用体系的建设水平。这将有助于弥补社会信用体系在基层的短板，促进信用信息的全面整合与有效利用，为社会信用体系的高质量发展提供有力支撑。

3. 通过社区信用治理增强基层参与社会信用体系建设的群众基础

基层居民的积极参与是社会信用体系建设的生命线。通过加强信用宣传教育，提高居民对信用价值的认识；拓宽参与渠道，为居民提供更多参与信用建设的机会；以及设计具有吸引力的激励机制，激发居民的参与热情。这些措施将有效增强社会信用体系的群众基础，使信用体系在基层得到更广泛的认同与实践。这不仅是社会信用体系高质量发展的内在要求，也是实现社会治理现代化的重要途径。

# 第二章

# 社区信用治理及其理论依据

西方国家普遍建立的是征信体系，主要解决经济领域的信用问题；我国社会信用体系的定位为“社会主义市场经济体制和社会治理体制的重要组成部分”，扮演经济与社会治理“双重角色”，具有中国特色（吴晶妹，2015；韩家平，2018）。有学者认为应该将中国的社会信用体系模式化，以展示在经济社会治理上所秉持的价值理念和文明观，以及信用治理方式在方法论上的优越性（林钧跃，2023）。学术领域宏观和城市中观层面讨论信用治理模式与路径者居多（刘建洲，2011；张卫，2012；类延村，2021），鲜见社区微观层面研究。中国特色社会信用体系语境下的信用与传统信用经济学中的信用有何特殊之处？社区信用与社会信用又是什么关系？社区信用治理的基本问题与理论依据是什么？本章中，作者将着重对上述问题展开讨论，以期为下一步的研究提供理论支撑。

## 第一节　信用、社会信用与社区信用

### 一、社会信用体系语境下之信用与社会信用的含义

1. 信用的含义

关于何谓“信用”的理解众说纷纭。吴晶妹（2020）认为：信用有广义和狭义之分。广义的信用，即获得信任的资本，是社会与经济领域的综合，包括三部分内容，即诚信资本、合规资本、践约资本。狭义的信用，即获得交易对手信任的经济资本。社会信用体系建设对应的就是这种广义的信用。[1]

---

[1] 吴晶妹．现代信用学［M］．2版．北京：中国人民大学出版社，2020.

2. 社会信用的含义

事实上，为了更清晰地界定我国社会信用体系建设中的信用概念，以区别于西方国家主要聚焦于征信体系建设中的信用概念，当前国内实务界日益倾向于采用“社会信用”这一术语。多地的《社会信用条例》中均有对这一术语的清晰阐述。以 2017 年 10 月 1 日起施行的《上海市社会信用条例》为例，“社会信用”被定义为“具有完全民事行为能力的自然人、法人和非法人组织（统称信息主体），在社会和经济活动中遵守法定义务或者履行约定义务的状态”。又如 2021 年 6 月 1 日施行的《广东省社会信用条例》中，“社会信用”定义为“信用主体在社会和经济活动中履行法定义务和约定义务的状态”。

3. 社会信用信息

与“社会信用”相对应的“社会信用信息”的界定，各地条例中的表述也较为相似，但在构成上略有差别。以《广东省社会信用条例》和 2022 年 9 月 1 日实施的《湖南省社会信用条例》为例，两者均将“社会信用信息”界定为“能够用于识别、分析及评估信用主体社会信用的客观数据和资料”。但是在分类上，广东省将社会信用信息划分为公共信用信息与市场信用信息。其中，公共信用信息是指国家机关以及法律、法规授权的具有管理公共事务职能的组织等在依法履行职责提供服务过程中产生或者获取的社会信用信息；市场信用信息是指市场信用服务机构、信用服务行业组织以及其他企事业单位、社会组织在生产经营和社会服务活动中产生或者获取的社会信用信息。而湖南省则将社会信用信息划分为公共信用信息和非公共信用信息。公共信用信息的定义与广东省一致。而非公共信用信息则是指信用服务机构、行业协会商会、其他企事业单位和组织等（统称非公共信用信息提供单位）在生产经营、提供服务过程中产生或者获取的社会信用信息，以及信用主体以声明、自主申报、社会承诺等形式提供的自身信用信息，其所涉范围更加宽泛。

## 二、社区信用的内涵与社区信用主体构成

1. 社区信用的内涵

那么社区信用和社会信用是什么样的关系，又该如何定义“社区信用”

呢？作者认为，社区信用是社会信用在社区的一部分。参照社会信用的定义，可以将社区信用的概念界定为“社区信用主体在社区活动中遵守法定义务或者履行约定义务的状态”。遵守法定义务指的是社区信用主体必须遵守国家法律法规所规定的各项义务。这些义务是维护社区秩序、保障居民权益的基本要求，也是社区信用建设的重要基石。履行约定义务则指除了法定义务外，社区信用主体还需通过合同、协议、承诺、村规民约、社区规章制度等方式与其他主体建立约定关系，并承担相应的义务。

从社区信用的构成上来讲，可以分为社区公共信用和社区非公共信用（见图 2–1）。社区公共信用主要体现社区信用主体在社区与政府等公权力机构交往互动时的信用状况；社区非公共信用主要体现社区信用主体在社区与非公权力机构（如社区自组织、社区公众、社区社会组织、驻社区营利性组织等）交往互动中的信用状况。

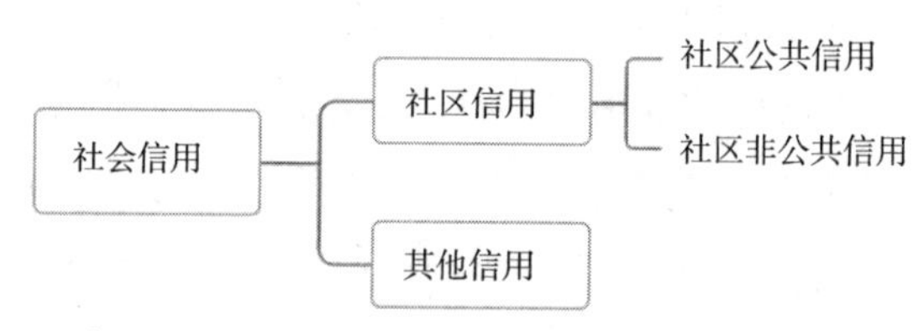


图 2–1　社区信用的构成及其与社会信用的关系

2. 社区信用主体及其构成

在社区信用这一概念表述中，需要进一步明确社区信用主体，因为它是社区信用治理的对象。社区信用主体指的是社区中具有完全民事行为能力的自然人、法人和非法人组织。作者认为，其应满足以下三个条件：第一，该主体必须具有完全民事行为能力，能够独立进行民事活动，独立承担民事责任；第二，其主要活动在社区行政区域范围内，这些活动包括但不限于在社区内居住、生活、工作、经营、参与社区活动或提供社区服务等；第三，是社区利益的关联方，其行为与社区的整体利益、治理成效或信用环境息息相关。

对照上述三个条件，参照国家市场监督管理总局和中国国家标准化管理委员会 2019 年发布的《信用信息分类与编码规范》（GB/T 37914—2019）有关信用信息主体分类标准[1]，可将社区信用主体具体划分为个体和组织两大类（见图2–2）。其中：社区个体包括社区居民、社区党员干部、社区工作者、社区志愿者；社区组织包括社区党组织、社区自治组织、社区社会组织和社区营利性组织。政府部门不属于社区信用主体范畴，但它们是社区信用治理的重要参与者，扮演监管者、服务提供者或政策制定者的角色。

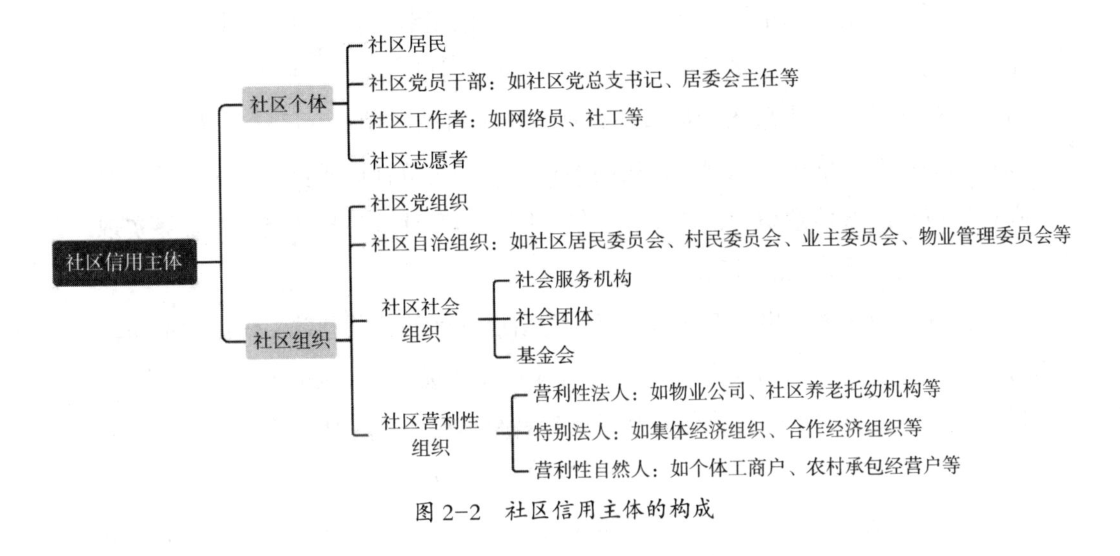


图 2–2　社区信用主体的构成

[1] 《信用信息分类与编码规范》（GB/T 37914—2019）中将信用信息主体分为自然人、法人和其他组织两大类。其中，自然人包括个人、个体工商户、农村承包经营户等；法人及其他组织包括营利法人（有限责任公司、股份有限公司和其他企业法人等）、非营利法人（事业单位、社会团体、基金会、社会服务机构等）、特别法人（机关法人、农村集体经济组织法人、城镇农村的合作经济组织法人、基层群众性自治组织法人）和非法人组织（个体独资企业、合伙企业、不具有法人资格的专业服务机构）等。

# 第二节　社区信用治理的基本问题

## 一、社区信用治理的内涵

社区信用治理是指社区党政组织、社区自治组织、社区社会组织、驻社区市场机构和社区公众等多元参与主体，以健全的社区信用体系为支撑，系统地将各类信用要素深度融入社区事务管理、社区组织运作和社区活动开展之中，以信用的理念、信用的规则、信用的方式引导和规范社区成员的行为，旨在增强社区成员的诚信意识、营造良好诚信氛围、提升社区治理效能，并最终实现社区公共利益最大化的过程。

社区信用治理的出发点和落脚点是为增进社区的公共利益。信用对推动政府治理同社会调节、居民自治良性互动具有独特优势，对提高资源配置效率、降低制度性交易成本、防范化解基层风险具有重要作用。社区信用治理必须坚持以增进社区公共利益为中心，并以信用理念和方式解决制约社区治理中的难点、堵点、痛点问题，提高社区整体政治、法治、德治、自治和智治水平，增加社区公众的获得感、幸福感。

在社区信用治理过程中，回答好以下三个问题至关重要：第一，谁来治理？即信用治理的主体问题；第二，治理什么？即信用治理的内容问题；第三，怎么治理？即信用治理的方式问题。

## 二、社区信用治理的主体

社区信用治理主体与社区信用主体不是同一个概念。社区信用治理是一个多元主体共治的过程，它有别于以政府为单一中心的管理，参与社区信用治理的主体众多，一般包括以下几类：

1. 社区居民

社区居民是社区信用治理的直接参与者和受益者，是构建良好信用环境的基石。他们通过遵守社区规范、参与信用评价和监督，促进社区成员间的信任与合作。公众的行为和态度直接影响社区信用体系的形成与运行，是不可或缺的主体力量。

2. 社区党组织

在社区信用治理中，社区党组织发挥着领导核心作用。它负责引领方向，确保信用治理工作符合党的路线方针政策，同时协调各方资源，推动信用建设深入发展。党组织通过党建引领，强化党员的示范带头作用，激发社区居民参与信用治理的积极性。

3. 社区自治组织

作为居民自我管理、自我服务、自我教育的平台，社区自治组织在社区信用治理中扮演着关键角色。它们负责制定和执行信用管理制度，组织信用活动，收集居民意见，反馈信用治理效果。通过自治，增强居民的归属感和责任感，促进社区信用体系的完善。

4. 社区社会组织

这些组织基于共同兴趣或目标而成立，是社区信用治理中的重要补充力量。它们通过提供专业服务、开展信用教育活动、搭建交流平台等方式，丰富信用治理的内容和形式，增强居民的信用意识和能力，促进社区和谐稳定。

5. 驻社区单位

包括驻社区营利性机构与非营利性机构。前者主要指各类以营利为目标的经营主体，后者则包含社区服务、教育文化、卫生医疗、社会福利等社会服务机构。作为社区经济社会活动的参与者，驻社区单位在社区信用治理中扮演着重要角色。它们通过诚信经营、诚信履责，为社区创造经济社会价值的同时，也影响着社区的信用环境。这些机构的良好信用行为能够带动整个社区信用水平的提升，成为社区信用治理的积极推动者。

6. 政府部门

政府在社区信用治理中扮演着组织、协调、监督等多重角色。政府负责制定信用治理的政策法规，提供必要的支持和保障，监督信用治理工作的实施。同时，政府还通过与其他主体的合作，共同推动社区信用体系的建立健全，为社区的长远发展奠定坚实基础。

除此之外，还有社工站等其他社区组织，承担政府及街道办事处在社区的各项工作和公共服务，它们也在社区信用治理中发挥积极作用。

上述各类主体参与社区信用治理可以用下图来描述（见图 2–3）。

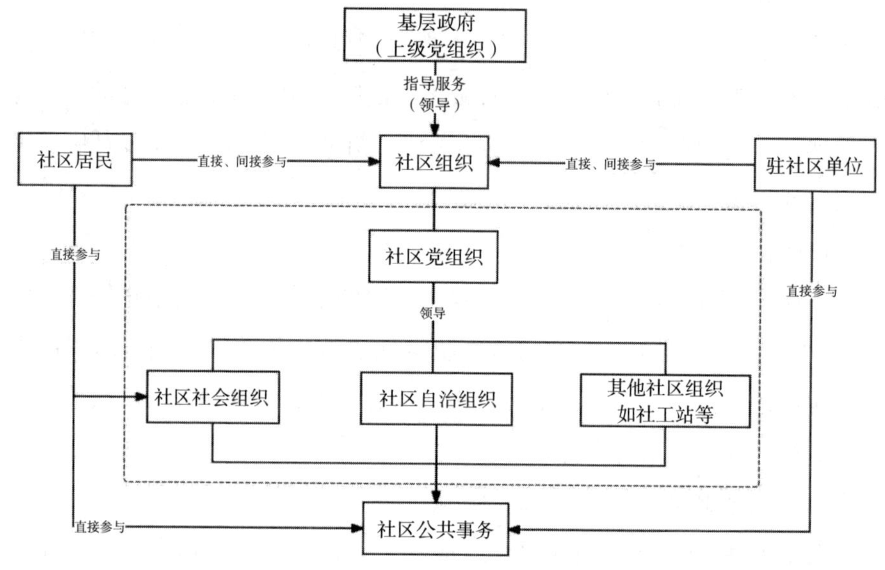


图 2–3　各类主体参与社区信用治理的概念模型

## 三、社区信用治理的主要内容

社区信用治理的主要内容应围绕社区公共事务治理展开。社区公共事务是指涉及社区共同利益，为满足社区公共需求，生产社区公共物品的活动。公共事务的本质是公共物品。公共物品的供给模式大致分为政府强制供给、市场自愿供给与第三部门志愿供给三类。公共物品具有消费的非排他性与非竞争性特性，导致集体成员在公共物品的消费和供给上存在搭便车的动机，因此，公共物品的供给成为一个典型的“集体行动困境问题”，即完全理性的个人会做出对集体非理性的行为。

问题治理是社区公共事务治理核心中的核心。如何以信用的理念、规则和方式化解社区公共事务治理中的各种难点、堵点、痛点问题，是社区信用治理的价值所在，其可以在以下社区问题治理中发挥积极作用。

第一，社区作风治理。将信用要素融入社区作风建设，以信用纠正和防范社区作风问题，着力解决社区党组织、社区自治组织、社区党员干部中的失信行为，以及各种官僚主义、懒政怠政、不担当、不作为、乱作为等作风问题，营造风清气正的社区环境。

第二，社区矛盾治理。运用信用机制有效缓解和解决基层社会的多种矛盾纠纷，如家庭矛盾、邻里纠纷、干群矛盾、劳资矛盾、村（社）企矛盾，以及业主与物业矛盾。

第三，社区风险治理。以信用有效预防和化解关乎社区公众切身利益的经济安全、金融安全、食品安全、生产安全、生态安全、信息安全、公共安全等事件，利用信用评价机制识别潜在风险源，强化责任主体诚信意识，促进风险预警与应对机制的完善。通过信用奖惩机制，激励守信行为，惩戒失信行为，共同守护社区的安全稳定，让信用成为社区风险防范的坚实盾牌。

第四，社区失信治理。针对社区内出现的失信行为，如逃避责任、虚假承诺等，建立严格的失信惩戒机制，包括公开曝光、限制享受社区服务等措施，提高失信成本。同时，开展信用修复教育，引导失信者改正错误，重建信用，促进社区整体信用水平提升。

第五，社区道德治理。以信用化解基层社会失德问题，着力解决违背社会主义核心价值观，有违社会公序良俗的不文明、不道德现象。

第六，社区舆论治理。在信息时代，社区舆论对治理效果影响深远。通过构建基于信用的社区舆论监督机制，鼓励居民理性表达意见，抵制谣言和虚假信息。同时，对恶意造谣、传播不实信息的行为进行信用惩戒，维护社区舆论环境的健康有序，为社区治理提供正能量支持。

## 四、社区信用治理的主要方式

陈一新（2020）认为政治引领、法治保障、德治教化、自治强基、智治支撑“五治”是推进基层社会治理现代化的基本方式。[1] 实现社区信用治理，就是要将社区信用体系与社区治理体系相融合，实现各类信用要素与“五治”有

[1] 陈一新.“五治”是推进国家治理现代化的基本方式［J］. 求是，2020（3）:8.

机融合。

第一，信用 + 社区政治。政务诚信是树立基层政权公信力，增进政府和公众良性互动的重要基础。推动以基层政府和村社“小微权力”为代表的政务诚信建设，有助于更好发挥基层政权的“政治”引领作用，凝聚社区治理合力。

第二，信用 + 社区法治。信用是法律的“道德底蕴”，是法治社会的内在品质（刘武俊，2002）[1]。信用与法治相融合，有助于维护法律尊严，维系法治良性运转，更好发挥“法治”的保障作用，增强社区治理定力。

第三，信用 + 社区德治。诚信是社会主义核心价值观的重要内容。信用是德治的重要“灵魂”。维系社会的良性秩序既要靠法律的外在规制，也有赖于社会信用这一道德资源的内在调适（刘武俊，2002）。以信用为导向，弘扬诚信文化和契约精神，将有助于更好地发挥“德治”的教化作用，促进社区治理内力。

第四，信用 + 社区自治。诚信自律是实现社区自治的重要前提条件。以信用为内在约束，以信用为手段调动社会主体参与社区治理现代化的积极性、主动性、创造性，有助于更好发挥“自治”基础作用，激发社区治理活力。

第五，信用 + 社区智治。信用智治是社区智治的重要表现。以信用信息为支撑，以信用评价为依据，以信用奖惩为核心，推进信用智治水平和能力建设，将有助于更好发挥“智治”支撑作用，提高社区治理智力。

政治引领、法治保障、德治教化、自治强基、智治支撑“五治”是推进基层社会治理现代化的基本方式（陈一新，2020）。实现社区信用治理，就是要将信用与“五治”相融合，做到融信于治。

目前，理论界与实务界经常采用“信用 + 社区治理”的叙事方式，阐述如何在社区治理的过程中，通过信用的赋能，解决治理中的一些痛点、堵点和难点问题，并以此显示信用体系建设取得的成效。但作者认为，要实现真正意义的社区信用治理，并不是将“信用”与“社区治理”做简单的加法。“信用 + 社区治理”本质上还是将社会信用体系与社区治理体系作为两个独立运作的体系加以看待，此时信用仅仅成为社区治理的一种工具或手段被强行施加于社区治

[1] 刘武俊．信用，现代法治社会的一种德性［J］．社会，2002（1）:31.

理过程中。这一理解缺乏系统观念，没有通盘考虑实施社区信用治理的所需的基础条件，不利于社区信用体系的建设，也无法实现两大体系的融合互促。因此，“信用 + 社区治理”这仅仅只能被视为社区信用治理初级阶段的一种尝试。

## 第三节　社区信用治理的理论依据

治理理论、社会信用体系理论等相关理论为社区信用治理提供了相应理论支撑。

### 一、治理理论

1. 治理理论的形成过程及主要观点

治理理论是公共管理领域的重要理论之一，它强调在公共事务管理中，政府不再是唯一的治理主体，而是需要政府、市场、社会等多元主体共同参与、协商合作，以实现公共利益的最大化。治理理论的核心在于多元主体的协作与互补，通过构建网络管理体系，实现资源的有效配置和治理效能的提升。

20 世纪后期，随着福利国家的兴起，政府权力和职能的无限膨胀导致了行政效率低下、财政支出庞大和公众信任度下降等问题。同时，市场机制的局限性也逐渐显现，如信息不对称、外部性等问题难以通过市场机制有效解决。这种背景下，治理理论作为一种超越传统市场和政府二元对立的新模式应运而生。全球化进程加速了国家间经济、政治、文化的交流和融合，使得传统的国家治理模式面临挑战。此时，公民社会的蓬勃发展和社会组织集团的迅速崛起，为治理理论的兴起提供了土壤。社会团体、慈善组织、社区组织等非政府力量通过提供公共服务、维护公共利益等方式，积极参与社会治理，与政府和市场形成互补，共同推动了治理理论的兴起和发展。

治理理论的代表性人物詹姆斯・N・罗西瑙（James N. Rosenau）在其著作《没有政府的治理》等论著中比较系统地提出了现代治理理论。他强调治理是一系列活动领域里的管理机制，其使用范围不局限于政府统治，非政府机制的治理也很重要。罗西瑙的治理理论为理解现代社会中的权力运作、政策制定以及公共事务管理提供了新的视角和框架。格里·斯托克（Gerry Stoker）在《作为理论的治理：五个论点》一书中总结出了关于治理的五种主要论点，包括治理出自政府但又不限于政府的一套社会公共机构和行为者；治理明确肯定了在涉及集体行为的各个社会公共机构之间存在着权力依赖；治理明确指出在为社会和经济问题寻求解答的过程中存在界线和责任方面的模糊之点；治理意味着参与者最终将形成网络的自治自主；治理认定，办好事情的能力并不仅限于政府的权力，也不在于政府的发号施令或运用权威。这些论点进一步丰富了治理理论的内涵和外延。

随着全球化进程的加速和跨国问题的增多，传统的单一主体治理模式已经难以应对复杂多变的治理挑战。因此，治理理论不断发展和完善，逐渐形成了以多元共治思想为内核的多元共治理论。多元共治理论强调政府、社会组织、企业、个人等多元主体共同参与社会治理，形成共建共治共享的社会治理格局。该理论的代表性人物之一埃莉诺·奥斯特罗姆（Elinor Ostrom）在她的作品《公共事物的治理之道：集体行动制度的演进》（*Governing the Commons: The Evolution of Institutions for Collective Action*）提出了自主组织和治理公共事物的制度和理论，该理论强调了多元主体共同参与社会治理的重要性。

2. 治理理论与社区信用治理的关联

现代社区是典型的“陌生人社会”，缺乏传统社区中基于地缘和血缘的紧密联系和共同利益纽带。社区信用治理能够激发居民参与社区事务的积极性，增强居民间的互助合作，从而培育出社区共同体意识，共同维护社区公共利益，形成紧密的社区联系和共同的利益纽带。此外，社区治理是一个复杂而多元的过程，需要各方共同参与、协作配合，以实现社区公共利益的最大化，信用治理为各方参与治理提供了可能。政府作为政策的制定者与利益的协调者，起监督指导与桥梁纽带作用；社区作为主导者，扮演社区信用治理工作组织者与实施者的角色；社会组织与市场主体作为重要的参与力量，负责为社区信用治理提供服务场景和技术支持。通过汇聚各方资源和力量，形成治理合力。

## 二、社会信用理论

1. 社会信用理论的形成过程及其主要观点

社会信用理论源起于信用经济学，根植于中华民族深厚的诚信文化基因，脱胎于中国大规模、自上而下、系统性的社会信用体系建设实践活动，最终形成了独具中国特色的社会信用理论，为创新社区信用治理提供了理论依据与方法论支撑。

社会信用理论源起于信用经济学，特别是古典经济学中的信用借贷思想和马克思的信用理论，以及社会契约论对信任与责任关系的深刻探讨。这些理论为社会信用理论奠定了坚实的基础。从 17 世纪开始，随着资本在生产中地位的逐步提升，银行和企业之间的资金借贷活动更加频繁，古典经济学派的经济学家开始关注信用问题。那时的信用通常指“信贷”或“借贷”。古典经济学派的代表性人物亚当·斯密在《道德情操论》中提出，经济活动建立在社会习惯和道德的基础上，信用是市场经济中经济行为的重要基础。马克思在《资本论》中详细探讨了信用的产生及其对整个资本主义社会经济的深刻影响。他认为信用是经济上的一种借贷行为，是以偿还为条件的价值的单方面让渡。社会契约理论的代表人物让－雅克·卢梭（Jean-Jacques Rousseau）在《社会契约论》提出了“公意”的概念，认为社会契约是基于全体人民的共同意志而建立的，政府应当代表这种共同意志来行使权力。卢梭的观点强调了社会契约中的民主性和公正性，即契约的订立和履行必须体现全体人民的意愿和利益。这种对公共意志的尊重和维护实际上也是对社会信用的一种体现，因为只有当政府和社会成员都信守共同的契约原则时，社会信用体系才能得以建立和维持。

社会信用理论根植于中华民族深厚的诚信文化基因之中。从古代的儒家思想到现代的社会主义核心价值观，诚信始终被视为个人修养和社会交往的基石，这些文化传统为社会信用理论提供了丰富的思想资源和精神滋养。儒家学派的创始人孔子，他强调“仁、义、礼、智、信”五常之道，其中“信”是儒家思想的重要组成部分。孔子认为，诚信是个人立身之本，也是社会交往的基石。他提倡“言必信，行必果”，强调言行一致的重要性。儒家学派的另一代表人物孟子进一步发展了的诚信思想，他提出“诚者，天之道也；诚之者，人之道也”。孟子认为，诚信是天的法则，追求诚信是做人的法则。他强调内心的真诚和外在行为的统一，认为只有真诚的信用才是持久可信的。儒家思想强调了诚信在个人修养、社会交往和经济活动中的重要性，注重道德约束，提倡通过自律和修身来达到诚信的境界。在社会主义核心价值观的体系中，诚信不仅是个人层面的道德基石，更是社会层面的重要价值取向。它贯穿于国家、社会、公民三个层面的价值要求之中，是连接个人品德、社会公德与国家治理的桥梁。诚信作为社会主义核心价值观的基石之一，不仅要求公民个人做到言行一致、诚实守信，更要求社会各个领域、各个层面都遵循诚信原则，共同营造风清气正的社会环境。在经济领域，诚信是市场经济的灵魂，保障交易公平、促进资源优化配置；在政治领域，诚信是政府公信力的源泉，增强民众对政府的信任和支持；在文化领域，诚信是文化繁荣的基石，推动社会形成崇德向善的良好风尚，这为社会信用理论及社区信用治理提供了价值导向。

真正使社会信用理论在中国焕发出独特魅力和实践价值的，则是脱胎于中国大规模、自上而下、系统性推进的社会信用体系建设实践活动。这一实践活动不仅将理论转化为生动的现实，还促进了社会信用理论在中国特色社会主义背景下的不断创新与发展。

王淑芹（2023）等人认为中国社会信用体系建设的缘起，在于我国社会转型尤其是推行市场经济体制后，失信行为逐渐从经济领域蔓延到政治、文化、教育、医疗等领域，成为影响我国现代化进程和社会健康发展的痼疾和掣肘。面对失信问题的高发频发态势，中国坚持从国情实际出发，在继承传统优秀诚信道德文化和借鉴人类诚信建设文明成果的基础上，经过30年理论与实践的探索，走出了一条具有中国特色的社会信用体系建设新路。[1]社会信用体系理论是很具中国特色的理论，在世界上任何国家都没有前例。[2]

学术界目前较为一致的观点：1999年的“建立国家信用管理体系课题”历史性地提出了在中国市场上建设社会信用体系问题，提出了一系列的新概念，

---

[1] 王淑芹，郭玲．中国社会信用体系建设的缘起与特征［J］．首都师范大学学报（社会科学版），2023（3）:66-72.

[2] 林钧跃．社会信用体系理论的传承脉络与创新［J］．征信，2012（1）:1-12.

初步形成了社会信用体系的基础理论。吴晶妹、林钧跃、王淑芹等国内一大批信用管理领域的专家学者，以及来自大征信行业和政府智囊机构的人员为完善社会信用体系理论做出了杰出贡献。吴晶妹在《三维信用论》一书中系统地阐述了三维信用理论（WU'S 三维信用理论）的基本思想，以其独特的视角，为中国现代信用学的发展和社会信用体系的建设做出了重要贡献。林钧跃（2020，2023）对社会信用体系的性质、社会信用体系模式构建问题分别进行探讨。其认为，无论是政府性质的社会信用体系，还是市场性质的社会信用体系，均有明显的利弊，都不适合于我国直接采用，建议我国建立治理型的社会信用体系。对于社会信用体系模式，提出了基于政治学和经济学的“理论模式”和基于社会系统工程学和信用管理技术的“工程模式”。其认为基于中国经验，应该构建“公共型社会信用体系理论模型”和“市场型社会信用体系理论模式”两种类型的社会信用体系理论模式。[1] 王淑芹（2022）在《中国特色社会诚信建设研究》一书中率先提出了诚信文化与社会信用体系融通互促的观点，诚信文化与社会信用体系不是孤立的两个领域，而是相互依存、相互促进的。其认为通过加强诚信文化建设，可以推动社会信用体系的完善；而社会信用体系的建立，又能够进一步弘扬诚信文化。这一思想创新了社会诚信建设的理论框架。

2. 社会信用体系理论与社区信用治理的关联

社会信用体系理论与社区信用治理之间存在着紧密的关联，这种关联体现在多个方面，包括理念、制度、实践以及效果等。具体来说：

第一，理念上的契合。社会信用体系理论强调信用在经济、社会活动中的重要性，认为信用是市场经济和社会治理的基石。而社区信用治理正是基于这一理念，在社区范围内构建和维护信用秩序，促进社区成员之间的信任与合作。两者在理念上高度契合，都致力于提升全社会的信用水平和信用意识。社会信用体系中的“信用”不仅仅局限于经济交易中的信任，而是涵盖了人们在经济、社会交往中形成的广泛信任。这种理解与社会治理中的信用需求高度契合，因为社会治理同样需要建立在人与人之间的信任基础上。社区作为社会治

---

[1] 林钧跃．社会信用体系模式构建及其必要性［J］．征信，2023（1）:6-11.

理的基本单元，其信用状况直接影响着社会治理的效果。社区信用治理强调在社区范围内建立和维护信用秩序，这与社会信用体系构建诚信社会的目标是一致的。

第二，制度上的支撑。中国社会信用体系包括政务诚信、商务诚信、社会诚信和司法公信四个重点领域。这四个领域相互支撑、共同构成了社会信用体系的制度框架。在社区信用治理中，这些制度框架为社区信用建设提供了重要的制度保障。政务诚信为社区治理提供了公信力保障；商务诚信促进了社区内经济活动的规范运行；社会诚信增强了居民之间的信任与合作；司法公信则保障了社区治理的公正性。

第三，实践中的互动。信用评价与奖惩机制：社会信用体系中的信用评价和奖惩机制在社区信用治理中得到了广泛应用。通过对社区成员进行信用评价，并根据评价结果采取相应的奖惩措施，可以激励守信行为、惩戒失信行为，从而推动社区信用环境的改善。信用文化建设：社会信用体系注重信用文化的建设。在社区信用治理中，通过加强信用宣传教育、树立诚信典型等方式，可以营造浓厚的社区信用文化氛围，提升居民的信用意识和信用素养。

第四，效果上的共融。促进社区和谐稳定：社区信用治理的推进有助于提升社区居民之间的信任感和凝聚力，减少矛盾和冲突的发生，从而促进社区的和谐稳定。这种和谐稳定的社区环境又为社会信用体系的进一步完善提供了有力的支撑。推动社会治理现代化：社会信用体系与社区信用治理的关联还体现在推动社会治理现代化方面。通过加强社区信用治理，可以推动社会治理向更加精细化、智能化的方向发展，提高社会治理的效能和水平。

## 三、信用资本理论

1. 关于信用是一种资本的众多解释

信用资本是资本的一种类型，与社会资本、文化资本、符号资本、人力资本等众多资本概念存在关联。普特南（Putnam）在《让民主运转起来》（*Making Democracy Work*）中首次将诚信定义为社会资本的组成部分，并揭示了信用是社会资本的构成形式。“社会资本指的是社会组织的特征，如诚信、准则和网络，它们通过促进协调行动来提高社会效率。”林南（Lin）在《社会资本：关于社会结构与行动的理论》一书中指出，社会关系可以被组织或代理人确定为个人的社会信用（social credentials）的证明，部分社会信用反映了个人通过社会网络与社会关系（他或她的社会资本）获取资源的能力。法国社会学家皮埃尔·布尔迪厄在《文化资本与社会炼金术》一书中提出，文化资本以三种形式存在：具体的状态、客观的状态和体制的状态。具体化文化资本是教育、习俗和经验等内化在人身体上形成的才能和禀性；客观化文化资本是物化后成为文化商品，如图书、绘画、工具和物质文化遗产等；制度化文化资本指获得的社会认可的学历、学位和证书等。因此，文化资本（部分具体化文化资本和制度化文化资本）与信用资本存在关联。例如，诚信文化属于信用资本也是文化资本。在《区隔》一书中，布尔迪厄还提出符号资本的概念，认为符号资本是一种受到社会认可的，能够长期积累的荣誉、声名、精神、特殊性等以符号化方式存在的稀缺性资源。符号资本是无形的、象征性的，其运作以社会成员的完全认同为前提。显然，符号资本和信用资本都反映了社会评价体系对个体或组织的认可和尊重程度。一个拥有更多符号资本和信用资本的个体或组织，往往更能够获得社会的认可和尊重，从而在经济和社会活动中占据更有利的地位。20世纪60年代，美国经济学家舒尔茨和贝克尔创立的人力资本理论认为，物质资本指物质产品上的资本，包括厂房、机器、设备、原材料、土地、货币和其他有价证券等；而人力资本则是体现在人身上的资本，即对生产者进行教育、职业培训等支出及其在接受教育时的机会成本等的总和，表现为蕴含于人身上的各种生产知识、劳动与管理技能以及健康素质的存量总和。吴晶妹（2021）[1]认为人力资本与信用资本存在密切关联：第一，信用资本与人力资本二者的本质相同。都是以人为载体的资本，表达的都是人本的价值。第二，二者基础价值相同。诚信度是人力资本与信用资本的共同基础价值。第三，二者范围相同。都关乎人的基本素质与能力，无论表述与细分如何不同，范围都覆盖了人的品质、人际关系与社会活动以及经济利益与经济活动。第四，二者的管理路径相同。追求价值量化以及按量化的价值去应用以及实现价

---

[1] 吴晶妹.人力资本与信用资本相融共建［J］.中国金融，2021（23）:98-100.

值，是人力资本与信用资本共同的管理路径。

信用资本具有经济价值、社会价值、文化价值等多重价值属性，是一种可以持续创造和增值的资本。关于信用问题，马克思在《资本论》中曾引用英国经济学家托马斯·图克的观点“信用，在它最简单的表现上，是一种适当或不适当的信任，它使一个人把一定的资本额，以货币形式或以估计为一定货币价值的商品形式，委托给另一个人，这个资本额到期一定要偿还”。[1]在《资本论》中，信用定义为价值运动的特殊形式。吴晶妹（2021）从生产关系的角度，将信用定义为能够带来剩余价值的资本。认为信用是一种资本，是获得信任的资本。信用是其拥有者社会关系与经济交易活动的价值体现。信用是信用主体的一种资本，是一种新被确认的财富，可交易、可度量、可管理，有社会价值、经济价值、时间价值。广义的信用，即获得信任的资本，是社会与经济领域的综合，包括三部分内容，即诚信资本、合规资本、践约资本。[2]

2. 信用资本理论与社区信用治理的关联

信用资本理论在社区治理中具有重要的价值，它不仅为社区治理提供了新的视角和思路，还促进了社区多元资本的提升，推动了社区经济资本的积累与增值。

第一，信用资本理论重塑社区信用治理模式。信用资本理论强调信任、诚信与合规的价值，这些要素在社区治理中发挥着核心作用。传统的社区治理往往依赖于行政命令和规章制度，而信用资本理论则倡导通过构建信用体系，利用信用评价、信用奖惩等机制来引导和激励社区成员的行为。这种治理模式的转变，不仅提高了治理效率，还增强了社区成员的主体性和参与度。在社区信用治理中，信用资本作为一种新的治理资源，被用于评估社区成员的行为表现，并作为相应奖励或惩罚的依据。这种机制促使社区成员更加注重自身的信用记录，从而在日常生活中表现出更多的诚信行为。同时，信用资本的运用也促进了社区治理的透明化和公正性，增强了社区成员对治理结果的认同感和满意度。

---

[1] 《马克思恩格斯全集》第 25 卷，人民出版社，1974，425.

[2] 吴晶妹 . 信用管理概论［M］. 北京：中国人民大学出版社，2021.

第二，信用资本理论拓宽社区信用治理的资本维度。信用资本不仅强化了社区的社会资本，还促进了文化资本、符号资本和人力资本的提升，为社区发展提供了多元化的资本支持。在社会资本层面，信用资本不仅增强了社区成员间的信任与互助，还构建了更为稳固的社区关系网络。在文化资本方面，诚信价值观在社区中的传播与实践，形成了独特的社区文化风貌，提升了社区的文化软实力和吸引力。在符号资本方面，社区的诚信形象成为了一种无形的资产，为社区赢得了社会认可与尊重，促进了社区与外部环境的良性互动。而在人力资本层面，信用资本的运用促进了社区人力资源的有效开发与配置。信用评价机制为社区成员提供了展现自我、实现价值的平台，同时，信用奖惩机制也激励了社区成员不断提升自我素质，为社区发展贡献了更多的人才智慧和创新能力。

第三，信用资本理论催化社区经济资本的积累与增值。信用资本作为社区治理的一种重要资源，其有效运用能够显著加速社区经济资本的积累。通过构建完善的信用体系，社区能够吸引更多的外部资源和投资，为社区经济的发展提供强有力的支持。同时，信用资本的运用还有助于提高社区内部资源的优化配置和高效利用，降低交易成本，提升社区经济的整体竞争力。此外，诚信的社区成员和良好的信用环境也为社区经济的创新和升级提供了有力的保障，有助于推动社区经济的持续健康发展。这些因素共同作用，使得社区经济资本得以不断积累与增值，为社区的可持续发展奠定了坚实的基础。

# 第三章

# 社区信用治理的基石：社区信用体系

当前，理论界对于宏观和中观层面社会信用体系建设的讨论较多，对于社区微观层面的讨论较少，社会信用治理研究存在重宏观、中观而轻微观现象，研究的重心下沉不够，未能将社区治理与社会信用治理有机结合，对社区信用治理支撑体系，即社区信用体系的构建问题，相关研究尚欠充分。客观上，社区信用治理实践在理论指导上存在严重不足。本章中，作者将重点对社区信用治理的基础——社区信用体系的相关问题展开讨论。

## 第一节　社区信用体系的内涵、功能及其构成要素

### 一、社区信用体系的内涵

社区信用体系是社会信用体系的“细胞”，是社区信用治理的基石。关于“社区信用体系”，学术界讨论并不多，目前还没有一个公认的定义。《国务院关于印发社会信用体系建设规划纲要（2014—2020年）的通知》（国发〔2014〕21号）中从依据、基础、支撑、内在要求、奖惩机制和目的六个方面科学完整地阐释了何为“社会信用体系”。作者认为，可以参考这一标准来界定“社区信用体系”的内涵。将其定义为“在社区这一特定范围内，以法律法规、社区规章制度、标准和民间契约为依据，以建立健全覆盖社区全体成员的信用记录和信用信息基础设施网络为基础，以信用信息的合规采集、整合、分析和应用为支撑，以树立诚信文化理念、弘扬社区诚信美德为内在要求，实施以守信激励为主、失信约束为辅的奖惩机制，旨在提升社区成员的诚信意识和信用水平，营造社区诚信氛围，健全社会信用体系，助力社区治理体系与治理

能力现代化”。

这个定义从以下六个方面对社区信用体系进行了阐述：

第一，依据。社会信用体系建设的依据主要为法律、法规、标准和契约；而社区作为基层自治单元，在遵循上位的法律、法规、标准和契约等依据之外，事实上还可以社区成员广泛达成的社区共识为依据。例如，社区传统习俗、村规民约、社区公约等，在社区自治过程中，同样对社区成员具有很好的约束力，尤其在上位依据缺失或不健全的情形下，可以作为有效补充。

第二，基础。构建完善的信用记录和信用信息基础设施网络是社区信用体系的基础，这包括社区信用信息的采集、存储、处理等环节，确保信用信息的全面、准确和及时更新。

第三，支撑。信用信息的合规采集、整合、分析和应用是支撑社区信用体系运行的关键。通过先进的技术手段，对信用信息进行深度挖掘和智能分析，为社区治理提供有力支持。

第四，内在要求。树立诚信文化理念、弘扬社区诚信美德是社区信用体系的内在要求。通过宣传教育、榜样示范等方式，引导社区成员树立诚信观念，形成良好的诚信风尚。

第五，奖惩机制。实施以守信激励为主、失信约束为辅的奖惩机制是社区信用体系的重要组成部分。通过正面激励和负面惩戒相结合的方式，激励社区成员守信践诺，惩戒失信行为，维护社区信用秩序。

第六，目的。提升社区成员的诚信意识和信用水平、营造社区诚信氛围是社区信用体系的根本目的。通过完善社区信用体系，推动社区信用治理，健全社会信用体系，助力社区治理体系与治理能力现代化。

## 二、社区信用体系的功能

林钧跃（2023）认为社会信用体系的基本功能应包括①保障信用投放量的合理性和投放方式的公平正义性；②保障信用投放的高成功率；③以新型诚信教育工程方式，将物质层面的守信行为上升为精神层面的诚信自觉；④促进政府实施市场和金融信用监管方式，并使市场运行与之相适配，形成良好的营商环境。[1]

社区信用体系较社会信用体系，在功能定位上有相似之处，但也有所区别。其功能主要包括：

第一，社会规范功能。社区信用体系作为社会规范的一种体现，通过制定并执行明确的信用规则和行为标准，对社区成员的行为进行引导和约束。它不仅规范了社区内的日常交往和经济活动，还促进了社会公德和法律法规的遵守，维护了社区的秩序与稳定。

第二，强化社会责任功能。社区信用体系不仅记录个体的信用行为，更强化了社区成员对社会责任的认知与承担。通过公开透明的信用评价机制，体系鼓励并促使社区成员积极参与社会公益活动，遵守社会公德，共同维护社区乃至更广泛社会的和谐与稳定。这种功能不仅提升了社区成员的个体责任感，还促进了社区整体向更加积极、负责的方向发展。

第三，风险管理功能。在社区管理和服务中，信用体系扮演着风险管理的重要角色。通过收集和分析信用信息，体系能够识别潜在的信用风险点，如公共安全、违约风险等，并采取相应的预防措施。这有助于减少风险隐患，避免或减少损失，保障社区成员的合法权益。

第四，营造社区精神功能。社区信用体系有助于营造独特的社区精神，即基于诚信、互助和共享的价值观。通过表彰守信行为、传播诚信文化，体系能够激发社区成员的归属感和认同感，促进社区成员之间的团结与合作，形成积极向上的社区氛围。

第五，促进交易与合作功能。在社区经济活动中，信用体系是交易与合作的重要基石。通过提供可靠的信用信息，体系能够降低交易双方的信息不对称和信任成本，促进经济交易的顺利进行。同时，它也为社区内部的合作项目提供了信用保障，增强了合作的稳定性和可持续性。

第六，教育与引导功能：社区信用体系还承担着教育和引导社区成员的重要任务。通过信用评价和奖惩机制，体系能够向社区成员传递正确的价值观和道德观，引导他们树立正确的信用观念和行为习惯。这种教育与引导功能有助

---

[1] 林钧跃．社会信用体系模式构建及其必要性［J］．征信，2023（1）:6-11.

于提升社区成员的整体素质和社会文明程度。

## 三、社区信用体系的构成要素

社区信用体系的构成要素包括社区信用制度、社区信用设施、社区信用信息、社区信用机制、社区信用组织、社区信用应用、社区信用文化这七大要素（见图 3-1）。这些要素相互关联、相互作用，共同构成了社区信用体系的完整框架。

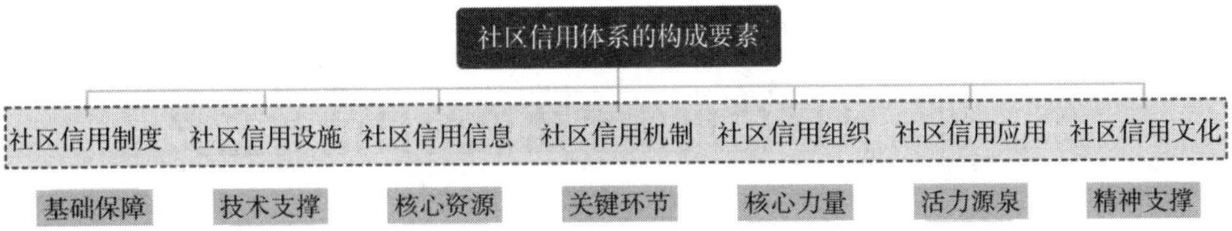

社区信用体系的构成要素

社区信用制度　社区信用设施　社区信用信息　社区信用机制　社区信用组织　社区信用应用　社区信用文化

基础保障　技术支撑　核心资源　关键环节　核心力量　活力源泉　精神支撑

图 3-1　社区信用体系的构成要素

社区信用制度是社区信用体系的基础和保障，包括相关法律法规、社区规章制度、标准和契约等，它为其他要素提供了依据和制度保障，确保了信用体系的合法合规。

社区信用设施是社区信用体系运行的技术支撑，是指用于支撑信用体系运行的物理或信息技术设施，如信用信息平台、数据库、网络安全设备等，这些设施为信用体系的运转提供了技术支持和保障。

社区信用信息是社区信用体系的核心资源，包括社区成员的基础信息、履约记录、违法违规记录等。社区信用信息是信用评价和奖惩的基础，它的真实性和完整性直接关系到信用体系的公正性和有效性。

社区信用机制是社区信用体系运行的关键环节，包括信用承诺机制、信用评价机制、信用奖惩机制、信用重塑机制、权益保护机制等。这些机制通过一系列科学、公正、透明的规则和流程，确保了体系的有效运行。

社区信用组织是社区信用体系运行的核心力量，负责信用体系的具体运营和管理，包括社区党组织领导下的社区信用工作领导小组、社区有信用工作办公室、社区信用议事委员会、社区信用监督委员会、社区信用服务机构等在体系中扮演着领导者、管理者、执行者、协调者、监督者等重要角色。

社区信用应用是信用体系建设的最终目的和活力源泉。只有将信用信息和信用评价结果应用于实际生活中，才能真正发挥信用体系的作用和价值。通过信用应用，可以激发社区成员的守信意识，提高社区治理的效率和水平。

社区信用文化是信用体系建设的软实力和精神支撑。它通过宣传教育、示范引领等方式培养社区成员的诚信意识和信用观念，营造诚信守法的社区氛围。通过信用文化的建设，提高社区成员的道德素质和文明程度，为信用体系的长期稳定运行提供有力保障。

## 第二节　社区信用体系建设的目的与意义

### 一、社区信用体系建设的目的

社区信用体系建设的根本目的是更好地服务社区成员，因此它必须反映社区的需求和价值观。只有通过社区居民和组织的广泛参与和共同努力，形成集体共识，才能促进社区居民和组织对信用体系建设的认可和支持。这种共识和支持是信用体系成功运行的关键因素，它可以帮助提高社区的整体信任和互助关系，进一步促进社区的繁荣和可持续发展。只有在全社区范围内达成共识，才能确保信用体系的顺利实施，并为更多的社区成员带来实际的利益和价值。

吸引社区成员参与社区信用体系的建设并形成广泛的集体共识，必须建立在深入理解社区真实需求的基础之上。换句话说，只有当社区成员认为信用体系建设符合他们的利益和需要时，他们才会愿意参与其中并共同努力。作者曾深入各地走访和调研了多个社区，并参与了一些乡镇（街道）村社信用体系建设的试点项目。这其中不乏一些开头轰轰烈烈、过程马马虎虎、最终草草收场的失败案例。这些失败的例子普遍存在一个共同的问题，那就是从一开始就没有真正明确社区信用体系建设的目标与目的。如果只是为了迎合上级部门的期望，或是单纯地出于一时冲动和主观意愿来推动社区信用体系建设，其结果往往不尽如人意。因此，了解社区成员真实的需求是至关重要的。

社区信用体系的建设应该以解决社区中存在的实际问题为出发点，如完善奖惩信用机制来激励社区成员的守信行为并约束不守信行为、建立信任机制来提高社区内的信任度与参与度、促进社区内的合作与互助以增强社区的凝聚力等。这种基于广泛共识的信用体系建设，可以满足社区成员的真实需求，确保他们的参与和利益得到充分保障，提高社区的整体福祉，同时也增强了信用体系的可持续性和社会影响。

## 二、社区信用体系建设的意义

1. 社区信用体系建设强健社会信用体系的“细胞”

社区信用体系是社会信用体系中的一个重要组成部分，是社会信用体系在微观层面的具体体现，是社会信用体系的“细胞”。社会信用体系是一个广泛而复杂的系统，它涵盖了国家、社会、经济、文化等多个层面，旨在通过建立和完善信用记录和奖惩机制，促进全社会的诚信意识和信用行为。如果说城市和农村是社会信用体系建设的两大基本单元，是体系运行的基本单位。那么社区就是组成上述最基本单元的细胞，其内部的信用状况直接影响到整个社会的信用水平，也关乎社会信用体系建设的成败。

2. 社区信用体系建设夯实社区信用治理的基石

社区信用体系，作为社区治理现代化进程中的核心支柱，深度融入了治理的各个环节，以其独特的治理理念和强大的治理效能，成为推动社区治理现代化、提升社区整体品质的重要力量。它不仅基于法律法规与社区规章制度，构建起一套全面覆盖、动态更新的信用记录系统，还通过先进的信息技术手段，实现了信用信息的精准采集、高效整合与深度分析。这一体系的核心在于其治理效能的显著提升，它不仅仅是信用信息的简单堆砌，更是通过信用评价、奖惩机制等手段，直接作用于社区治理的方方面面。它鼓励居民积极参与社区事务，通过守信行为获得正面激励，增强了居民的归属感和责任感。同时，对于失信行为，体系则实施严格的约束和惩罚，维护了社区秩序和公平正义。这种守信激励与失信约束的双重机制，有效促进了社区成员之间的诚信交往，构建了和谐共融的社区关系。此外，社区信用体系还积极推动诚信文化的建设与传播。通过宣传教育、示范引领等多种方式，体系不断提升居民的诚信意识和信用水平，营造了风清气正的社区氛围，使得诚信成为社区内普遍遵循的价值观念和行为准则，为社区的长远发展奠定了坚实的道德基础，为社区治理的现代化进程注入了强劲动力。

国务院办公厅印发的《"十四五"城乡社区服务体系建设规划》提出，探索建立养老、托育、家政、物业等领域社区服务信用管理体系。《中共中央国务院关于加强和完善城乡社区治理的意见》中也指出，探索将居民群众参与社区治理、维护公共利益情况纳入社会信用体系。随着我国社会信用体系建设重心的不断下沉，社区信用体系的完善程度，不仅关系到社会信用体系建设高质量发展，也直接关系到基层治理体系和治理能力现代化。

## 第三节　社区信用体系的建设重点

社区信用体系建设的重点内容包括五大部分（见图3–2）：社区信用规则体系建设、社区信用信息体系建设、社区信用服务体系建设、社区诚信文化体系建设以及社区信用实施体系建设。

社区信用规则体系建设是社区信用体系的依据。社区信用规则包括社区信用法律规则、社区信用伦理（或"诚信伦理"）规则和社区信用管理规则三部分。社区信用法律规则具有强制性特点，属于"硬规则"；社区信用伦理规则是柔性的，主要靠内在约束或道德自律，不具有强制性，属于"软规则"；社区信用管理规则是社区内部的管理规范，是一种介于社区信用伦理"软规则"和社区信用法律"硬规则"之间的规则，社区层面它具有外在约束力（详见本书第四章）。

社区信用信息体系建设是社区信用体系的基础。社区信用信息体系由社区的信用信息系统、信用信息资源和信用信息标准三部分组成。社区信用信息系统是社区信用信息体系的"骨架"，它是支撑整个社区信用信息体系的基础设施；社区信用信息资源是社区信用信息体系的"血液"，是社区信用信息体系

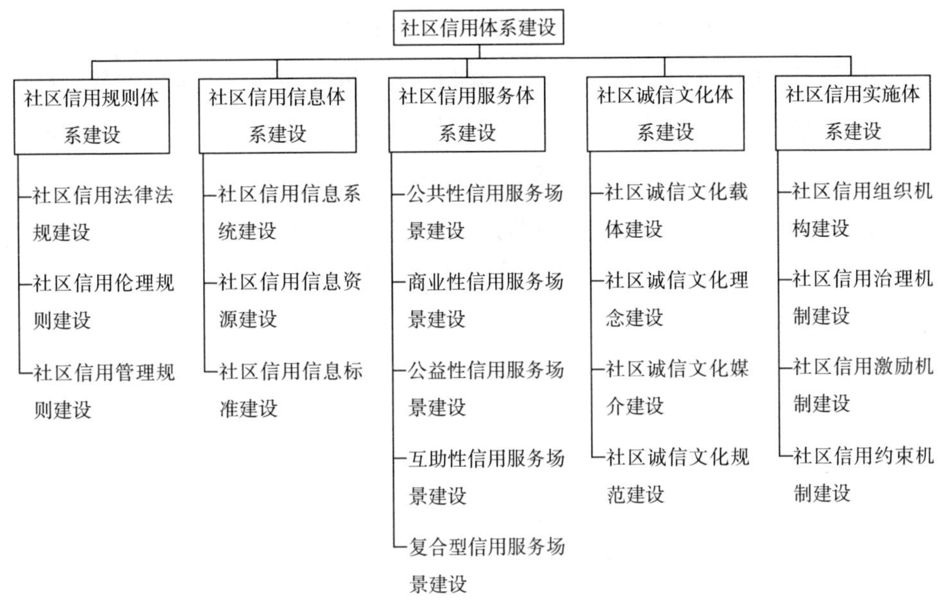


图 3-2　社区信用体系建设

的核心；社区信用信息标准是社区信用信息体系的“免疫系统”，用于保证信用信息的合法性、规范性和科学性（详见本书第五章）。

社区信用服务体系建设是社区信用体系的支撑。社区信用服务体系的业态系统应由“四大类”信用服务供给主体及其信用产品和信用服务组成，分别指：为社区成员提供公共信用产品与信用服务的公共服务机构，为社区成员提供各类专业化、多样化、定制化、市场化信用产品和信用服务的市场机构，为社区成员提供公益性或志愿性信用产品与信用服务的各类社会组织，社区成员内部依托自治组织进行的自我信用管理与自我信用互助服务。对应的需开展五大场景载体建设，分别是公共性信用服务场景、商业性信用服务场景、公益性信用服务场景、互助性信用服务场景，以及复合性信用服务场景建设（详见本书第六章）。

社区诚信文化体系建设是社区信用体系的内在要求。社区诚信文化体系建设的核心就要加强社区诚信文化体系的“载体”“理念”“媒介”和“规范”四项核心要素建设，即社区诚信文化载体建设、社区诚信文化理念建设、社区诚信文化媒介建设、社区诚信文化规范建设（详见本书第七章）。

社区信用实施体系建设是社区信用体系健康运行的保障条件。社区信用组织机构和社区信用治理机制建设是社区信用实施体系建设的核心。社区的信用组织机构包括领导机构、权力机构、管理机构、执行机构、议事机构与监督机构等。不同社区信用治理结构形成了多种社区信用治理实践模式。守信激励与失信惩戒两大机制是社会信用体系运行的核心机制。社区信用治理机制建设的核心便是社区信用激励与信用约束两大机制建设（详见本书第八、九章）。

# 第四章

# 社区信用规则体系建设

社区信用规则体系是社会信用规则体系在社区层面的具体体现，对于促进居民诚信、维护社区秩序具有重要意义。本章将先界定信用规则及信用规则体系的基本概念，明确其在社区治理中的作用。随后探讨社区信用规则体系的内在构成与核心内容。再审视社区信用规则体系建设的现状，剖析存在的问题与不足基础上，为进一步完善社区信用规则体系建设提出建议。

## 第一节　信用规则与信用规则体系

### 一、社会规则和社会秩序

社会正常运行需要秩序。社会秩序是社会生活的一种有序化状态。与人们日常生活关系密切的社会秩序包括社会管理秩序、生产秩序、交通秩序和公共场所秩序等。社会规则是人们为了维护有秩序的社会环境，在逐渐达成默契与共识的基础上形成的。生活中，调节我们行为的规则有很多，如纪律、道德、法律等。社会规则明确社会秩序的内容，保障社会的良性运行。对违反社会规则的行为的处罚，既有纪律、法律等规定的强制性措施，也有道德、风俗等包含在内的非强制性的手段。

李正华（2002）认为社会规则主要由道德规则、管理规则和法律规则构成。[1] 道德规则像是一种“软的法律”（soft law）通过对人们内心的拷问来加以内部约束的一种行为准则，它可以分成普适性道德规则和职业性道德规则；管

---

[1] 李正华．社会规则论［J］. 政治与法律．2002（1）:6.

理规则是管理机构为了实现其目标和维护管理秩序对内部人员及相对人员所确定的行为准则。在中国存在着普遍约定俗成的“乡规民约”以及企业内部的管理制度。法律规则分为原则性法律规则和具体性法律规则。

### 二、信用规则与信用规则体系

林钧跃（2023）认为信用规则（或称“诚信规则”），是指对信用主体的行为起到规范、引导、劝诫和教化作用的各类社会规则的集合。其构成包含“信用 + 诚信 + 公信 + 文明”四类规则，是社会规则的一部分。

信用规则体系是社会信用体系的重要组成部分。信用规则体系包括①社会信用体系输出的规则，包括公共型社会信用体系输出的规则、市场型社会信用体系输出的规则、规范网络社会失信行为的规则。②规范社会信用体系运行的规则，包括规范部际联席会议成员使用公权力惩戒的规则、规范信用信息基础设施运行的规则、规范试点示范工作的规则、促进信用科技研究的规则。③规范社会信用体系功能海外延伸的规则，包括规范信用信息跨境传播或交换的规则、规范采集和使用境外信用信息的规则。④规范政府信用监管的规范，包括规范政府金融信用监管的规则、规范政府市场信用监管的规则、规则政府网络信用监管的规则。[1]

## 第二节　社区信用规则体系的组成内容

### 一、社区信用规则体系

法律法规与政策支持是社区信用体系建设的重要基础条件之一。这些支持因素可以提供必要的法律框架和政策环境，促进社区信用体系的合法性和可行性。

---

[1] 林钧跃．信用规则体系：社会信用体系的基础组成部分［J］，征信，2023（5）:1–12.

无规矩不成方圆，社区信用规则体系是社区信用体系建设的重要内容，是实施社区信用治理的重要基础。就社区而言，信用规则应包括社区信用法律规则、社区信用伦理（或“诚信伦理”）规则和社区信用管理规则三部分（见图4-1）。

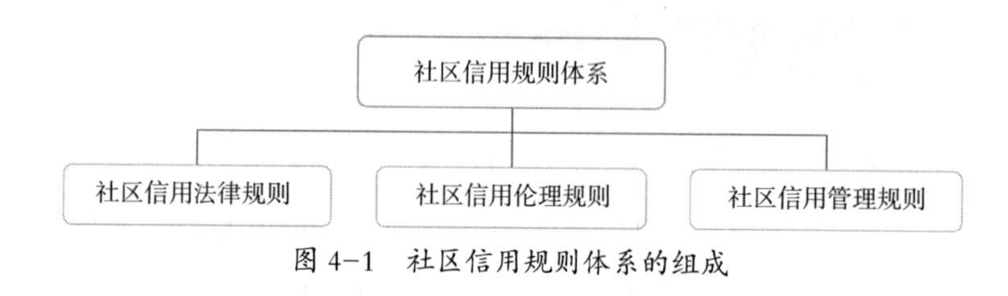


图 4-1　社区信用规则体系的组成

## 二、社区信用法律规则

社区信用法律规则是所有与社区信用相关的法律、法规、规章和各类规范性文件的总称。社区信用法律规则具有强制性特点，属于“硬规则”，凡是需要依靠国家强制力来确保其实施和遵守的规则，包括强制性的标准，以及具有法律效力的契约等，都应归属于此类。

社区信用法律规则，包括但不限于以下几个方面：①国家法律与法规。如《中华人民共和国民法典》《网络暴力信息治理规定》《中华人民共和国消费者权益保护法实施条例》等涉及信用领域的法律法规，在社区信用管理中同样具有指导和约束作用。例如,《中华人民共和国民法典》总则部分第七条明确规定:“民事主体从事民事活动，应当遵循诚信原则，秉持诚实，恪守承诺。”《网络暴力信息治理规定》第十四条规定:“网络信息服务提供者应当建立健全用户账号信用管理体系，将涉网络暴力信息违法违规情形记入用户信用记录，并依法依约降低账号信用等级或者列入黑名单。”②地方性法规与规章。各地根据自身实际情况制定的地方性法规、规章，近年来各地陆续出台的《社会信用条例》，也是社区信用法律规则的重要组成部分。③政府规范性文件。政府部门为加强社区信用管理而制定的各类规范性文件，如一些地方出台的《城市社区居民信用积分管理办法》等，同样具有法律效力，社区成员必须遵守。

## 三、社区信用伦理规则

社区信用治理不仅有赖于信用法律“硬规则”，同时还需要社区信用伦理“软规则”。硬规则具有强制性约束力，是刚性的；而软规则是非强制性约束力，是柔性的。著名社会学家费孝通先生曾在《乡土社会》一书中这样描述乡土社会的信用：人们从熟悉得到信任。这信任并非没有根据的，其实是最可靠的，因为它是基于规矩形成的。乡土社会的信用并不是对契约的重视，而是发生于对一种行为的规矩熟悉到不假思索的可靠性。但现代社会是个陌生人组成的社会，各人不知道各人的底细，所以得讲个明白；还要怕口说无凭，画个押，签个字，这样才发生法律。在乡土社会中法律是无从发生的。

“伦理”一词是指在处理人与人、人与社会相互关系时应遵循的道理和准则。社区信用伦理（或“诚信伦理”）规则，正是指在处理社区成员之间相互关系时，大家公认合式的且自觉自愿遵守的行为规范，其核心内容是诚实守信。它旨在维护社区成员互信、合作和道德行为，受个人内在礼教与外在道德舆论的双重约束，尽管这种约束并非强制。

在《乡土社会》一书中，费孝通先生对礼、道德和法律三者对传统中国社会秩序的作用进行分析。他认为，乡土社会中，人们的社会关系并不是靠法律来调节，而是靠公认合式的行为规范“礼”来规范，乡土社会即礼治社会。礼和法不相同的地方是维持规范的力量。法律是依靠国家的权力来推行的，是从外限制人的，不守法所得到的罚是由特定的权力加之于个人的，而维持礼这种规范的是传统。之于礼与道德的关系，他认为礼甚至不同于普通所谓道德。道德是社会舆论所维持的，做了不道德的事，见不得人，那是不好；受人唾弃，是耻。礼则有甚于道德：如果失礼，不但不好，而且不对、不合、不成。这是个人习惯维持的。曾子易箦是一个很好的例子。礼是合式的路子，是经教化过程而成为主动性的服膺于传统的习惯。

尽管费孝通先生描述的乡土社会现今已发生翻天覆地的变化，但是礼治秩序在当前的社区治理中依然十分有效且不可或缺。按照适用对象范围的大小，社区信用伦理（或“诚信伦理”）规则包括普适性的社区信用伦理规则以及依社区而异的特定性信用伦理规则两部分。

普适性的社区信用伦理规则是适用于所有社会成员的一般性准则，是每个社会成员都应当遵循的基本诚信道德规范。作为社会中的一员，社区成员也应当遵循全社会共同遵循的行为规范。例如，在经济活动与社会交往中，人们普遍倡导应信守承诺，言而有信，做到公平公正，童叟无欺，以诚实守信为荣，以失信背约为耻。在中国，爱国、敬业、诚信、友善等社会主义核心价值观，就是每个公民应该积极倡导并普遍遵循的基本道德规范。

特定性的社区信用伦理规则通常依据特定社区的文化、传统以及价值观而定，旨在维护该社区内的信任和道德标准。这些规则可能会因社区的性质、文化背景、地理位置等多种因素而异，呈现出历史性、适应性和地域性等特色。中西方社区对于信用伦理规则的理解就有很大不同；而不同地区根据当地风俗习惯制定的村规民约和社区公约中也涵盖许多符合当地信用伦理的特色内容。例如，国内某社区制定《不诚信村民管理办法》，规定“凡是违反不诚信体系的村民将被纳入黑榜，纳入黑榜的人由村两委将其名字写在黑榜的方块里，3 到 5 天改正以后，由他本人自行清除”。这些规则往往融合了当地的历史传统、风土人情和道德观念，形成了独具特色的信用管理体系。中国社区则深受儒家文化影响，强调集体主义、诚信为本，以及和谐社会的构建。这种文化背景使得中国社区在制定信用伦理规则时，更加注重道德规范的引导和村民自治的力量。中西方社区在信用伦理规则理解上的差异以及地方社区的特色化信用管理制度，共同构成了丰富多彩的信用伦理图景。这些差异和特色不仅丰富了信用伦理的内涵和外延，也为不同社区之间的交流和借鉴提供了宝贵的经验和启示。

## 四、社区信用管理规则

社区信用管理规则是一种介于社区信用伦理“软规则”和社区信用法律“硬规则”之间的规则，指在社区层面上为规范和加强社区信用管理，提高社区成员诚信意识和信用水平，营造诚实守信氛围而制定的内部信用管理规章、条文的总称。社区信用管理规则属于社区自治性的制度规范，通常由社区组织根据社区实际情况和需求制定，用于指导和规范社区成员的信用活动，确保成员享有权利的同时，遵守规则、执行命令和履行职责。虽然社区自治性规范并非由国家直接制定或认可，但在社区居民自治的原则下，这些规范往往经过民主程序制定并得到居民认可，它体现集体意识，虽不具有法律的普遍强制性特点，但对社区成员具有约束力。需要注意的是，社区自治性规范的效力范围和强制力相对有限，主要依赖于居民的自觉遵守和社区管理机构的监督执行。

## 第三节　社区信用规则体系建设现状与问题

### 一、社区信用规则体系建设的现状

1. 社区信用法律规则建设

社区信用体系作为社会信用体系建设的"细胞"，必须在国家和地方法律法规框架内运作。中国特色的社会信用体系建设迄今已经走过了 20 多年的发展历程。这些年，党中央、国务院高度重视社会信用体系建设，出台了一系列促进社会信用体系建设的法律法规和政策性文件。这些法律法规和政策性文件为社区信用体系建设提供了坚实的法律基础，避免了无法可依的尴尬局面。它们确保了信用建设有法可依、有章可循，从而使社区信用体系建设的外部法律条件得到了极大的改善。目前，我国虽然尚未制定出台针对性的社区信用法律法规，但个别地方在社区信用规章和规范性文件建设方面率先进行了尝试。随着社会信用立法的不断推进，社区信用法治化水平将逐步提升。

国家层面，《中华人民共和国社会信用体系建设法（向社会公开征求意见稿）》已于 2023 年正式向社会公开，社会信用体系建设的全国性统一立法即将完成。该法是社会信用体系建设的综合性、基础性法律，对推动社会信用体系建设全面纳入法治轨道意义重大。同时，信用入法进程明显加快。源点信用网提供的统计数据显示：截至 2023 年 10 月，在全国人大公布的 298 部有效法律目录，以及司法部对外公开的 601 部有效行政法规中，国家层面已有 55 部法律写入信用条款、62 部行政法规规定了专门的信用条款。此外，国家出台了一系列关于社会信用体系建设的顶层设计文件。例如，2014 年国务院印发的《社会信用体系建设规划纲要（2014—2020 年）的通知》，2023 年中共中央办公厅、国务院办公厅印发的《关于推进社会信用体系建设高质量发展促进形成新发展格局的意见》等。我国在失信认定、公共信用信息管理、信用修复、联合惩戒和联合激励、信用监管等方面也制定出台了大量涉及信用规章和规范性制度。

地方层面，社会信用地方立法进入快车道。据统计，25 个地方已出台省级、15 个地方已出台市级社会信用相关地方性法规，多个省、市已提请审议或列入立法计划。在社区信用规章和规范性文件建设方面，不少地方已率先进行了尝试。如山东省荣成市早在 2020 年便由四部门联合印发了《荣成市城市社区信用管理办法》，将居民、党员、楼长（楼栋长）、驻区共建单位党组织、社区党组织、市场主体、社会组织、红色物业等主体纳入信用管理范围。强化组织领导，建立完善信用制度体系。山东青岛莱西市日庄镇成立了以镇党委书记为组长，镇长为副组长，班子成员为组员的日庄镇信用体系建设工作领导小组，制定出台《日庄镇道德实践领域居民信用管理办法》《日庄镇农村居民信用管理实施方案》《莱西市日庄镇人民政府关于青岛市诚信乡镇的创建方案》《日庄镇德治和信用一体化建设实施方案》《日庄镇社会信用体系建设三年行动方案》等文件制度，将村庄服务管理、村民自治、环卫整治、环境保护等重难点任务纳入其中，为当地农村社会信用体系建设奠定制度基础。

2. 社区信用伦理规则建设

国家高度重视包括信用在内的社会道德伦理规则建设。

在普适性的社区信用伦理规则方面，早在2001年颁布的《公民道德建设实施纲要》中，国家对在社会主义市场经济条件下如何加强公民道德建设提供了重要指导。2019年，中共中央、国务院印发了《新时代公民道德建设实施纲要》，明确提出：要以习近平新时代中国特色社会主义思想为指导，在全民族牢固树立中国特色社会主义共同理想，在全社会大力弘扬社会主义核心价值观，积极倡导富强、民主、文明、和谐、自由、平等、公正、法治、爱国、敬业、诚信、友善，全面推进社会公德、职业道德、家庭美德、个人品德建设。要把社会公德、职业道德、家庭美德、个人品德建设作为着力点。

可以说，《新时代公民道德建设实施纲要》作为指引公民道德伦理建设的一份纲领性文件，为新时代背景下如何推进社区信用伦理建设提供了重要的指导方向。

在特定性的社区信用伦理规则方面，村规民约、居民公约、自治章程等社区自治规范作为特定社区信用伦理规则的重要载体，在国家层面也进行了科学部署。2017 年《中共中央 国务院关于加强和完善城乡社区治理的意见》指出，充分发挥自治章程、村规民约、居民公约在城乡社区治理中的积极作用，弘扬公序良俗，促进法治、德治、自治有机融合。将社会主义核心价值观融入居民公约、村规民约，内化为居民群众的道德情感，外化为服务社会的自觉行动。2018 年，民政部、中组部、全国妇联等 7 部门联合出台《关于做好村规民约和居民公约工作的指导意见》，提出“加强对村规民约和居民公约工作的指导规范，到 2020 年全国所有村、社区普遍制定或修订形成务实管用的村规民约、居民公约，推动健全党组织领导下自治、法治、德治相结合的现代基层社会治理机制”。2021 年《中共中央 国务院关于加强基层治理体系和治理能力现代化建设的意见》进一步强调“乡镇（街道）指导村（社区）依法制定村规民约、居民公约，健全备案和履行机制，确保符合法律法规和公序良俗”。地方层面，围绕《关于做好村规民约和居民公约工作的指导意见》等相关文件精神要求，各地对村规民约和居民公约工作进行了部署落实。个别地方甚至进行了专项立法，例如，2023 年，福建省发布《福建省发挥村规民约基层治理作用若干规定》，成为全国首部专门规范村规民约的地方性法规。

3. 社区信用管理规则建设

社区信用管理规则或诚信管理规则作为社区信用自治的重要组成，近些年随着我国社会信用体系建设重心的不断下沉，越来越受到各地重视，不少城市和农村社区以当地政府颁布的社会信用管理办法等规范性文件为依据，结合社区实情，制定符合本社区实情的信用管理制度或诚信管理制度，进行了大量有益尝试，积累了宝贵的经验。

目前，从山东、浙江、湖北等地试点社区制定出台的社区内部信用管理规范情况来看，尽管在叫法上有所差异，但内容上大同小异。大致可以分为两类：第一类为综合性社区信用管理规范。此类规范一般较为全面，其内容涵盖社区信用管理的方方面面，包括实施目的、制定依据、适用对象、管理内容、评价办法、组织机制、奖惩措施、信息安全和隐私保护等；同时还会配套制定相应的实施细则。以上文中湖北普溪河村的《家庭文明诚信档案管理暂行规定》为例，除十六条原则性规定外，还专门制定了《普溪河村家庭文明诚信承诺书》《普溪河村家庭文明诚信档案信息采集制度》《普溪河村文明诚信积分细则》《普溪河村文明诚信积分修复细则》《诚信档案激励和惩戒》等多个配套文件。第二类为关注社区信用管理特定领域的专项信用管理规范，其中以社区信用积分管理类规范最为典型。其主要目的是建立一套精细的信用评价机制与奖惩机制，以便对社区各类信用主体的信用行为进行客观且准确的评价。同时，借助对失信行为的惩戒措施，对各类失信行为形成有效的约束，而通过奖励守信行为，来激励社区成员积极践行守信原则。例如，山东烟台龙口市东江街道《董家洼村村民信用管理实施办法（试行）》。

从各地社区信用管理规则的具体制定过程来看，一般由村（社区）“两委”牵头，邀请村（社区）内有较高声望的干部和群众代表共同组建起草小组，在征求社区群众意见基础上制定而成。以南京市江宁区南山湖社区为例，该社区2023年制定《南山湖社区家庭诚信积分管理制度》。该制度由南山湖社区党委牵头，由社区内党员干部、群众自荐或推荐候选对象后，由各村村长进行名单审核上报，再由社区两委、老党员、退休老干部、老教师、德高望重的村民代表等组成的终选小组进行审核，评选小组根据制定出的“诚信家庭积分”标准，实行一户一档，按照执行情况量化积分，作为评选的重要依据。

## 二、社区信用规则体系建设存在的问题

尽管近些年我国社区信用规则体系建设取得了不小的进步，但客观而言，仍然存在不少问题，主要体现在以下方面：

1. 社区信用法律法规建设整体滞后，地方上对社区信用规范性制度建设重视不够

我国社区信用体系建设基础薄弱，各项法律法规不健全，建设进程整体滞后于宏观层面社会信用体系建设，社区的各项信用法律法规建设相对迟缓。一

些地方对社区信用体系建设重视不够，对社区信用工作存在误解，认为当前社会信用上位法缺失，社区信用体系建设条件不成熟，社区信用工作缺乏法律依据。因此，对当地社区自行开展的社区信用治理试点采取放任自流态度，指导不力，将社区信用规则的制定完全交由社区自主决定，美其名曰“自治”。这客观上造成了部分社区信用工作的不规范。

2. 社区信用伦理规则建设不够重视，内容空泛且可操作性差

社区信用伦理规则的主要载体是村规民约、居民公约、自治章程等社区自治规范。显然，社区信用伦理规则作为新时代公民道德建设的重要组成以及社会主义核心价值观的重要体现，并不是社区自治规范的可选内容，而是必选内容。但在实践中，不少社区对信用伦理规则建设重视不够，不仅未制定专门的信用伦理规则或诚信伦理规则，甚至在自治规范中完全忽略了这一方面，没有任何相关的体现。这与国家对社区自治规范建设的期望和要求相违背。另外，社区自治规范中涉及信用相关条约往往内容空泛，缺乏具体可行的实施措施，导致流于形式，难以真正贯彻落实。例如，一些公约中只是简单地规定了“要诚实守信”“不弄虚作假”等原则性的要求，而没有具体说明如何落实这些要求，也没有对违反公约的行为制定相应的惩罚措施。这使得公约的执行缺乏可操作性，难以起到实际作用。

3. 社区信用管理规则制定不规范，内容存在较大随意性

社区信用管理规则制定不规范，甚至有的内容违法违规、侵犯群众合法权益。一些社区信用管理制度制定缺乏广泛参与和民主决策，往往是由社区领导或居民代表组成的委员会制定，而没有广泛征求居民的意见和建议，缺乏有效的监督和评估机制。这可能导致管理制度的内容与居民的实际需求和期望不符，难以得到居民的认可和支持，实施效果无法得到保障，也难以对其进行改进和完善。个别地方的社区信用管理制度甚至存在侵犯公众合法权益、侵犯个人隐私和忽视公共利益等与法律法规、道德伦理相悖的问题，应及时予以纠正。

# 第四节　关于进一步完善社区信用规则体系建设的建议

## 一、国家层面

1. 加快制定和完善社区信用相关法律法规

进行社区信用体系建设，实施社区的信用治理，必须以法律为准绳，加强社区信用法律规则建设，做到有法可依。由于我国社会信用体系建设由政府主导并自上而下推动，作为社会信用体系“细胞”的社区信用体系，其信用规则体系建设整体滞后。在社区信用法律、法规建设方面，目前都还是空白。2021年11月3日，曾任国家发展和改革委员会副主任连维良在2021年全国信用信息共享平台、信用门户网站和全国中小企业融资综合信用服务平台建设现场观摩视频会上提出，下一步社会信用体系建设要从“自上而下”转变为“自下而上”。而要实现这一转变，加强社区信用规则体系建设，尤其是法律、法规建设。

《中共中央 国务院关于加强和完善城乡社区治理的意见》指出，“增强社区依法办事能力。进一步加快城乡社区治理法治建设步伐，加快修订《中华人民共和国城市居民委员会组织法》，贯彻落实《中华人民共和国村民委员会组织法》，研究制定社区治理相关行政法规。有立法权的地方要结合当地实际，出台城乡社区治理地方性法规和地方政府规章。”建议在《中华人民共和国城市居民委员会组织法》和《中华人民共和国村民委员会组织法》修订过程中、在《中华人民共和国社会信用体系建设法》制定中加入社区信用规则相关内容，为社区信用体系建设提供法律保障。

2. 增强社区信用规则的道德底蕴，推动社会主义核心价值观入法入规

以诚信等为主要内容的社会主义核心价值观是社会主义法治建设的灵魂。进行社区信用规则体系建设，必须将社会主义核心价值观融入社区信用规则体系，增强社区信用规则的道德底蕴。2016年，中共中央办公厅、国务院办公厅印发的《关于进一步把社会主义核心价值观融入法治建设的指导意见》指出，要推动社会主义核心价值观入法入规，把社会主义核心价值观的要求体现到宪法法律、法规规章和公共政策之中，转化为具有刚性约束力的法律规定。把法

治教育与道德教育结合起来，以道德滋养法治精神，强化规则意识，倡导契约精神，弘扬公序良俗，引导人们自觉履行法定义务、社会责任、家庭责任。弘扬中华优秀传统文化，深入挖掘和阐发中华民族讲仁爱、重民本、守诚信、崇正义、尚和合、求大同的时代价值，汲取中华法律文化精华，使之成为涵养社会主义法治文化的重要源泉。

## 二、地方层面

1. 加强地方性社区信用法制规范的建设

在社会信用上位法仍缺位的情况下，鼓励各地在社区信用地方性法制规范建设方面先行先试，进行有益探索。建议在地方《社会信用条例》中加入社区信用相关内容，强化社区信用建设地方法治保障力度；建议在区（县、市）层面或者乡镇街道层面制定统一规范的《社区信用管理办法》，探索建立《社区信用管理标准》地方性标准，为社区组织实施信用管理提供指导和依据，提高社区整体的规范化管理水平。

2. 加大社区信用自治规范制定的指导与监督实施力度

各地应加强对社区信用自治规范制定的指导和扶持，引导社区根据国家和地方相关法律法规，参照当地的《社区信用管理办法》等地方性规章制度，并结合实际情况，制定具有可操作性的《社区信用管理实施细则》或《社区信用管理自治章程》。同时，要建立有效的监督和反馈机制，对社区制定的信用自治规范进行审查和监督，及时收集社区的反馈和建议，帮助社区不断完善和优化实施细则，以促进社区信用的规范发展。

## 三、社区层面

在我国，村规民约、居民公约、自治章程等社区自治规范，既是社区信用伦理规则的重要载体，也是社区信用管理规则的重要载体，可在村社治理中扮演双重角色。它是社区社会的通用行为规则和规范，对村（居）民具有广泛的“准法律”效力，是介于法律与道德之间、有效补充现行法规政策不足的“准法规范”，属民间法范畴。社区自治规范作为基层治理的重要体现，在维护公序良俗、促进自我管理、自我服务、自我教育、自我监督等方面发挥着重要作用。《新时代公民道德建设实施纲要》中指出，要按照社会主义核心价值观的基本要求，健全各行各业规章制度，修订完善市民公约、乡规民约、学生守则等行为准则，突出体现自身特点的道德规范，更好发挥规范、调节、评价人们言行举止的作用。因此，以社区自治规范为依托，建立并逐步完善社区信用自治规则体系，不断强化村规民约、居民公约、社区自治章程的“诚信”内核建设，在当前是一条切实可行的路径。

# 第五章

# 社区信用信息体系建设

社区信用信息体系是社区信用体系的重要支撑，对于提升社区治理效能具有重要意义。本章论述了社区信用信息体系建设的必要性，对其组成进行了全面解构。在审视当前建设实践中的典型做法与存在问题的基础上，提出了进一步完善社区信用信息体系的建议。

## 第一节　社区信用信息体系建设的必要性

### 一、有助于提升社区数字化水平

社区信用信息化建设是数字中国建设的重要内容，社区信用信息体系建设有助于提升基层数字化水平。《中华人民共和国国民经济和社会发展第十四个五年规划和 2035 年远景目标纲要》中提出加快建设数字经济、数字社会、数字政府，以数字化转型整体驱动生产方式、生活方式和治理方式变革，加快数字化发展，建设数字中国。社区信用基础设施和信用数据资源体系是数字中国建设的重要组成。通过建立和完善社区信用信息体系，可以推动社区信息化的进程，提高社区治理的数字化水平。

### 二、有助于完善全社会信用信息体系

社区信用信息体系是社会信用信息体系的重要组成，社区信用信息体系建设有助于完善社会信用信息体系。《关于推进社会信用体系建设高质量发展促进形成新发展格局的意见》中指出，健全信用基础设施，构建形成覆盖全部信用

主体、所有信用信息类别、全国所有区域的信用信息网络。因此，必须进一步完善社区信用信息体系，将社会信用信息体系建设的触角进一步向社区基层延伸，通过信用信息体系的一体化建设，以早日形成覆盖全社会的信用信息网络。

### 三、有助于提高社区治理的能力

第一，社区信用信息体系建设有助于提升社区治理的效率。通过构建集成社区信用管理的智慧社区服务平台，可以为社区提供创新性的工具和手段，优化社区治理的方式和流程。让信息“多跑路”，实现更加高效、精准的传递和处理，降低对人力资源的依赖，提高事务处理的效率和质量。

第二，社区信用信息体系建设有助于提升社区治理的精度。通过对社区各类信用主体信用信息的收集，可以及时掌握社情民意，为多层次多样化需求提供精准服务；通过对信用信息数据的分析研判，可以准确评估社区各类信用主体的诚信素养与信用状况，识别潜在风险，进行风险预判，及时防范化解矛盾隐患。

第三，社区信用信息体系建设有助于提升社区居民社区治理的参与度。借助社区信用信息化平台与网络，建立完善的社区信用信息网络体系，通过线上线下的互动融合，可以促进社区居民与社区之间、社区居民与社区居民之间的信任和互助，增强社区居民的归属感和责任感，提高社区居民的获得感和满意度，激发参与社区治理的意愿和热情。

## 第二节　社区信用信息体系的主要构成

### 一、社区信用信息体系

社区信用信息体系由社区的信用信息系统、信用信息资源和信用信息标准三部分组成（见图 5–1）。社区信用信息系统是社区信用信息体系的“骨架”，它是支撑整个社区信用信息体系的基础设施，负责收集、存储、处理、应用和传输社区内的信用信息，确保这些信息能够被准确、及时地记录和使用。社区信用信息资源是社区信用信息体系的“血液”，是社区信用信息体系的核心，通过对社区各类成员信用信息的处理、分析和利用，为社区治理提供数据支持。社区信用信息标准是社区信用信息体系的“免疫系统”，通过制定和实施信息收集、处理、存储、使用、交换共享等标准和规范，保证信用信息的合法性、规范性和客观性，确保信用信息的准确性和可信度，防止信息滥用或误用。

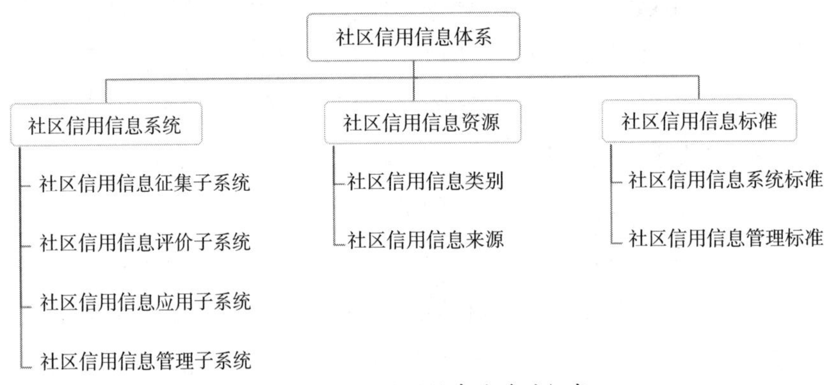

图 5-1　社区信用信息体系的组成

## 二、社区信用信息系统

社区信用信息系统是指由各类软件、硬件设施组成的，用于收集、存储、处理、应用和传输社区各类信用主体的信用信息，并提供信用评估、信用管理、信用服务等功能的信息系统。社区信用信息系统是社区数字化平台的重要组成，是对现有的公共信用信息系统和市场信用信息系统的有益补充。它的主要目的是服务于社区这一基层自治组织用信用进行自我管理、自我教育、自我服务、自我监督的需要。社区信用信息系统一般由社区信用信息征集系统、社区信用信息评价系统、社区信用信息应用系统、社区信用信息管理系统等若干个子系统组成。

1. 社区信用信息征集子系统

该子系统主要用于组建社区信用信息数据库，为社区成员建立信用档案。一般由社区组织通过多种渠道调查、收集、汇总、整理社区各类信用主体的信用信息。包括数据的采集、整理、存储、加工等多个功能模块。社区信用信息征集的渠道包括社区组织采集、社区成员自行填报、政府机构共享以及其他组织（如营利性市场组织、非营利性社会组织等）共享。征集的对象包括社区自治组织、社区成员、社区社会组织、驻社区营利性组织等。

2. 社区信用信息评价子系统

该子系统主要用于对社区不同信用主体的信用状况进行评估与分析，包括建立信用评价指标体系、构建信用评价模型、生成信用评价结果等。其模块构成可包括指标体系模块、模型算法模块、评价结果输出模块等。其中，指标体系模块的功能是为社区不同信用主体分类构建评价指标体系、确定评价的对象和类型、筛选和设计评价指标、确定指标的权重、明确数据的统计口径等；模型算法模块的功能是基于统计学习、机器学习等理论和方法，根据社区信用信息体系的需求，针对不同信用主体的特点，构建相应的信用评估模型和算法，实现对不同信用主体的信用评估，包括建模、训练、评估、优化等。评价结果输出模块的功能是接收模型算法模块的评估结果，为社区不同信用主体生成评价的结果。例如，信用报告、信用等级、信用评分等，并将结果进行以文字、图表、信用画像、可视化仪表等形式进行呈现。

3. 社区信用信息应用子系统

该子系统针对不同信用评价结果的社区成员集成并为差异化的信用应用与服务提供支持，包括来自政府端、社区端和社会端的各种激励与约束。对信用良好的社区成员，提供政策激励、物质奖励、精神鼓励等激励服务；对信用不良的社区成员，实施政策限制、经济惩罚、道德谴责等约束手段，并开展针对性的诚信教育、信用修复等服务。

4. 社区信用信息管理子系统

该子系统主要为不同角色社区用户提供相应权限的信用管理功能，包括信用信息的共享与交互、信息安全管理、结果的发布与查询、异议处理以及信用宣传报道等。其功能模块包括用户管理模块，用于对用户的角色和权限进行设置和管理；信息共享模块，用于实现不同系统之间的信用信息共享和整合；信用交互模块，用于信用信息的发布与查询、交互和反馈；安全管理模块，用于管理整个系统的运行和安全，信息安全与隐私保护；信用宣传报道模块，用于发布相关的政策法规，报道信用典型案例，开展诚信宣传教育。

## 三、社区信用信息资源

1. 社区信用信息类别

《信用信息分类与编码规范》（GB/T 37914—2019）中规定，按照信用信息属性划分，自然人、法人和其他组织信用信息类别包括基础登记类、公共信用类、运营及财务类、金融信贷类、社会评价类及其他类。作者认为，针对不同社区信用信息主体，可以将社区信用信息分为基础登记类、公共信用类、社区自治类、市场交易类、社会活动类及其他类。

（1）基础登记类。这类信息主要指社区成员的基本信息。其中，社区居民家庭、社区党员、社区干部、社区工作人员等个体的基础登记类信用信息应包括身份识别信息、家庭状况信息、政治面貌信息、职业信息、教育信息和其他基础信息；社区党组织、社区自治组织、社区营利性组织和社区社会组织等组织的信用信息应包括主体识别信息、股权结构信息、高层管理人员信息、关联组织信息和其他信息；此外，基础登记信息还可以包括与上述信用主体相关的各类评价信息，如来自政府部门、行业协会、市场机构、社会团体、网络媒体等的各类正面与负面评价信息（如资格、等级、评分、荣誉、表彰、口碑、声望等）。

（2）公共信用类[1]。这类信息主要指社区成员在公共管理活动中的信用信

[1] 此处所指的“公共信用类信息”与《全国公共信用信息基础目录》所指的“公共信用信息”，在范围上有所不同。以《全国公共信用信息基础目录（2024年版）》为例，其规定共纳入公共信用信息13类，包括登记注册基本信息、司法裁判及执行信息、行政管理信息、职称和职业信息、经营（活动）异常名录（状态）信息、严重失信主体名单信息、合同履行信息、信用承诺及其履行情况信息、信用评价结果信息、遵守法律法规情况信息、诚实守信相关荣誉信息、知识产权信息和经营主体自愿提供的信用信息。有关机关根据纪检监察机关、检察机关通报的情况或意见，对行贿人作出行政处罚和资格资质限制等处理，拟纳入公共信用信息归集范围的，应当征求有关纪检监察机关、检察机关的意见。此外，基础目录中还规定，地方性法规对公共信用信息纳入范围有特殊规定的，地方社会信用体系建设牵头单位会同有关部门（单位）可在本目录基础上，编制地方公共信用信息补充目录。由于分类方式的差异，为避免信息交叉，考虑讨论对象的特殊性，基础目录中所规定的部分公共信用信息类别，在文中归入了基础登记类、市场交易类和社会活动类信用信息中。

息。参照《信用信息分类与编码规范》（GB/T 37914—2019）、《公共信用信息分类与编码规范》（GB/T 39441—2020）和国家发展改革委与人民银行编制的《全国公共信用信息基础目录》，其公共信用类信用信息包括行政信息（如许可、处罚、强制、征收、给付、检查、确认、奖励、裁决等）、司法裁判及执行信息、失信信息、社会保障信息、住房公积金缴纳信息、财政资金资助信息、公用事业缴费信息、税务缴纳信息、资质认定信息、联合激励信息、联合惩戒信息、信用承诺信息、信用修复信息等。

（3）社区自治类。这类信息主要指社区成员在社区自治活动过程中承担社区责任履行社区义务的信用信息，主要用于记录社区成员参与社区治理、提供服务和提出建议的贡献，社区营利性组织和社区社会组织提供社区服务、承担并履行社区治理责任，以及社区领导组织、社区自治组织协调和管理社区事务、推动社区发展和维护公共利益的成效等方面。例如，村（居）务合规信息、社区公共事务参与信息、志愿服务信息、遵守社区公约信息、邻里互助信息。

（4）市场交易类。这类信息主要指社区成员在市场交易活动过程中的信用信息。市场交易类信息包括金融信贷信息（如授信信息、贷款信息、债务及违约信息、担保及代偿信息、资产处置信息、民间借贷信息等）、商业履约践诺信息、知识产权信息、股权转让及出质信息、财务信息（如资产负债信息、损益信息、现金流量信息等）、运营信息（如经营异常信息）等。

（5）社会活动类。此类信息特指社区成员在参与社区范围之外、更广泛社会层面上的各类活动时所产生的信用记录，它涵盖了成员在志愿服务、公共领域、社会组织等多个维度中的行为表现及信用状况。社会活动类信息包括社区成员参与各种志愿服务项目信息（如环保行动、助老助残、支教支医、应急救援等）、参与政府或公共机构组织的各类活动信息（如社区治理、政策咨询、公共事务讨论等）、加入或参与各类社会组织的活动信息（如行业协会、兴趣小组、公益组织等）。

（6）其他类。除上述几类信息外的与社区成员相关的其他信用信息。

2. 社区信用信息来源

社区信用信息资源的来源渠道包括社区组织采集、社区成员自行填报、政府机构共享以及其他组织（如营利性市场组织、非营利性社会组织等）共享。

信息资源获取的方式包括线上和线下方式。

（1）社区组织采集。社区可以在法律允许情况下，在自治权限范围内自行组织采集社区成员的信用信息。采集的信息范围主要为社区成员的基础登记类信息以及社区自治类信息。社区也可以通过政府公开渠道、公共事业单位网站、社会组织公告、服务机构发布等获取社区成员信用信息。

（2）社区成员自主填报。社区成员可以主动填报或授权社区纳入其不掌握的信用信息，以丰富社区信用信息主体的信息维度，从而进一步提升其自身的信用资本。

（3）政府机构共享。政府部门可以依法依规将其掌握的社区信用主体信息资源，尤其是本应对社会公开的部分公共信用信息资源，主动共享给社区使用，以进一步提升社区信用治理的能力。

（4）其他组织共享。除上述来源渠道外，其他组织，如营利性的市场组织、非营利性的社会组织等，为了更好地融入社区建设，提升社区服务水平，参与社区共建共享共治，在法律允许范围内，可以向社区共享其掌握的信用信息。

## 四、社区信用信息标准

社区信用信息标准是社区信用信息体系的重要组成部分。社区信用信息标准包括信用信息系统标准和信息管理标准两类。

1. 社区信用信息系统标准

此类标准定义了信用信息系统的基本技术规范，确保系统的可靠性、安全性、可维护性等。主要涉及社区信用信息系统的设计、开发、运行和维护等方面的规范标准。

2. 社区信用信息管理标准

此类标准旨在规范信用信息的处理和流通，促进信息的准确性和完整性，保障信用信息的公正性和透明度。主要关注社区信用信息的采集、存储、处理和使用等方面的管理规范。可以进一步细分为社区信用信息基础类标准（如社区信用信息基本术语、社区信用信息主体标识等）、社区信用信息采集类标准（如社区信用信息采集目录、信息采集分类与编码、社区信用档案等）、社区信用信息处理类标准（如信用评价、信用积分等）、社区信用信息共享类（如信息资源共享目录、信息资源交换等）、社区信用信息应用与服务类（如信用承诺、信用信息公示、信用信息查询、信用报告、信用奖惩、信用修复等）和社区信用信息运营类标准（如信息安全与保密、信息维护与质量管理等）（见图5-2）。

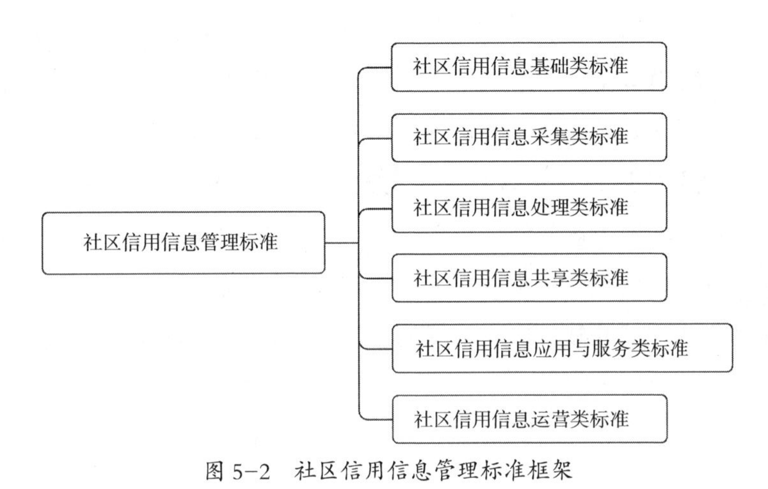


图 5-2　社区信用信息管理标准框架

# 第三节　社区信用信息体系建设典型做法与问题

## 一、社区信用信息体系建设的典型做法

总结各地社区信用信息体系建设经验，大致可以概括为以下四种典型的做法：

1. 地方政府统一搭建覆盖社区的专用信用信息系统

由上级政府部门在区（县、市）或镇街一级自上而下统一搭建覆盖社区的专用于信用管理的信用信息系统。以全国首批 12 个社会信用体系建设示范城市之一山东荣成市为例，荣成市较早在全市范围内探索自上而下的社区信用体系建设。根据 2020 年荣成市组织部等四部门发布的《荣成市城市社区信用管理办法》，其中明确镇街负责城市社区的个人和组织信用主体相关信用信息归集、更新、报送与使用，指导、监督社区对信用主体相关信用信息的归集、更新、上报工作。其社区信息定期采集上报至市级管理平台后，为信用主体建立信用档案。此外，威海市文登区为全市社区统一搭建城市社区信用管理平台。按照项目规划描述，该项目是文登区社区开展信用工作的信息化支撑系统，旨在提升信用管理效率和居民信用意识，辅助社区开展信用工作，实现社区信用的数据采集、评价标准制定、信用数据运算、信用结果运用的全数字化流程。同时针对信用工作细致开展的部门如区直机关工委开展的“党员到社区报到”工作，贴合业务流程项目进行细致的优化。项目建成后，将服务于文登区各社区用户、机关单位用户、全体社区居民，与文登区现有信用管理平台数据互通，方便后期社区信用业务的进一步拓展。2023 年，文登区城市社区信用管理平台正式上线，社区用户可以通过“爱山东 App”入驻平台。同样的案例还有哈密市东河街道建国北路社区，其依托哈密市公共信用信息服务平台，开发出社区信用平台、信用哈密 App 及微信小程序 3 种媒介，借助互联网、大数据技术，为社区居民免费提供信用档案、全流程信用监管、信用红利“免审既享”等服务，实现不见面电子化“信用画像”，并将“信用画像”直观反映在居民信用积分上。

2. 嵌入于基层治理平台的社区信用信息系统

这类社区信用信息系统建设的主要做法为以地方政府的基层治理信息系统为依托，在原有系统平台基础上搭载一个服务于地方政府社区治理的信用信息子系统，或者集成一个社区信用治理的功能模块，将社区的信用信息系统嵌入基层治理信息系统中。这种做法目前较有代表性。以浙江瓜沥梅林社区信用信息体系建设为例，其做法是在原有的瓜沥镇政府基层治理平台“沥家园”系统基础上，将梅林社区的信用信息系统嵌入该系统中，同时开发面向基层政府、基层执法人员、社区和社区成员等不同用户的移动端信用管理小程序。

3. 与第三方机构合作共建社区信用信息系统

这类做法主要是地方政府与社区通过与第三方机构合作，通过借助社会力量，共建社区信用信息系统。这些第三方机构往往面向社区提供金融、养老、托育、家政、物业等服务，或者承接政府向社会力量购买社区服务的项目，与社区存在紧密合作关系。例如，在浙江等一些地方推行的“道德银行”模式中，当地的金融机构为信息系统平台的搭建提供了资金支持或技术保障。

4. 社区自建社区信用信息系统

除上述几种典型做法外，也有部分具有较好财力的社区选择自建社区信用信息系统，或者在原有社区管理系统上嵌入信用信息管理模块，为社区信用治理提供信息支撑。

## 二、社区信用信息体系建设存在的问题

1. 社区信用信息化水平整体较低

除一些社会信用体系建设基础较好且信息化水平较高的地区外，目前大部分社区的信用信息化水平较低；不少信用治理试点社区仍然依靠传统的人工方式采集、整理数据，不但效率低下，而且难以保证信息的及时性和准确性，采集成本高；信息处理能力严重不足，由于缺乏高效的信息化系统，信息的整理、存储和分析都需要大量的人工操作，难以进行大规模的数据处理和深度分析。

2. 社区信用信息壁垒问题突出

社区信用信息存在严重壁垒，信息孤岛现象突出。主要表现为：第一，不敢共享。由于社区信用信息共享和整合的法律法规和政策不完善，这使得政府部门和社区共享数据缺乏法律保障和政策支持，增加了数据共享的难度和风险。第二，不能共享。由于系统开发和信息技术标准不统一，政府公共信用信息系统与社区信用信息系统存在技术方面共享交换的障碍。第三，不愿共享。由于社区信用数据的所有权和使用权往往不明确，在共享数据时存在疑虑和担忧，担心数据的泄露和滥用，这使得各方缺乏数据共享的积极性和主动性。

3. 社区信用信息安全存在不少隐患

第一，数据安全与隐私泄露问题。社区信用信息往往涉及到居民个人和家庭大量隐私信息，如果这些信息被泄露，可能导致居民的隐私权受到侵犯，甚至引发身份盗窃等问题。在实际中，当地政府或社区往往交由第三方技术公司开发系统平台，而这些技术公司水平参差不齐，信息安全难以得到有效保障，监守自盗的案例时有发生。第二，过度采集与滥用信用信息问题。由于社区信

用信息采集和使用边界不清晰，加上社区信用管理能力较弱，缺乏专业性人才，容易造成过度采集与个人信用无关隐私信息问题，一些与第三方机构合作的社区，存在个人信息被滥用的潜在风险。

4. 社区信用信息规则体系建设严重滞后

国家和地方层面出台了大量有关公共信用信息的规范性文件。例如，为明确公共信用信息纳入范围，保护信用主体合法权益，从2021年起，国家发展改革委、人民银行会同社会信用体系建设部际联席会议成员单位和其他有关部门（单位）开始编制并发布《全国公共信用信息基础目录》。早在2017年，国家发展改革委会同国家信息中心、中国标准化研究院等部门，共同编制了《公共信用信息标准体系框架》《公共信用信息分类与编码规范》《公共信用信息资源目录编制指南》《公共信用信息基础数据项规范》《公共信用信息交换方式及接口规范》和《公共信用信息公示规范》六项标准。但是在社区层面，信用信息规则体系建设目前还是空白。

## 第四节　进一步完善社区信用信息体系建设的建议

### 一、加快社区信用信息化建设进度

当前，社区的信用信息基础设施整体薄弱，数字化水平低下。应加大社区信用数字化建设的力度。2022年，政部等九部门印发《关于深入推进智慧社区建设的意见》（民发〔2022〕29号）的通知，文件指出要集约建设智慧社区平台，通过充分依托已有平台，因地制宜推进智慧社区综合信息平台建设，推动部署不同层级、不同部门的各类社区信息系统与智慧社区综合信息平台联网对接或向其迁移集成。因此，将社区信用信息系统与现有智慧社区综合信息平台进行整合是实现社区信用体系建设目标的一种高效、经济的方式。这不仅可以促进信息的互联互通，降低信息获取的难度，还有利于节省建设成本，提高整体运营效率。

## 二、加强社区信用信息资源的共建共享

《中共中央 国务院关于加强基层治理体系和治理能力现代化建设的意见》指出，完善乡镇（街道）与部门政务信息系统数据资源共享交换机制。推进村（社区）数据资源建设，实行村（社区）数据综合采集，实现一次采集、多方利用。建立并逐步完善社区成员信用信息档案。各级政府要将涉社区相关信用主体的公共信用信息主动下沉至社区，为社区信用治理赋能。要明确社区信用信息采集的范围与使用边界，防止过度采集与侵犯社区成员合法权益，贯彻实施个人信息保护法等法律法规，维护个人信息合法权益。依法保护国家秘密、商业秘密。完善信用信息共享机制，促进社区内各组织之间的信息共享；明确信息的所有权和使用权，增强社会各界参与社区信用治理的吸引力，促进社区信用信息资源全社会共建共享共用。

## 三、加大社区信用信息安全保障力度

加快社区信用信息规范化建设步伐，制定社区信用信息管理标准规范。明确信息安全主体责任，建立信息安全责任追究制度；加强用户管理和授权管理，规范信用信息查询使用权限和程序；加强信用信息基础设施安全管理，定期进行安全审计和检查，加强人员培训和管理，提高信息安全意识和技能。强化技术保障能力，要充分发挥物联网、大数据、云计算、区块链等现代信息技术在社区信用体系建设中的技术支撑作用，为信息安全和隐私保护提供坚实技术保障，提高社区信用信息数据的采集和处理效率，降低采集成本。

# 第六章

# 社区信用服务体系建设

社区信用服务体系是持续推进社会信用体系在社区基层落地生根的动力源泉，是多层次社会信用服务体系的重要组成，是城乡社区服务体系建设高质量发展的重要抓手。本章将全面解析社区信用服务体系的内涵及组成，并深入探讨五大类社区信用服务场景建设。针对当前体系建设中存在的问题，提出改进策略，以期为构建更加完善、高效的社区信用服务体系提供有力支撑。

## 第一节　社区信用服务体系的重要性

### 一、持续推进社会信用体系在社区基层落地生根的动力源泉

《国务院关于印发社会信用体系建设规划纲要（2014—2020年）的通知》（国发〔2014〕21号）指出，信用服务体系是社会信用体系的重要支撑。当前，社会信用体系建设在基层社区面临落地难题，如何让信用真正“用起来”，让群众拥有“信用获得感”，持续彰显信用价值，围绕社区居民的操心事、烦心事、揪心事，加强以信用应用场景为核心的社区信用服务体系建设，成为疏通社区信用体系建设堵点和难点的关键一环。

### 二、多层次社会信用服务体系的重要组成

社区信用服务体系是多层次社会信用服务体系的重要组成，社区信用服务组织是社会信用体系建设的重要力量。《国务院关于印发社会信用体系建设规划纲要（2014—2020年）的通知》（国发〔2014〕21号）中指出，逐步建立公

共信用服务机构和社会信用服务机构互为补充、信用信息基础服务和增值服务相辅相成的多层次、全方位的信用服务组织体系。[1]作者认为，在广大社区基层，仅仅依靠公共信用服务机构和市场化信用服务机构力量并不能有效满足社区公众多元化的信用服务需求，同时也不利于广泛调动社会资源，不利于激发社区公众参与社区建设的主动性与积极性。因此，构建多层次、全方位的信用服务组织体系，加快形成全社会共参共建共治共享的信用服务新格局，必须推动包括社区互助性信用服务机构与社会性信用服务机构在内的广义信用服务组织建设。

## 三、城乡社区服务体系建设高质量发展的重要抓手

中共中央办公厅、国务院办公厅印发《关于推进社会信用体系建设高质量发展促进形成新发展格局的意见》指出，要扎实推进信用理念、信用制度、信用手段与国民经济体系各方面各环节深度融合，进一步发挥信用对提高资源配置效率、降低制度性交易成本、防范化解风险的重要作用，为提升国民经济体系整体效能、促进形成新发展格局提供支撑保障。《国务院办公厅关于印发“十四五”城乡社区服务体系建设规划的通知》（国办发〔2021〕56号）指出，探索建立养老、托育、家政、物业等领域社区服务信用管理体系。完善的社区信用服务体系不仅有助于满足社区公众多样化信用服务需求，而且有助于提高

---

[1] 事实上，关于我国应该建设什么样的信用服务体系，目前尚未形成定论。我们可从国家两份社会信用体系建设顶层设计文件相关表述中窥见细微差异：在中共中央办公厅国务院办公厅印发《关于推进社会信用体系建设高质量发展促进形成新发展格局的意见》中关于“信用服务机构”与“信用服务体系”的描述为，“要培育专业信用服务机构，加快建立公共信用服务机构和市场化信用服务机构相互补充、信用信息基础服务与增值服务相辅相成的信用服务体系”。将其与《纲要》中的表述进行对比可以发现，《意见》将《纲要》中的“社会信用服务机构”描述调整成了“市场化信用服务机构”。可见，《意见》中的信用服务机构是狭义的信用组织范畴，即特指公共信用和市场信用两类专业信用服务机构；而《纲要》中的信用服务机构除公共信用服务机构外，还包括了市场化信用服务机构在内的其他各类社会信用服务机构。

社区公共资源的配置效率，提升社区服务的效能，对城乡社区服务体系建设高质量发展形成重要支撑。

## 第二节 社区信用服务体系及其组成

### 一、信用服务与信用服务体系

1. 信用服务的内涵

关于信用服务有狭义和广义两种不同的理解。

狭义的信用服务专指由信用服务机构提供的信用产品或服务的总称。广义的信用服务泛指所有依据信用而提供的一切服务，不管提供服务的机构及其服务本身是否与信用直接相关，其关键在于是否以信用理念、方式和手段提供服务。例如，政府等公共服务机构针对不同信用等级或评分为企业或个人提供差异化的公共服务，这不属于狭义信用服务范畴，但属于广义信用服务的范畴。

2. 信用服务体系

信用服务体系也应有狭义和广义之分。

狭义信用服务体系是指围绕信用服务机构、信用服务对象、信用产品或服务所构建的一整套业态系统。此处所指的信用服务机构一般包括公共信用服务机构和市场化信用服务机构。公共信用服务机构为用户提供公共信用产品与基础服务，市场化信用服务机构为用户提供商业化和定制化的信用产品与增值服务，两者相辅相成，互为补充。例如,《杭州市社会信用条例》中将信用服务机构定义为“依法设立，从事信用风险识别、管理的专业服务机构，包括但不限于征信、信用调查和评估、信用评级、信用咨询、信用担保、信用保险、信用培训等机构”。信用服务对象是个人、企业、社会组织或者政府机构这样的信用主体。信用产品或服务的种类不仅包括征信、信用评级、信用管理咨询、信用培训、信用修复、信用保险、保理、信用担保、商账管理等，还包括为信用交易提供信贷和各种支付凭证、信用证等。吴晶妹（2019）认为，健全的现代信用服务体系应该包括“五大类”服务机构及其产品和服务：外部约束类信用服务、内生助力类信用服务、信用基础设施类服务、信用风险管理类服务和信用监管类服务。外部约束类信用服务是指从信用主体的外部为社会与市场及监管者了解信用主体而提供信用产品的服务活动，其主要业态包括征信、信用评级与评价、信用查询、信用评分、资信调查等。内生助力类信用服务是指直接为信用主体提供信用咨询与解决方案的服务活动，其主要业态包括咨询服务、解决方案定制、信用承诺辅导、信用信息管理与报送、信用修复顾问管理、信用救助辅导、信用与教育培训等。信用基础设施类服务是指市场主体为满足市场需求、社会信用体系建设需要或政府信用监管需求等而提供的基础设施建设与软硬件产品和服务的信用服务活动。信用风险管理类服务是指由市场上的专业机构提供的帮助市场需求者降低信用交易风险的服务活动。信用监管类服务是指为更好地对市场各类机构的信用活动进行规范监督与管理，由信用监管机构依据相关法律法规而提供的服务。[1]她建议重点关注与支持内生助力类机构，做大做强外部约束类机构，重视信用基础设施类服务，建立与倡导信用监管类服务，推广与规范信用风险管理类服务，以发展和健全我国的信用服务体系。[2]

广义信用服务体系泛指一切依信用提供差异化服务的整个支撑系统，包括支撑这套系统的各类信用服务设施，以及确保信用服务活动正常开展所建立的信用服务机制及所需的信用环境。此处所指的信用服务设施包括一切可供信用服务活动提供支撑的软硬件设施，包括公共信用服务设施、商业信用服务设施和社会信用服务设施。信用服务机制则是确保信用服务活动正常开展的一套组织结构、规则、流程和运作方式。信用服务环境是信用服务活动所需的条件和状况，如政策环境、法律环境、经济环境、社会环境、文化环境等。

由于受西方传统信用思想的影响，国内学术界有关信用服务体系的理解往往局限于狭义的信用服务体系，即围绕一般意义上的信用服务市场、信用服务行业及其参与者。这样的理解过于狭隘，不利于我国的社会信用体系尤其是信

---

[1] 吴晶妹．我国信用服务体系未来：“五大类”构想与展望［J］. 征信，2019（8）:7-10+92.

[2] 作者认为，从实施信用服务的主体以及提供服务的具体内容看，吴晶妹教授此处所理解的现代信用服务体系，主要还是一种狭义上的信用服务体系。

用服务体系建设。作者认为，无论是银行根据个人和企业的信用状况提供差异化的授信服务，还是政府公共服务部门依据个人或企业信用等级提供的差异化公共服务，抑或是社会各界基于个人信用评分提供的各种折扣让利，从本质上讲并无差异，都是基于信用的服务场景，而我们需要建立的恰恰是广义的信用服务体系。

## 二、社区信用服务体系及其组成

1. 社区信用服务体系

社区信用服务同样有狭义和广义两种不同的理解：狭义的社区信用服务将社区信用服务理解为社区服务的其中一种，特指由专业信用服务机构为社区信用主体提供的各种信用产品与服务；广义的社区信用服务则将社区信用服务理解为以信用理念、方式和手段提供的一切服务。我们在下文中重点讨论的是与广义社区信用服务相对应的社区信用服务体系。

作为社区信用体系的重要组成与支撑，社区信用服务体系是指政府、社区、市场、社会等多元信用服务供给主体，以社区为基本单元，以各类信用服务设施为依托，以社区信用主体为服务对象构建的业态系统。通过为不同信用状况的主体提供差异化的信用产品和信用服务，形成正向激励与反向约束，以调动社区居民持续参与社区信用体系建设的积极性，提高自身的诚信意识和信用水平，营造社区诚实守信氛围，从而为全社会信用体系建设打下坚实基础。

社区信用服务的对象是多元化的，它既为社区居民等个体提供信用服务，也为各类社区组织提供信用服务。从具体服务对象看，包括两大类八小类社区信用主体（详见第二章第一节“社区信用主体”相关内容）。

2. 社区信用服务体系的组成

从社区信用服务的来源供给及服务内容看，社区信用服务体系的业态系统应由“四大类”信用服务供给主体及其信用产品和信用服务组成。具体包括①为社区成员提供公共信用产品与信用服务的公共服务机构。这里的公共服务机构主要指政府与其他公共服务机构。它们可以为社区信用主体提供类似于公共信用信息查询服务、信用便民惠企服务、信用宣传教育培训服务、信用监管服务等具有公共属性的信用产品与信用服务。②为社区成员提供各类专业化、多样化、定制化、市场化信用产品和信用服务的市场机构。它是一般意义上所指的信用服务机构。它们可以为社区信用主体提供征信服务、评级服务、信用咨询服务、信用融资服务、信用风险管理服务等大量专业化信用增值服务与产品。③为社区成员提供公益性或志愿性信用产品与信用服务的各类社会组织，如社会团体、基金会和社会服务机构等各类公益性、非营利性、志愿性社会组织，它们也是社区信用服务的重要来源，可以为不同信用等级的社区成员自愿提供差异化的信用服务，如让守信社区居民享有更优质的会员服务、提供物质奖励或精神激励等。④社区成员内部进行的自我信用管理与自我信用互助服务。包括社区居民家庭、社区党组织、社区自治组织、驻社区营利性组织和社区社会组织等在内的社区成员，它们既是社区信用服务的对象，同时也是社区信用服务的供给主体之一。社区成员之间可以为对方提供信用服务，如社区信用合作社社员内部进行的资金互助和保险互助服务、社区为居民提供的信用积分兑换服务等。

## 第三节　社区信用服务场景建设

信用服务场景，也称信用应用场景，是信用服务的载体，在信用服务体系建设中居于核心地位。不断丰富的信用服务场景可为社区信用服务体系建设注入持续的动力与活力。任一信用服务场景都由具体的信用服务供给主体面向特定的信用服务对象，以信用产品或信用服务的方式提供服务。因此，信用服务场景体系的构成要素包括信用服务供给的主体、对象、产品或服务。就社区而言，信用服务场景可分为五大类（见图 6–1）：公共性信用服务场景、商业性信用服务场景、公益性信用服务场景、互助性信用服务场景，以及由上述四类性质信用组合而成的复合性信用服务场景。

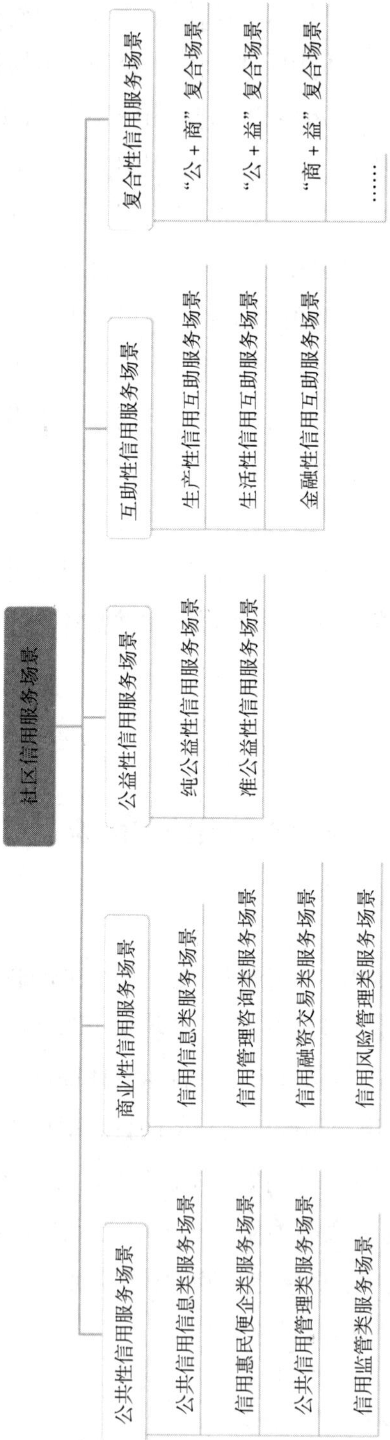

- 社区信用服务场景
  - 公共性信用服务场景
    - 公共信用信息类服务场景
    - 信用惠民便企类服务场景
    - 公共信用管理类服务场景
    - 信用监管类服务场景
  - 商业性信用服务场景
    - 信用信息类服务场景
    - 信用管理咨询类服务场景
    - 信用融资交易类服务场景
    - 信用风险管理类服务场景
  - 公益性信用服务场景
    - 纯公益性信用服务场景
    - 准公益性信用服务场景
  - 互助性信用服务场景
    - 生产性信用互助服务场景
    - 生活性信用互助服务场景
    - 金融性信用互助服务场景
  - 复合性信用服务场景
    - “公+商”复合场景
    - “公+益”复合场景
    - “商+益”复合场景
    - ……

图 6-1　社区信用服务场景

## 一、公共性信用服务场景建设

面向社区的公共性信用服务场景的服务供给主体主要为政府和其他公共服务机构（以下统称“公共服务机构”），服务的对象既包括社区居民，也包括参与社区建设的其他社区信用主体。政府和其他公共服务机构提供的信用产品或信用服务是一种公共产品或准公共产品。常见的公共性信用服务场景主要有：

1. 公共信用信息类服务场景

公共信用信息，是指国家机关和法律、法规授权的具有管理公共事务职能的组织在履行法定职责、提供公共服务过程中产生和获取的信用信息。面向社区的公共信用信息服务场景，包括为社区信用主体提供的公共征信服务、公共信用评价服务、公共信用查询服务、公共信用报告服务、公共信用信息共享服务、公共信用信息安全管理服务等场景应用。社区的各类信用主体可以与其他社会信用主体一样从指定的公共信用服务部门获得上述服务。

2. 信用惠民便企类服务场景

面向社区的信用惠民便企服务场景是公共服务机构为激励社区信用主体提供的各类政策便利服务、政策奖励服务、政策激励服务。包括为社区守信主体在行政审批、市场准入、资质审核等事项中提供优先办理、简化程序等“绿色通道”和“容缺受理”便利服务措施；在政府采购、招标投标等有关公共资源交易活动环节予以倾斜；在教育、就业、创业、社会保障等领域给予支持和优先便利；享受税费减免、财政资金奖补、招商引资配套等优惠政策；进行荣誉表彰、优先任用、绩效考核等。

3. 公共信用管理类服务场景

面向社区的公共信用管理服务场景包括公共服务机构向社区信用主体提供的有关公共信用方面的咨询服务、信用承诺辅导服务、信用修复服务、信用救助辅导服务、信用宣传服务、信用教育服务、信用培训服务等。其主要目的是提升公众信用管理的意识和信用水平，帮助其做好信用风险管理。

4. 信用监管类服务场景

信用监管是指依法负有监管职责的部门依据监管对象信用记录、信用评价等科学合理判断监管对象信用状况，并据此实施的分级分类监管。面向社区的信用监管服务主要针对驻社区的营利性组织，根据信用等级高低采取差异化的监管措施。对信用较好、风险较低的市场主体，合理降低抽查比例和频次，减少对正常生产经营的影响；对信用风险一般的市场主体，按常规比例和频次抽查；对违法失信、风险较高的市场主体，适当提高抽查比例和频次，依法依规实行严管和惩戒。

## 二、商业性信用服务场景建设

面向社区的商业性信用服务的供给主体为各类市场机构，主要为专业性商业信用服务机构，服务的对象既包括社区居民个人家庭，也包括参与社区建设的其他社区信用主体。这些服务机构以盈利为目的，通过提供专业化和个性化的信用服务来满足社区居民和其他社区信用主体的需求。按照提供的服务内容，商业性信用服务场景可以大致分为信用信息服务类场景、信用管理咨询类服务场景、信用融资交易类服务场景和信用风险管理类服务场景四大类。

1. 信用信息类服务场景

信用信息服务是由商业信用服务机构提供的，通过对社区各类信用主体信用信息的采集、整理、保存、加工、分析，并以有偿方式向信息使用者提供相关服务的活动，如征信、信用调查、信用评级、信用评分、出具信用报告等。此外，还包括为上述服务提供技术支持的各类软、硬件开发活动，如信用信息平台建设、信用应用软件开发以及信用信息安全管理等。

2. 信用管理咨询类服务场景

信用管理咨询类服务是指专业信用服务机构为满足社区信用主体的需求，为其提供个性化的信用管理解决方案，并指导其实施的一系列咨询服务活动的总称。这些服务的内容包括但不限于：信用辅导、信用诊断、信用管理指导、信用政策咨询、信用分析与决策咨询、信用教育与培训、信用修复辅导等。

3. 信用融资交易类服务场景

信用融资类服务是指银行等专业信用服务机构基于社区信用主体的信用状况，为其提供的旨在促进信用交易的一系列融资服务。这些服务主要包括但不限于：①授信，基于其信用状况提供一定授信额度。②信用贷款，仅凭其信用状况在无需提供抵押品或第三方担保情况下直接提供信用贷款。③信用支付，允许其在购买商品或服务时延期付款或预付款。④供应链融资，以供应链上的应收账款、应付账款、库存、预付款、预收款等各种资产为基础，为链上的社区信用主体（如农民专业合作社）提供资金支持。⑤融资租赁，由出租人（如租赁公司）为其提供融资信用业务；等等。

4. 信用风险管理类服务场景

信用风险管理类服务指专业信用服务机构为社区信用主体提供的旨在识别、预防、处置、监控信用风险的系列服务活动的总称。这些服务涵盖了多个方面，包括信用担保、保理、商账管理、信用保险以及信用衍生产品（如：总收益互换、信用违约互换、信用价差衍生产品、信用联动票据以及混合工具等）的开发与交易等。

## 三、公益性信用服务场景建设

公益性信用服务（或“志愿性信用服务”）还是一种非常新颖的提法。所谓的公益性信用服务，是指除政府外的个人或机构组织，自愿向社会守信主体提供的，不完全以盈利为目的，具有公益性质的各类信用服务的总称。此处所指的信用服务是广义的信用服务，即泛指所有基于信用而提供的一切服务，如社会各界对守信者的道德礼遇与物质帮扶等就属于公益性信用服务。在服务对象上，公益性信用服务主要针对社会守信主体，尤其是诚信先进人物。

笔者之所以要创新提出公益性信用服务这一概念，并将此类服务场景与其他三类场景并列，是因为当前社区的信用服务场景还非常的匮乏，专业的市场化信用服务机构服务社区的能力较弱，仅仅依赖于政府等公共服务机构还远远无法满足社区公众的信用服务需求，对守信主体的激励不够。因此，亟须调动全社会的力量，共同参与社区信用体系的建设，创新公益性信用服务的种类，不断丰富信用服务场景。

公益性信用服务具有以下特征：①公益性。提供公益性信用服务并不纯粹以获取经济利益为目的，而是为了社会公共利益，自主履行社会责任，自愿以无偿或有偿但让利的方式向社会守信主体提供信用服务。②志愿性。公益性信用服务是建立在志愿的基础上，参与者可以自主选择是否提供服务，而不是强制性的义务。出于个人义务、工作职责、法律责任从事的行为，不属于公益性信用服务。③参与性。公益性信用服务倡导社会成员的共建共享，鼓励广泛的社会参与，通过集结全社会的力量来共同推动信用体系建设。

公益性信用服务有多种分类方式。比如按照服务供给主体，可以分为个人提供的公益性信用服务、营利性机构提供的公益性信用服务、社会组织提供的公益性信用服务，纯粹由政府提供的公益性信用服务归类为公共信用服务，不列入此。按照服务目的，可以分为助力守信主体生产的公益性信用服务和助力守信主体生活的公益性信用服务，前者旨在帮助其扩大生产，后者旨在提高其生活质量。按照服务内容，可以分为信用信息类公益性信用服务、信用融资交易类公益性信用服务、信用管理咨询类公益性信用服务、信用风险管理类公益性信用服务等；按照服务领域，可以分为社会领域公益性信用服务和商务领域公益性信用服务，前者如养老、家政、旅游、文化、体育、教育、科研、医疗、环保、社会保障、互联网等，后者包括生产、流通、金融、价格、广告等。

面向社区的公益性信用服务场景，按照服务的性质，可以分为纯公益性信用服务场景和准公益性信用服务场景。

1. 纯公益性信用服务场景

纯公益性信用服务指提供信用服务的一方不以获取经济利益为目的，而单纯出于社会责任，自愿无偿或者有偿但不对价向社区守信主体提供的各类服务的总称。这里的“有偿但不对价”是指提供信用服务时收取了一定费用，但其从服务中获得的收益并不足以补偿服务成本，收取费用的目的不是盈利，而是为了更好维持和发展其公益事业，因此具有明显的公益属性。

常见的面向社区守信主体提供的纯公益性信用服务场景包括①公益基金类场景。例如，通过设立“好人基金”“道德基金”“模范基金”“美德基金”“志愿服务基金”等各类“信用基金”奖励社区模范守信主体。②公益捐赠类场景。例如，无偿向社区守信主体捐赠物资。③公益服务类场景。例如，向社区守信主体提供免费体检、免费停车、免费观影、免费旅游、免费公交、免费培训等服务。④公益帮扶类场景。例如，以免费或极低费用向守信主体提供资金帮扶、生活帮扶、志愿帮扶、养老帮扶、就业帮扶、法律帮扶、心理帮扶等各种困难帮扶服务。

2. 准公益性信用服务场景

准公益性信用服务是指那些既有公益性特点，又具有一定商业属性的信用服务。它是一种复合性信用服务场景。提供信用服务的一方对不同信用主体进行差异化的让利，在追求经济效益的同时又兼顾社会效益。

常见的面向社区的准公益性信用服务场景包括为社区信用主体提供的各类费用减免、折扣优惠、服务优待等。具体来说：①费用减免类场景。例如，按照信用等级减免水电费、燃气费、租金等。②折扣优惠类场景。例如，提供低息贷款、扶贫贷款。商品或服务折扣让利等。③服务优待类场景。例如，提供信用免押服务、先享后付服务、优先办理服务、尊享贵宾服务等特殊礼遇。

## 四、互助性信用服务场景建设

互助是人类重要的社会交换活动。互助倡导“我为人人，人人为我”的精神理念，助人者今日之助人是图他日之人助。受人之助之人虽不受法律之硬性约束，却受道德之柔性制约。假设有朝一日其背弃这一理念，只知索取不思奉献，互助将如无源之水，难以为继。站在这一角度，互助本质上就是一种人际信用。《礼记·曲礼》上有载：“礼尚往来。往而不来，非礼也；来而不往，亦非礼也”。刘金海（2009）认为互助式的“礼尚往来”遵循的是平衡原则，它呈现出两对互换的关系：一是“给”与“还”之间的平衡，二是“此时”“给”与“来时”“还”之间的平衡。后者是时间意义上的，前者既有物化标准的规范，同时也存在着社会关系的相互约束。他对人情消费意义上的资金互助进行研究，认为与契约式经济交换不同，人情交换和礼金互助的平衡法则往往以较为含蓄的方式表现出来。首先，尽管亲友邻人之间的人情互助不是一种赤裸裸的金钱交易，但市场价格仍然作为衡量付出与回报多少的参考性标准。一般来说，大家会按照人情出礼的行情标准行事，只能略高，不能再少，保持一个大致的平衡。其次，人情的“来”与“往”总是有一个时间差，总有一方处于“欠情”的状态，这种有来有往的社会交换一直延续下去，就形成一种长期稳定的人际关系。最后，人情交换的背后是社会关系的互换，礼金流动的过程即是农民社会关系的交换过程，礼金交换的过程强化了家庭之间的相互联系，在家庭之间的长期互动中，一个农村的社会关系网络就逐渐形成了。[1]

互助与公益之间存在密切的关系，公益事业往往是互助合作的一种体现，互助也是公益的一种重要形式，两者相互促进、互为补充。但互助与公益在目的与性质上有所区别。公益是为了公共利益而进行的活动，具有利他性，主要关注的是弱势群体、社区和环境等，是社会责任和公民意识的重要体现，旨在促进社会的公正、和谐和发展；而互助则是人们彼此之间的互相帮助、支持、协作，是一种体现人与人之间联系、增强社会凝聚力的行为，旨在促进资源和时间的有效配置，具有功利性。

社区互助在中国有着悠久的历史传统，特别是在乡村社会，且种类繁多，形式多样。刘金海（2009）梳理了中国历史上农民互助的三种类型：生产互助、资金互助及村庄互助，分别对这三种类型的历史、文化传统和社会基础进行了探讨。卞国凤（2010）将乡村社会民间互助分为亲缘性互助、地缘性互助及其他互助（友缘性互助、业缘性互助）。[2]社区互助在新时期的地位正变得愈发重要。《中共中央 国务院关于加强和完善城乡社区治理的意见》中指出，提升基层治理水平，增强社区服务供给，应积极开展以生产互助、养老互助、救济互助等为主要形式的农村社区互助活动。

所谓互助性信用服务（或称“信用互助服务”）是指在特定群体成员内部通过互助与合作来互相为对方提供信用服务的活动。社区互助性信用服务就是社区成员之间基于相互信任和合作，以自愿参与的方式来为对方提供信用服务的活动。信任是建立社区互助的基础，社区的自我服务本质上就是一种成员内部基于相互信任的互助服务。社区互助性信用服务是社区信用服务体系的重要组成，在社区治理中有着其他三类信用服务场景不可替代的独特作用与价值。它增进了社区成员之间的信任和合作，是建构社区治理共同体的重要实现途径。

按照互助性信用服务的组织形态，其可以分为组织化的信用互助服务场景

---

[1] 刘金海．互助：中国农民合作的类型及历史传统［J］．社会主义研究，2009（4）:37–41.

[2] 卞国凤．近代以来中国乡村社会民间互助变迁研究［D］．天津：南开大学，2010.

和非组织化的信用互助服务场景。前者由社区内或活动于社区的特定信用互助组织的成员之间相互提供。这些组织按照一套事先制定的规则运作，形成了完整且有序的组织架构和分工。这些组织可能经过官方的正式登记注册，或在街道或居委会备案，或者仅为民间的自发组织。后者没有像前者那样有固定的组织形态，其通常在社区或个人之间自发形成并在特定的社会网络或人际关系中运作，如亲戚、朋友、邻居等，这种互助形式更加灵活。

例如，20 世纪 50 年代初期，我国农民为了解决农业生产中各自的劳动力、畜力、农具不足的困难，在自愿互利基础上建立的劳动互助组织。农业生产互助组分季节性的临时互助组和长年互助组两种。临时互助组由几户农民在农忙季节组织起来，进行换工互助，农忙过后，即行解散。常年互助组，是农业生产互助组的高级形式，其规模比临时互助组大一些，一般七八户或十几户，组员之间除全年在主要农事活动上进行换工互助外，还在工副业和小型水利方面进行互助合作，组内有简单的生产计划和初步的分工分业，有的还有小量的公共财产。互助组在农业合作化运动中，进一步发展为农业生产合作组织。这种农户之间基于相互信任与合作建立的临时或常规的互助组织就是典型的互助性信用服务组织。

中华人民共和国成立后，我们党在经过土地改革，实行“耕者有其田”的基础上，逐步组织引导农民通过发展互助组、初级社等形式，把农民组织起来，迅速解放和发展了农业生产力。之后，以生产、供销、信用为主的“三大合作社”在农村普遍建立起来。

改革开放以来，我国农民群众在家庭承包经营的基础上，开展生产经营合作的意愿不断增强，合作实践不断丰富。以农村家庭承包经营为基础的农民专业合作社作为一种互助性的经济组织，通过提供农产品的销售、加工、运输、贮藏以及与农业生产经营有关的技术、信息等服务来实现成员互助。为满足农民群众合作起来的需求，2007 年 7 月 1 日农民专业合作社法正式颁布实施，自此我国农民合作社走上了依法发展的快车道。截至 2022 年底，我国存续农民专业合作社数量达到了 224.36 万家。

按照信用互助服务的内容，社区信用互助服务场景可以划分为生产性信用互助服务场景、生活性信用互助服务场景和金融性互助服务场景。

1. 生产性信用互助服务场景

生产性信用互助服务主要指社区成员在生产过程中的信用互助活动。具体互助场景包括社区成员之间的劳力互助、生产技能互助、生产物资互助、生产工具互助等。下面是《齐鲁壹点》2023年一篇有关任城区唐口街道农户开展生产性信用互助的报道。

"……大年刚过，正值春耕生产大忙季节，在唐口街道农村田间，经常可以看到三五成群的中年男女在田地干活，有的穿叉扒藕，有的喷施农药，有的在大棚育苗……这是唐口农民亲帮亲、邻帮邻互助春耕备播的动人景象。

如今，在唐口街道农村，这种由信用+体系自发组建的春耕互助组，各村的农民朋友们不仅可以自由组合，取长补短，还解决了留守妇女种地难问题。

过去每年春节过后，农村不少男劳力就启程外出打工，给春耕备播带来了困难。今年，唐口街道充分发挥信用+体系建设，积极引导农户发扬团结互助精神，自发成立劳力互助型、技术互助型、农机具互助型等各类互助组，通过家庭劳力充裕的农户跟劳力少的农户合作、乡村'土专家'帮助技术缺乏农民结对、农机具互相调换使用等办法，进一步解决劳动力短缺问题，在确保不误农时的基础上，不仅推进了春季农业生产，还增加了农民的信用积分……"——《齐鲁壹点》,"春耕'三景'，唐口街道一派春耕备播新景象", 2023-02-02, 通讯员：周广慧；记者：汪泷。

2. 生活性信用互助服务场景

生活性信用互助服务是指社区成员之间围绕衣、食、住、行、养老和情感交流等日常生活需求，进行的物资、时间、技能或服务方面的互助与共享活动。这些信用互助活动既可以是有组织的，也可以是松散无组织的。作者认为，社区成员间的生活互助与共享本质上就是一种信用服务。其理由是：互助与共享均是建立在成员相互信任基础之上的交易行为，其核心是信用。参与互助与共享的成员之所以愿意分享自己的资源或提供帮助，是因为他们相信其他成员也会像自己一样在需要的时候得到相应的帮助或支持。这种相互信任和依赖的关系是社区成员间互助与共享的基础，也是实现资源优化配置和共同发展的关键。因此，互助与共享必须建立和维护信用机制，以避免这种信任关系被破坏。

从具体场景看，社区生活性信用互助服务主要包括①社区养老信用互助，如社区养老服务“时间银行”模式；②社区亲子信用互助，如社区家长们通过信用互助方式，结合各自的闲暇时间，分工合作接送孩子上下学、节假日照看孩子、辅导孩子功课；③社区共享资源信用互助，如社区成员通过共享自己的闲暇资源以换取社区其他成员的资源与服务；④社区技能信用互助，如社区成员通过利用自己在某一方面的特长与技能，如维修、理发、家政等，为社区成员提供服务，以换取社区成员提供的其他方面的服务；⑤社区情感信用互助，如社区成员通过组建互助类纠纷调解的子组织，以互助合作方式调解家庭矛盾、社区邻里纠纷，提供心理疏导服务；等等。

3. 金融性信用互助服务场景

资金互助是金融性信用互助的主要形式。所谓资金互助，指在信用互助组织中，成员之间通过互相担保、联保、互助基金等方式进行信用增级，使得组织内成员能够获得更多的融资机会和更优惠的融资条件。同时，在满足成员生产经营流动性资金需求的前提下，信用互助组织还可以为成员提供储蓄、支付、理财等金融服务，以及满足成员在购买电器、修缮房屋、子女教育等消费类资金需求。

刘金海（2009）将中国农村历史上的资金互助概括为三种类型：“人情消费”“礼尚往来”基础上的资金互助；一定范围内民间借贷意义上的资金互助；具有现代农村资金互助合作规范的地方性的资金互助组织，如“台会”等。依托农民合作社的资金互助组织是发展农村合作金融的重要形式，在当前的社区信用服务场景体系建设中具有独特的价值与意义。从2004年吉林省四平市梨树县闫家村诞生全国首家民间自发组织的资金互助社——百信农村资金互助社以来，全国各地涌现的各类农村（或农民）资金互助组织多达上万家。汪小亚（2016）将现阶段以农村资金互助社为代表的农村合作金融组织概括为五种主要形态：一是银监部门批准的正规农村合作金融试点；二是扶贫系统开展的扶贫资金互助社试点；三是由农业部门推动依托农民专业合作社而建立的农村（或称农民）资金互助合作社；四是由供销系统主导的农村（或称农民）资金互助社；五是农民自发、各类企事业单位、社会组织开展的农民村社合作金融试点。[1]

山东是国务院批准开展新型农村合作金融改革的唯一试点省份，试点内容主要是在农民专业合作社内部开展信用互助业务。一般的资金互助都采用“资金池”模式。山东省采用“信用承诺制”方式，创新了不设“资金池”的信用互助模式。这种模式下，社员首次交纳的承诺金是信用互助部的股本金，其他承诺参与信用互助部的资金，只在有社员要借款时，才由信用互助部归集后贷给借款人。这样，合作社没有资金存留，不会形成存款，自然不会因为资金存留产生的经营压力违规。为消灭“资金池”风险产生的可能，山东省还创新采用了合作托管行制度。当信用互助部在社员内进行资金借贷时，托管行根据信用互助部的指令，把承诺出借资金人的钱款划入信用互助部账户，再按信用互助社的指令把归集的资金划入借款社员账户，完成借贷过程。

从信用合作模式来看，作者结合当前全国各地形式多样、种类繁多的信用合作实践，将其总结为四大模式九种形式[2]：

模式一，纯合作性金融模式。主要可以分为三类：①社员 + 合作社内部信用合作，信用合作主要依托专业合作社，在社员之间，以商业信用（赊销、赊购）和货币信用（资金互助）的方式进行。②社员 + 合作社 + 资金互助（联）社，主要依托资金互助（联）社调节合作社成员的资金余缺，满足社员的生产性资金需求，有些地区的信用合作在多家合作社或互助社基础上组建的联合社之间进行，例如，2018 年 4 月安徽六安市在 9 家资金互助社基础上组建了多层级六安星供合农民互助专业合作社联合社。③社员 + 合作社 +（资金互助社）+ 龙头企业，在前两种模式基础上通过进一步延伸农业产业链，与上下游的农业龙头企业以两种形式开展信用合作：第一种是龙头企业主导建立的合作社，龙

[1] 汪小亚．新型农村合作金融组织发展案例研究［M］．北京：中国金融出版社，2016.

[2] 毛通，谢朝德．金融支持乡村振兴的模式和路径——基于浙江“三位一体”农村信用合作实践的思考［J］．当代农村财经，2018（10）:10-16.

头企业以赊销农资或以入股合作社的方式与合作社农户开展合作；第二种是合作社与龙头企业之间仅仅是上下游的供销合作关系，龙头企业为合作社提供担保或商业赊销。

模式二，合作性金融＋商业性金融模式。分为三种形式：①社员＋合作社＋（资金互助社）＋金融机构，这种情形下，合作社（或互助社）除了起内部信用合作功能外，还在合作社社员与金融机构之间起融资担保作用，金融机构对社员直接授信或者对合作社进行整体授信，并由合作社向社员进行授信。②社员＋合作社＋（资金互助社）＋担保公司＋金融机构，这种情形下，担保角色主要由担保公司来承担。③社员＋合作社＋（资金互助社）＋龙头企业＋金融机构，这种情形下，龙头企业作为农业产业链中的重要一环，在供应链金融中发挥核心企业的作用，金融机构、合作组织围绕龙头企业开展供应链金融。

模式三，合作性金融＋政策性金融模式。分为两种形式：①社区农户＋贫困村资金互助社＋扶贫基金，这类合作以财政扶贫资金为依托，互助社由政府主导自上而下组建，主要针对农村社区贫困户，是合作扶贫的一种重要形式。②社员＋合作社＋（互助社）＋担保基金或风险补偿金，这类合作依托专业合作社，由地方政府出资或者共同合资组建担保基金或风险补偿金，构建合作金融风险保障体系。

模式四，合作性金融＋商业性金融＋政策性金融模式。较为典型的形式为：社员＋合作社＋（资金互助社）＋担保基金或风险补偿金＋金融机构，这种情形下，合作社（互助社）社员在内部信用合作的同时，依托政府出资组建的担保基金或风险补偿金，与金融机构开展外部信用合作。

除资金互助外，保险互助也是金融性信用互助的重要形式。以农民合作社互助保险为例，是指以产业为纽带，由本社全部或部分农户成员自愿出资筹集互助保险资金，为本社成员发展专业化生产提供互助保险的业务活动。

## 五、复合性信用服务场景建设

复合性信用服务场景由上述公、商、益、助四类性质信用组合而成。按照组合中包含的信用服务的种类，可以形成多种组合。由公共信用和商业信用组合而成的“公＋商”复合信用服务场景，如“银税互动”“信易贷”等；由公共信用和公益信用组合而成的“公＋益”复合信用服务场景，如由政府部门和私人部门共同出资设立的用以激励诚实守信先进人物的各类“诚信基金”；由公共信用和互助性信用复合而成的“公＋助”复合信用服务场景，如政府以购买服务的方式参与社区信用养老互助；由商业性信用和互助性信用复合而成的“商＋助”信用复合场景，如商业银行、担保公司等金融机构与社区资金互助社之间的信用合作；由公益性信用与互助性信用复合而成的“益＋助”信用复合场景，如社区志愿者组织内部成员间的公益互助；由公共信用、商业信用和互助信用组合而成的“公＋商＋助”复合信用服务场景等，如商业银行对农民合作社进行整体授信，合作社社员内部进行资金互助，政府为双方托底成立风险补偿金或担保基金。上述场景在各地实践中均有不同程度的尝试。

## 第四节　当前社区信用服务体系建设存在的问题与建议

### 一、存在的问题

1. 社区信用服务组织建设进展缓慢

第一，公共信用服务机构力量薄弱。建设迟缓，社区信用服务的能力明显不足；社区公共信用资源的开发利用率低，公共信用服务场景单一且专业性不强，在服务广度、密度和深度上，均有较大提升空间。

第二，商业信用服务机构发展缓慢。专业化水平较低，竞争力不强，信用产品与服务同质化严重，创新能力不足，由于社区信用产品与服务的个性化与差异化程度高，标准化程度低，社区定制化能力较弱，加之合作开发的成本较高，参与意愿与动力明显不足。

第三，社会化信用服务组织发育不成熟。由于其服务的公益属性，资金来源较为单一且不稳定，服务质量难以保证；由于缺乏统一的行业标准与服务规范体系，存在管理不规范、操作不透明、社会公信力低等问题。

第四，社区信用互助服务组织“小而散”。组织化程度低，孵化培育和扶持力度不够；成员的流动性较高，管理难度较大；信用专业人才缺乏，业务能力不足，服务水平低下；风险抵御能力较弱，缺乏有效的风险管理和监督机制，风险隐患较多。

2. 社区信用服务供给能力不足，供需不匹配

第一，社区信用服务供给总量严重不足。社区信用服务需求呈现多元化特征。个体层面，与养老、托育、家政、助餐、物业等生活相关，以及与融资、创业等生产相关的信用产品与服务需求巨大；组织层面，与社区救济、扶弱、文化、教育、公共安全、矛盾调解、环境保护等治理相关的信用服务需求凸显。但公共性信用服务、商业性信用服务、公益性信用服务、互助性信用服务、复合性信用服务五大类社区信用服务的供给能力均严重不足，供需缺口较大。

第二，社区信用服务供给存在结构性问题。社区信用服务供给既有总量上的缺口，也有结构上的错位。部分社区信用产品与信用服务的供给并没有从社区公众的真实需求出发。从实际观察来看，一些公共部门的信用服务创新并没有切中需求“痛点”，导致产品缺乏黏性，吸引力不足，公众使用意愿低，获得感不强，存在“叫好不叫卖”现象，而真实的需求却无法得到满足。

3. 社区信用服务理念滞后，服务能力效率低下

第一，信用服务认知狭隘，服务意识淡薄。社区公共服务部门对信用服务的理解相对片面，受西方传统信用狭隘观念的影响，忽视了社会信用在我国经济发展与社会治理中的基础性作用，信用服务意识淡薄，服务理念滞后，创新动力不足。

第二，社区公共服务的信用融合度低，信用服务能力不足。公共部门在为社区居民提供服务过程中不会使用、不愿使用、不敢使用信用工具和手段现象突出，如何以信用的理念和方式提升社区公共资源配置效率，更好地赋能社区信用治理，存在较大的提升空间。

第三，社区信用服务设施不完善，服务效率低下。社区信用信息化程度低，信用技术应用滞后，信用服务的便利化和智能化水平较低，服务的精准度与精细化不够，服务效率有待提高。

4. 社区信用服务体制机制不健全

第一，社区信用服务体系化、规范化程度不够。社区信用服务体系顶层设计缺失，社区信用服务工作缺乏整体规划和指导，体系建设进展缓慢；社区信用服务标准缺失，服务不规范，公众信用权保护不到位。

第二，政府引领下的多元协同机制不健全。政府在多层次社区信用服务体系建设中的引领作用不突出，对市场化信用服务机构、社会化信用服务组织、社区信用互助组织的政策扶持不够，未能充分调动上述机构组织参与社区信用服务体系建设的积极性；社区信用服务市场化程度低，社会力量参与积极性不高，共建共享共治的格局尚未形成。

## 二、进一步完善社区信用服务体系建设的建议

1. 构建多层次社区信用服务组织体系

第一，加强公共信用服务机构组织建设。充实面向社区基层一线的信用服务力量，加强公共信用服务人员专业培训，提升社区信用服务业务能力；提高社区公共信用资源开发利用率，完善信用信息资源共享机制，依法依规向社会开放。

第二，加快市场化信用服务组织发展步伐。优化营商环境，积极营造有利于商业信用服务机构良性竞争的氛围，鼓励并引导其积极参与社区信用服务体系建设，不断丰富社区信用服务产品。

第三，加大社会化信用服务组织扶持。鼓励社会资本投入，多元化资金来源，积极培育社会信用资本，形成正向激励，吸引更多社会力量参与社区信用服务体系建设。

第四，加强社区信用互助组织培育。要重点孵化与培育一批社区信用互助组织，及时总结经验教训，建立和完善组织自律与社会监督机制，加强引导与规范，提升组织化程度。

2. 打造多业态社区信用服务场景体系

第一，持续扩大社区信用服务供给能力，不断优化社区信用服务供给结构。要坚持“问题导向”“需求导向”，切实从社区公众的实际需求出发，紧

紧围绕社区公众“急难愁盼”问题，以信用理念和方式解决制约社区治理的难点、堵点、痛点问题，着力增强养老、托育、家政、物业、普惠融资、社区治理等重点领域的信用服务供给，提升服务能力，拓广度、增密度、延深度，满足公众多元化信用服务需求。

第二，不断丰富社区信用服务场景类型，协同推进五大场景建设。公共性信用服务要精准高效，商业性信用服务要创新多元，公益性信用服务要公平普惠，互助性信用服务要互利共赢，复合性信用服务要融合发展。

3. 强化全方位社区信用服务技术支撑

第一，树立科学的信用服务理念，加强公共服务部门信用业务培训，提升信用服务业务能力和专业化水平。创新信用与公共服务的融合，将信用理念、信用制度、信用手段全面融入社区服务的全过程，提升社区公共资源的配置效率。

第二，完善社区信用服务基础设施。将公共信用资源下沉社区，加强支撑保障力度，推动社区信用服务的信息化、数字化进程，提升信用服务的智能化、精准化、精细化水平，增强信用服务的可及性和便利性，提升服务效率。加强社区公众信用权保护力度，避免算法偏见造成社会排斥。

4. 健全多元化社区信用服务协同机制

第一，构建“政府主导、党建引领、社区主体、市场主力、社会参与”的多元协同信用服务机制。有效发挥政府在社区信用服务体系建设中的主导作用，加强引导，完善财政支持、税收优惠、金融扶持等政策支持体系，鼓励各方积极参与；充分发挥社区党组织在社区信用服务体系建设中的核心领导作用，以社区党风廉政建设引领社区诚信建设；注重发挥社区自治组织在社区信用服务体系建设中的基础作用，突出社区公众主体地位，鼓励居民以信用互助、公益互助等方式开展自我服务，积极参与社区信用治理。着力发挥市场机构在社区信用服务体系建设中的主力军作用，创新服务理念、创新服务产品、创新服务方式，定制化服务、增值服务，不断满足社区公众多样化信用服务需求。统筹发挥社会力量参与社区信用服体系建设的协同作用。完善社会激励机制，激发多元主体参与积极性，构建共建共享共治格局。

第二，强化社区信用服务体系顶层设计，因地制宜，分类指导、分层推进、分步实施。结合各地社区信用体系建设实践，制定差异化指导策略，围绕城乡社区，分类打造以便利社区居民养老、托育、家政、物业等生活特色型信用服务社区，以助力农民专业合作社、家庭农场、民宿、社区个体工商户、集体经济组织、农村电商等经济主体发展的生产特色型信用服务社区，以贫困家庭、留守妇女、社区矫正对象、失业人员等特殊群体信用帮扶特色型信用服务社区，以党建引领、矛盾调解、公益互助、环境卫生、公共安全为代表的治理特色型信用服务社区。在各地优先遴选一批前期信用建设基础条件较好、群众改革意愿强烈的社区先行先试，及时总结经验做法，以点带面，分层推进，有步骤有计划稳步推进。

# 第七章

# 社区诚信文化体系建设

随着我国社会信用体系建设在理论与实践层面的持续深化，诚信文化研究也取得了长足的进步。近年来，学界围绕诚信文化的内涵及价值、诚信文化与社会信用体系建设的关系、诚信文化与社会治理的关系、诚信文化建设的方法论与实践路径、传统诚信文化的转化与发展等问题进行了深入的研究。在城市社区诚信文化建设理论与实践等方面也有针对性讨论，但不置可否，学界对于社区诚信文化的研究还存在概念界定模糊、地位与作用认识不够深入、建设路径不清晰等问题。作为社会信用体系建设的重要组成与关键环节，社区诚信文化建设短板问题对社会信用体系的高质量发展形成掣肘。厘清社区诚信文化的核心要义，明确地位作用并明晰建设的路径，成为当务之急。

## 第一节　社区诚信文化体系建设的逻辑起点

诚信文化，乃构筑社会信任之基石，推动文明进步之动力。弘扬诚信文化，健全诚信建设长效机制，是党的二十大报告提出的明确要求，这对建设诚信社会、提高全社会文明程度、推进文化自信自强具有重要的战略意义。社区是社会的细胞，是人们生产生活的基本空间，是诚信文化建设的根基所在。社区诚信文化建设，在传承发展中华优秀传统文化、践行社会主义核心价值观、推进基层治理现代化建设进程以及推动社会信用体系高质量发展过程中居于特殊地位，并发挥独特作用。

社区诚信文化体系建设的逻辑起点是对社区诚信文化内涵的准确把握，而这就需要在对“文化”一词深入理解的基础上，进一步诠释“社区文化”与“诚信文化”之义。

## 一、“文化”与“社区文化”释义

“文化”一词可谓众说纷纭，莫衷一是。其中，当属结构和功能两种角度的解释最为典型。结构论者常将文化分解为若干要素或因子，而功能论者则惯将文化划分为等多个方面或领域。关于“文化”最具代表性的解释，当属英国功能学派社会人类学创始人马林诺夫斯基的文化“三因子”和“八方面”理论[1]。“三因子代表了文化的结构部分，八方面代表了文化的功能部分；结构是静态的，功能是动态的；结构是形式，功能是内容。”[2]

中国著名社会学家吴文藻较早对社区文化开展研究。他发展了马林诺夫斯基的文化内涵，认为“文化最简单的定义可以说是某一社区内的居民所形成的生活方式，所谓方式系指居民在其生活各方面的业果”“文化也可以说是一个民族应付环境——物质的、概念的、社会的和精神的环境——的总成绩”。[2]针对社区研究的文化内容，他总结出文化内涵的四个方面：一是物质文化，是顺应物质环境的结果；二是象征文化，或称语言文字，系表示动作或传递思想的媒介；三是社会文化，亦简称为“社会组织”，其作用在于调节人与人间的关系，乃应付社会环境的结果；四是精神文化，有时仅称为“宗教”，其实还有美术科学与哲学，也须包括在内，因为他们同是应付精神环境的产品。

在现代中国社区文化的众多研究成果中，吴文藻先生描述中的“社区”早已发生了翻天覆地的变化，“社区文化”一词也被学者们赋予了更多新时期的内涵。龚贻洲（1997）认为“社区文化是组成一个社会整体文化的基本单元，是特定社会区域当中人们的各方面行为所构成的文化生态系统，具有地域性、群众性、开放性、多元性、独立性和弥散性特征”。[3]闫平（2021）认为“社区文化是社区共治主体即社区居民在社区生活及建设实践中所创造的精神和物质财

---

[1] 马林诺夫斯基在《文化论》一书中从结构角度将文化分解为物质、社会组织和精神生活三个因子，从功能角度将文化划分为经济、教育、政治、法律秩序、知识、巫术宗教、艺术、娱乐等八个方面。

[2] 吴文藻．论社会学中国化［M］．北京：商务印书馆，2010.

[3] 龚贻洲．论社区文化及其建设［J］．华中师范大学学报（哲学社会科学版），1997.

富。包括体现本社区特色的文化理念、文化现象以及文化生活场所”。[1]也有学者从广义和狭义两个角度解释“社区文化”。例如，刘庆龙等（2002）认为广义的社区文化是指社区居民在特定的区域内，经过长期实践而创造出来的物质和精神文化的总和；狭义的社区文化是指价值观念、生活方式、行为模式和群体意识等社区文化现象的集成。[2]总体而言，关于“社区文化”的众多解释，事实上也并未跳出结构和功能两种范畴。

## 二、“诚信文化”的内涵

诚信，作为中华民族的优秀传统文化，源远流长，长期以来就备受关注。从古代的商业交往到现代社会的人际互动，诚信始终被看作是建立信任、促进合作和维护社会和谐稳定的重要基石。随着时代的变迁和社会的发展，诚信文化的内涵也在不断丰富和发展，诚信文化的研究方兴未艾。王淑芹等（2022）认为，理解“诚信文化”需要在遵循文化本质论思想基础上，坚持结构与形态相结合的原则。她从宏观、中观和微观分析了“诚信文化”的三层含义，并阐释了我国诚信文化与社会信用体系建设中的“诚信文化”之义：“是排除了物质文化、制度文化的观念文化、心理文化和行为文化的综合，即专指与硬规相对应的诚信思想观念、理论体系、道德规范、风俗习惯、心理倾向及其行为方式。”“诚信文化结构要素包括观念、规范、心理与品行。”[3]许洪源（2020）围绕城市社区的诚信文化进行针对性研究，将其定位为“城市社区文化的重要组成部分”“是城市社区生活共同体中的所有成员普遍认可和遵循的价值观念和行为规范，是理念形态文化、制度形态文化、行为形态文化和物质形态文化的复合

---

1. 闫平．城乡文化一体化发展的内涵，重点及对策［J］．山东社会科学，2021（2014-11）：141-146.
2. 刘庆龙，冯杰．论社区文化及其在社区建设中的作用［J］．清华大学学报：哲学社会科学版，2002（5）：6.
3. 王淑琴等．中国特色社会诚信建设研究——诚信文化与社会信用体系融通互促［M］．北京：人民出版社，2022.

体”“包括城市社区诚信理念、诚信制度、诚信行为和诚信环境四个部分”。[1]

## 第二节　社区诚信文化体系：结构与功能

全面准确理解“社区诚信文化”的内涵，须从结构和功能双重视角加以诠释：结构用以描述社区诚信文化的组成部分以及各部分之间的相对关系，有助于把握其内在逻辑与系统构成；功能用以描述社区诚信文化在实际运作中所发挥的作用与效果，有助于厘清其形态与功能价值。结构是外在表现，是社区诚信文化的“骨架”；而功能是内在目的与功用，是社区诚信文化的“血肉”，两者互相关联，不可分割。

### 一、基于结构视角的“社区诚信文化”

从结构看，社区诚信文化是社区文化的重要组成，应定位为社区公共文化的诚信方面，具有显著的公共属性特征，强调人人参与、人人创造、人人享有。它由社区文化的诚信物质要素、诚信精神要素、诚信符号要素和诚信行为要素共同构成。其中，社区文化的诚信物质要素指存在于社区中的那些有实实在在物理形态的、蕴涵着诚信文化的各类器物、设施、建筑，甚至人物等，它是承载社区诚信文化的物理载体。例如，一个社区的诚信先进人物，或者一个蕴涵着诚信寓意的器物、文化设施、文物、景观等。社区文化的诚信精神要素指存在于社区成员思想意识中的，用于反映社区和社区成员共同诚信价值取向和诚信精神面貌的认知、态度、理念和信念等，它是社区诚信文化的内核与灵魂。例如，不少农村社区民风淳朴，村民普遍秉持诚实守信的价值理念，做了不诚信的事会觉得无地自容，深感愧疚和自责。社区文化的诚信符号要素指社区和社区成员共同遵循和倡导的，以维护社区诚信秩序为目的的一系列诚信道德

[1] 许洪源．城市社区诚信文化建设研究［D］. 大连：大连理工大学，2020.

规范、风俗习惯、行为准则等，它是传播社区诚信文化的媒介，通过语言、文字、图像、信息、声音等符号在社区中传播诚信文化。例如，一条社区的诚信宣传标语、一本诚信宣传手册、一段诚信宣传视频、一首诚信宣传歌谣等。社区文化的诚信行为要素，指社区和社区成员在日常生活和社会交往中所表现出的诚信举止和行动，它受诚信理念支配，受到诚信规范的约束，是社区诚信精神文化的外在表征。例如，2022年被中央文明办评选为“中国好人”的湖北红光村村民陈廷海，16年守诺如金，坚持不懈践行诚信，偿还200多户村民近百万欠款。上述四类要素相互关联、相互作用，共同构成了社区诚信文化的完整框架。

## 二、基于功能视角的“社区诚信文化”

从功能看，社区诚信文化应定位为诚信文化在社区的一个独特类型，是为满足社区公众共同的诚信文化需要而形成的独特文化形态，有别于商业或社会等其他诚信文化类型。它是社区这一特定地域范围内，针对社区组织和社区成员这一特定对象的一种诚信文化。其形成与当地的历史、文化、社会环境等因素密切相关，不同的风土人情与人文环境孕育出独具特色的社区诚信文化，具有鲜明的地域特性与人文特性。

在我国社会信用体系建设的大背景下，诚信文化在社区发挥文化传承、价值导向、行为规范、凝聚共识和社会治理五重社会功能。

第一，文化传承功能。社区诚信文化具有在社区成员中保存、发展和延续诚信文化元素的功能，具体体现在：一方面，它将社区自我创造的诚信价值理念不断固化下来，并将这些优秀的文化元素以家庭教育、社区活动等方式和手段，传递给社区新的成员或年轻一代，使其继承并世代延续下去；另一方面，它吸收融合社会主流的诚信文化，通过改造与革新将其流传下去，发扬光大。

第二，价值导向功能。社区诚信文化具有引导和塑造每一位社区成员的诚信价值取向和行为取向，并凝结成整个社区乃至全社会的诚信价值取向和行为选择的功能。诚信文化既是中华优秀传统文化的精髓，也是社会主义核心价值的重要组成，是建立诚信社会的基石。它承载着深厚的历史底蕴和广泛的社会共识，这个价值取向对每一位社区成员提出了思想和行为上的要求，促使他们在诚信文化的引导下思考和行动，并形成正确的价值观念，规范自己的行为，使得整个社区朝着正确的方向发展。

第三，行为规范功能。社区诚信文化具有规范社区成员经济活动与社会行为的功能。社区诚信文化一经形成，便体现着社区居民主流的价值取向和道德评判标准，对每一个社区成员形成柔性和硬性双重约束。一方面，它通过信用规章制度、乡规民约、社区公约等正式、具有约束力的“硬规则”来确立并明确要求全体社区成员严格遵守，对于失信行为予以惩罚；另一方面，这种约束主要依赖于社区成员个人的内在道德修养、价值观以及外在的道德舆论引导。通过个人的道德自律和社会的舆论监督，保证社区成员自觉践行诚信原则。

第四，凝聚共识功能。社区诚信文化有助于社区成员彼此建立互信，增强凝聚力，培育“社区精神”。现代社区是典型的“陌生人社会”，诚实守信是彼此打破隔阂，建立互信的基础。社区成员之间的交往如果做到以诚相待，便可以有效降低信任的成本，减少社会交往和市场交易中的疑虑和摩擦，促进社区成员之间的良性互动。社区诚信文化作为一种重要的社会资本，有助于建立相互扶持的社会支持网络，促进合作的意愿，增强社区的凝聚力，培育出“社区精神”。

第五，社区治理功能。社区诚信文化具有提升社区基层治理能力和治理水平，助力社区治理体系与治理能力现代化的重要功能。作为理念的社区诚信文化有助于塑造社区成员的共同价值观和行为准则，增强个体对社区的责任意识，积极参与社区事务；作为制度的社区诚信文化有助于约束和规范社区成员的行为，维护社区的秩序；作为机制的社区诚信文化有助于促进社区内部的协调与合作，形成社区合力；作为工具和手段的社区诚信文化有助于优化资源配置效率，提升社区公共服务的效率和质量。

## 第三节　社区诚信文化体系建设的重要性与建设内容

### 一、社区诚信文化体系建设的独特地位与作用

1. 传承中华优秀传统文化的关键环节

诚信文化是中华优秀传统文化的重要组成，传承中华优秀传统文化，就要

大力弘扬守诚信等核心思想理念，弘扬诚信文化。《关于实施中华优秀传统文化传承发展工程的意见》指出，传承中华优秀传统文化，就要大力弘扬守诚信等核心思想理念。《新时代公民道德建设实施纲要》指出，诚信是社会和谐的基石和重要特征。要继承发扬中华民族重信守诺的传统美德，弘扬与社会主义市场经济相适应的诚信理念、诚信文化、契约精神。社区是社会的基本单元，是孕育诚信文化的沃土，是文化传承发展的重要载体，社区诚信文化建设在传承中华优秀传统文化中扮演着重要的角色。加强社区诚信文化建设，有助于社区公众更加深入地了解和领会中华传统美德的内涵和精神，深化对中华优秀传统文化的认同，增强文化自信和文化自觉；有助于提高社区公众的道德素质和文化素养，树立诚实守信的道德观念，养成守约践诺的行为习惯，自觉成为诚信文化的倡导者和践行者，成为传统优秀文化的继承者和传承者；有助于夯实中华优秀传统文化传承发展的根基，进一步激发中华优秀传统文化的生机与活力，彰显国家文化软实力。

2. 社会主义核心价值观在社区的生动实践

诚信是社会主义核心价值观的重要组成，加强社区诚信文化建设是公民个人在社区层面践行社会主义核心价值观的生动实践。《国务院办公厅关于加强个人诚信体系建设的指导意见》指出："大力弘扬诚信文化。将诚信文化建设摆在突出位置，以培育和践行社会主义核心价值观为根本，……，将诚信教育贯穿公民道德建设和精神文明创建全过程。加强社会公德、职业道德、家庭美德和个人品德教育，营造'守信者荣、失信者耻、无信者忧'的社会氛围。"《社会信用体系建设规划纲要（2014—2020年）》也指出："诚信教育与诚信文化建设是引领社会成员诚信自律、提升社会成员道德素养的重要途径，是社会主义核心价值体系建设的重要内容。"社区是人们社会生活的共同体，是培育践行社会主义核心价值观，推进基层诚信文化建设的最终落脚点，是开展诚信宣传活动，进行诚信教育的主阵地。只有加强社区诚信文化体系建设，普及社区诚信教育，让诚信理念在社区扎根，才能让社会主义核心价值观在社区开花结果，社会主义核心价值体系建设才能做到行稳致远。

3. 推进基层治理现代化建设进程的重要抓手

诚信文化与社会治理具有内在的一致性和互动性，尤其是在基层社会治理中，诚信文化能够发挥出法律或制度规范不具有的优势。[1]《关于加强基层治理体系和治理能力现代化建设的意见》和《关于加强和改进乡村治理的指导意见》等文件中均明确提出建立起党组织统一领导的自治、法治、德治相结合的基层治理体系目标。社区是社会治理的基本单元，社区诚信文化建设是实现基层自治的重要方式，是基层法治建设与德智建设的重要内容。随着我国经济社会的不断发展和城市化进程的加速，基层的社会结构正在经历深层次的变革。传统乡土社会那种基于血缘、地缘和共同文化传统的“熟人网络”逐步瓦解，取而代之的是更加多元化、复杂化的“陌生人网络”。诚信文化建设成为重建社区信任、调和社区矛盾、平衡多元利益、营造“社区精神”的有效手段，同时也成为社会治理的创新范式。将诚信文化作为社区治理的对象与工具，能够有力地解决基层社会的矛盾，协调基层社会关系，推进基层治理现代化进程。[2]

4. 推动社会信用体系高质量发展的必然要求

社会信用体系从来都重视以诚信价值观为代表的精神文明建设问题。[3]《社会信用体系建设规划纲要（2014—2020 年）》指出社会信用体系以树立诚信文化理念、弘扬诚信传统美德为内在要求。诚信文化与社会信用体系相倚互济。诚信文化与社会信用体系是一体两面，相互依赖、不可分割，诚信文化建设需要社会信用体系支撑，社会信用体系建设需要诚信文化相辅。我国的社会诚信建设应该走人心与人行共治、惩恶与扬善并重的诚信文化与社会信用体系共建互济之路。[4]基层社区诚信文化的建设水平，不仅为社会信用体系建设提供了坚实的基础支撑，更是社会信用体系高质量发展成果的直接体现和显著标志。诚信文化建设是社会信用体系建设的内在要求，是社会信用体系能够良性运转并发挥长效机制的重要保障。社会信用体系建设的出发点和落脚点都是以人为

[1] 刘菁．诚信文化赋能社会治理现代化［J］，前线，2022（12）:50−52.

[2] 杨连生，许洪源．诚信文化建设与社区治理的互动逻辑［J］．人民论坛，2020:96−97.

[3] 林钧跃．社会信用体系支撑的新型诚信教育方法［J］．征信，2020（11）:1−8+92.

[4] 王淑琴等．中国特色社会诚信建设研究——诚信文化与社会信用体系融通互促［M］．北京：人民出版社，2022.

本，诚信文化建设也是未来社会信用体系建设的发展趋势。[1]

## 二、社区诚信文化体系建设的内容

社区诚信文化体系由社区诚信物质文化要素、诚信精神文化要素、诚信符号文化元素和诚信行为文化要素四大要素构成。立足当下社区诚信文化体系建设的内在要求，并从长期发展的视角审视社区诚信文化体系建设的目标，社区诚信文化体系建设的内容应包括建设社区诚信文化体系，就要加强四大要素的建设，重点要加强“载体”“理念”“媒介”和“规范”四项内容的建设。

1. 社区诚信文化载体建设

它是承载社区诚信文化的物理载体。社区诚信文化载体的建设具体包括其一，社区公共诚信文化设施，包括诚信宣传栏、诚信文化场馆、诚信文化墙、诚信文化活动室、诚信书屋、诚信景观、诚信教育基地、诚信文物等；其二，社区诚信人物或组织，包括诚信居民、诚信家庭、诚信志愿者、诚信企业或企业家、诚信社区组织或社区干部等社区诚信典型或诚信文化 IP；其三，社区诚信文化活动，包括诚信讲座、诚信论坛、诚信签名活动、诚信演讲比赛、诚信故事分享会、诚信宣传志愿者服务活动、诚信文艺演出、诚信展览、诚信文化节、诚信日等。

2. 社区诚信文化理念建设

它是社区诚信文化体系建设的内核。一个缺乏诚信文化理念的社区，将无法激发社区居民的共鸣和参与，无法形成真正的凝聚力和向心力，社区诚信文化体系也就失去了生命力。社区诚信文化理念建设包括其一，中华优秀传统文化，这是中华文化的根系与血脉，凝聚了中华民族几千年来认同并奉行的思想理念、价值观和民族精神；其二，以社会主义核心价值观为精髓的社会主义先进文化，是社会主义文化中体现社会主义制度本质、反映社会主义制度追求、代表社会主义制度发展方向的文化；其三，革命文化，是中国人民在中国共产党的领导下于革命实践中形成，并在建设、改革的进程中不断与时俱进、完善

---

[1] 刘菁，杨柳．诚信文化建设的相关要素与实践逻辑［J］．征信，2023（7）:59-64.

创新的物质文化和精神文化的总和；其四，社区乡土文化，包括社区良好的风俗习惯、礼仪、优良的家风家教等。

3. 社区诚信文化媒介建设

社区诚信文化的媒介起传播社区诚信符号文化元素的作用。社区诚信文化媒介建设具体包括其一，社区诚信宣传资料，包括社区诚信宣传海报、诚信标语和横幅、诚信宣传手册、诚信读物、诚信宣传片、诚信文艺作品等；其二，社区诚信宣传渠道，包括社区公告板和宣传栏、广播、电视、报纸、杂志等传统媒介，以及互联网、移动互联网、社交平台、视频网站等新媒体渠道；其三，社区诚信宣传方式，包括诚信宣传讲座、诚信宣传文艺演出、诚信宣传研讨会等。

4. 社区诚信文化规范建设

社区诚信行为文化要素的建设有赖于社区诚信规范建设。社区诚信规范建设包括其一，社区信用法律规则；其二，社区信用管理规则；其三，社区信用伦理规则（具体可见本书第四章）。

## 第四节　社区诚信文化体系建设的典型做法

### 一、以诚信榜样力量引领社区诚信文化精神

通过发挥榜样的力量，让群众身边诚信人物进行现身说法，可以为社区诚信的教育提供鲜活的案例。这些榜样以自身的经历、故事和行为展现了诚信的力量与价值，更容易被公众所理解和接纳，在各地社区诚信文化建设中有很好的示范效应。

例如，家住乌鲁木齐市达丰社区的七旬老太吴兰玉，老伴和儿子相继去世，给她留下了为治病欠下的5.4万余元债务，当债主们纷纷上门准备讨要欠款时，她的境况却让他们难以张口，但吴兰玉给他们的却是坚定的回答：欠债还钱天经地义，不管有多难，都会还清欠款。在接下去的九年时间里，她用拾废品赚的钱还清全部外债，诚信还债的毅力感动了街坊邻居，被大家广泛传

颂。还有，驻马店市驿城区水屯镇孟庄村党支部书记贺新义。他组建车队，多年履行免费接送困难乡亲外出就业的承诺，带动多个家庭脱贫致富；他帮助乡亲捎带工钱累计达上亿元，无一差错，被人们称为“信义大哥”；他信守带领乡亲们脱贫致富的承诺，积极发展扶贫产业，被村民亲切称为“信义书记”。2021 年 7 月，贺新义入选全国诚实守信模范候选人，荣登“中国好人榜”。

在社区的诚信文化建设中，就是要用这样一个个鲜活的诚信案例，用一件件感人至深的诚信事件，来教育和引导社区居民，树立诚信意识，践行诚信行为，将培育和践行社会主义核心价值观融入社区教育的全过程。

## 二、以优秀传统文化涵养社区诚信文化根基

优秀传统文化是中华民族的瑰宝。其中蕴含着丰富的诚信内涵，这可以为社区诚信文化建设提供丰富的思想源泉、有效的教育途径和有力的道德支撑。将社区的诚信文化建设与优秀传统文化有机融合，让社区的诚信文化建设充满生机和活力，不再是空洞的口号与标语，各地涌现出不少这样做法案例，并在实践中取得很好的成效。

2023 年 11 月，作者曾有幸参加浙江杭州临安昌化镇举办的一场“诚信建设万里行”临安站主题活动。该活动是当地政府部门面向社区开展的一次年度大型诚信主题教育活动。作为国石文化的发源地，昌化鸡血石驰名中外，公章文化是由国石文化衍生而来的文化形态，有着立信、用信、守信的精神内涵。在中国古代，公章是立信的凭证。东汉经学家、文字学家许慎在《说文解字》中曾描述道“印，执政者信也”。其实，公章不单钤盖于官方的政令，还广泛使用于票据、文书、合同、艺术创作中，成为社会生活中不可缺少的凭信之物。印章文化不单是符号，更多是文化承载，可以体现出文字的厚重和历史的积淀。直至今天，使用公章依然是最主要的立信方式。在这场活动中，当地政府将“公章文化”有机融入社区诚信主题教育，举行了授印、钤印、篆刻等丰富多彩的仪式与体验活动，邀请了当地的诚信好人和诚信企业进行现场说法，并与多所高校联合成立“校地共建诚信文化研究基地”。通过开展诚信文化研究传播、学术交流、宣扬诚信文化、传承中华文明，营造“知信、用信、守

信”的良好氛围，成功打造地方特色诚信品牌，公章文化俨然成为当地的一张诚信“金名片”，大大提升了诚信文化在社区公众中的影响力和知晓度，取得了很好的效果。

## 三、以优良诚信习俗塑造社区诚信文化风貌

诚信习俗是社会成员在长时间的互动和共同经验中，民间自发形成的一套诚实交往行为准则。这些准则通过代代相传，逐渐根植于社会文化之中，成为当地的一种独特文化面貌。它们是传统优秀文化的重要组成部分。一些社区通过传承和发扬这些优良的诚信习俗，以此推动社区的诚信文化建设，取得不错的成效。

《人民日报》2023 年 6 月 19 日第 20 版曾报道四川成都新津兴义镇波尔村的诚信牌（此村原作不二村，即“说一不二”，因当地方言“不二”与“波尔”音近，误传为波尔村，故此得名）。波尔村人有在门前挂诚信牌的习俗，已有几百年。诚信牌依波尔村地域图形绘制，是这方水土的独特物件。诚信牌内容丰富多彩，少则几个字，多则十余字，一字一句，各具意蕴。如同艺术创作，各家各户量身定做，内容绝不雷同抄袭。那是从土地里长出来的信念，散发着泥土气息，实在、真挚。诚信牌展示家风家教，袒露乡风民情，传承富有仪式感，令人赞叹。在篾匠家门前，木牌上写着：“客人坐得稳，我才坐得住。”另一家做木工活的，木牌上语言硬朗：“说话不掺假，木活不走样。”有户人家，木牌上写着八个字：“小不撒谎，大不耍赖。”据说这户人家去年与人有过经济纠纷，痛定思痛，有感而发。有了诚信牌，古老的习俗焕发生机，村民之间信任多了，纠纷少了。报道中介绍有两位村民曾为一件小事赌气多年，解不开心里的“疙瘩”。有一天，在村委会的调解下，两家人在诚信牌前坦诚相见，一方指着另一方的诚信牌说：“你那上面写的什么？‘不取不义之财，不做无信之人’，你做到了吗？”被指责这家的媳妇是从外地嫁过来的，不以为然：“一块木牌子，你愿摘就摘吧，过去没它也照样过日子。”话还没说完，就被自家人喝止：“过去大家都没有挂牌子，你可以不在乎，现在大家的牌子好好的，唯独你家的牌子被摘了，你让过路的人怎么看？”媳妇不再言语。村委会一番劝解，

两家人各自反思、相互理解，终于在诚信牌前握手言和。诚信牌成了波尔村的一道风景，挂在村民家门前，也挂在村民心里。诚信牌代代传承，新的村风正蔚然生长。[1]

类似于波尔村这样用门前挂诚信牌等当地习俗来推进诚信文化建设的社区，其做法在国内并不唯一。例如，在浙江建德三都镇松口村，每个农户家门口都挂着一块善治门牌，拿出手机扫一扫上面的二维码，还可以查看该农户的“美好账本”信用得分。

## 第五节　社区诚信文化体系建设存在的问题

### 一、社区诚信文化设施建设存在明显短板且发展不均衡

第一，社区诚信文化设施作为社区公共服务设施的重要组成，从实际情况看，存在建设基础薄弱，整体投入不足等短板。不少社区公共文化服务设施也未能“物尽其用”，存在着利用率不高、供需不匹配等问题。社区文体活动室、阅览室、文化礼堂、科教基地等公众主要的社区公共文化活动场所，诚信文化元素缺失，诚信宣传与教育功能不突出，无法形成社区诚信文化建设的有力支撑，发挥出社区作为一线诚信宣传教育主阵地的应有作用。

第二，诚信文化设施在社区之间存在明显的建设差距和不均衡现象。造成这一问题的原因，既有经济发展的地区差距、城乡差距以及社区自身资源禀赋等客观因素，也有资源分配不合理、政策倾斜不均衡等人为因素。一些地方出于面子工程的需要，热衷于包装“明星”社区、“全能型”社区，超规格修建脱离社区实际需求的场馆设施，事实上这些场馆大多沦为应付各级各类组织检查考察的“打卡点”。同时，低水平重复建设现象也较为突出。这既造成了资源浪费，挤占了宝贵的社区建设资源，也进一步加剧了诚信文化设施建设社区之

[1] 李明春. 波尔村的诚信牌［N］. 人民日报，2023-06-19.

间的不平衡。

## 二、社区优质诚信文化资源供给能力弱且共享渠道不畅

第一，社区诚信文化资源作为一种公共服务资源整体匮乏，尤其是优质诚信文化资源的供给能力薄弱。基层较普遍存在着重物质建设、轻精神文化建设的“一手硬、一手软”现象，文化“无用论”等观点还比较盛行，导致诚信文化工作说起来重要、做起来次要、忙起来不要。面向社区投放的诸如诚信文化宣传资料、诚信公益广告等公共诚信文化产品，还远远不够；不少诚信文化产品粗制滥造、内容敷衍，不仅起不到诚信教育意义，反而招致公众反感；社区诚信文化服务能力欠缺，对公众身边诚信典型、诚信事迹的挖掘、宣传和报道不够；社会参与社区诚信文化建设积极性不高，诚信文化创意产品开发设计投入不够，创新性不足，与公众需求存在较大缺口。

第二，社区诚信文化资源空间分布不均衡，诚信文化资源的社区共建共享机制不健全，共享渠道不畅，难以通过社区间的合作和联动发挥“1+1>2”的协同效应。诚信文化资源具有空间分布的非均衡性特征。一些历史悠久，具有较好文化底蕴的社区往往拥有比一般社区更丰富的文化资源，具备较好的文化输出潜力。但是由于共享机制不健全，缺乏有效的协调机制和激励机制，社区间诚信文化资源共建共享意愿不强烈；此外，诚信文化资源社区共享平台建设缺乏必要的政策支持和保障，共享的渠道不畅，诚信文化建设无法形成合力，难以发挥协同效应，效果不佳。

## 三、社区诚信文化活动内涵培育不鲜明且创新成色不足

第一，社区诚信文化活动作为重要的诚信建设载体，其内涵培育不鲜明。一方面，对传统文化、民俗文化、名人文化、红色文化中诚信元素的挖掘既不够深入也不够全面，对这些文化如何塑造和影响社区诚信精神也缺乏系统探索，导致社区诚信文化浮于表面，缺乏深度和底蕴；另一方面，忽略了对社区原生诚信文化的培育，未能充分发掘社区内部的诚信资源优势，对社区乡土文

化中有益的“诚信因子”进行创造性的转化与利用不够，致使社区诚信文化缺乏根基和活力，未能彰显社区“个性”与特色。

第二，社区诚信文化活动形式创新成色不足。忽略社区自身实际情况，简单照搬或盲目效仿其他社区建设模式与做法，造成诚信文化建设与社区实际脱节，建设内容千篇一律，活动形式单一且高度同质化。形式化倾向严重，不少社区将诚信文化建设简单等同于诚信宣传活动，甚至将社区一般的平安宣传、反诈宣传等活动误解为诚信宣传；诚信宣传“走过场”，重形式、轻实效的现象突出，拉横幅、发传单、拍照片成为社区诚信宣传的“例行公事”，方式单一，内容单调，社区公众参与者寥寥。对不诚信行为缺乏有效监督，对失信者缺少必要的批评教育与引导，甚至以罚代教，招致公众反感。诚信文化育人化人的功能没有得到有效发挥，入耳、入脑、入心效果不佳，社区诚信观念依然淡薄，守信光荣、失信可耻的氛围依然不浓厚。

## 四、社区诚信文化服务支撑体系不完善且缺乏系统规划

第一，社区诚信文化服务的支撑体系尚待健全，其发展水平与基层信用体系建设的完善程度息息相关。由于我国自上而下推动社会信用体系建设，基层的信用体系建设进程整体滞后，社区的信用信息体系建设、信用规则体系建设、信用应用与服务体系建设、信用奖惩机制与组织保障能力建设均处于起步阶段。作为社区信用体系建设的组成部分，社区诚信文化与其他各部分缺乏相互协同，尚无法形成建设合力，体系化推进亟待加强和完善。

第二，社区诚信文化建设缺乏系统观念与科学规划。诚信文化建设是一个长期而复杂的过程，不可能一蹴而就，需要循序渐进，系统推进。社区结构多样化，价值多元化，基层的信用认知能力与管理能力普遍较弱，如果没有一个科学合理的顶层设计和长远规划，容易造成社区诚信文化建设的混乱无序，使得各项建设措施难以协调统一，无法形成有效的建设合力，这不仅会降低诚信文化建设的效率，还可能导致资源的浪费，挫伤社区的创造性和积极性。

## 第六节　进一步完善社区诚信文化体系建设的建议

### 一、补短板，促均衡，筑牢诚信文化主阵地

1. 补齐社区诚信公共文化设施建设短板

加大社区诚信公共文化设施建设力度，注重实用性，合理增加社区诚信文化活动场所和诚信实践教育基地等硬件设施。对现有社区公共文化设施进行升级改造，提升诚信文化元素的融合度，强化诚信宣传教育功能。提高设施使用效率，构建全方位的诚信文化空间，筑牢诚信文化社区主阵地。

2. 促进诚信文化建设社区间的均衡发展

加强统筹规划，优化诚信文化资源的社区间协调分配机制。强化政府监管和社会监督，及时制止与纠正“面子工程”歪风，避免因过度“包装”个别“明星”社区而造成其他社区“失血”，确保每个社区都能获得公平、合理的支持。同时，鼓励社区间建立协同发展机制，形成互帮互助的合作网络，共同推动社区诚信文化建设的协调均衡发展。

### 二、扩资源，畅渠道，构建诚信文化共同体

1. 提升优质诚信文化资源的持续供应能力

立足自身资源禀赋、人文特色等实际，生产丰富多样、社会价值和市场价值相统一、公众喜闻乐见的优质诚信文化产品，扩大诚信文化产品和服务的供给。多元化资源整合，倡导社区内部的各方力量积极参与诚信文化建设，整合社区组织、社区内企业、文化机构、个人等资源，形成多元化的支持体系。要加强社区基层党组织的领导作用，以清廉党风引领社区诚信文化建设。鼓励社会力量共同参与社区诚信文化设施的建设和运营，通过制定相应的政策，引导企业、社会组织和个人为社区诚信文化建设贡献力量，构建诚信文化共同体。

2. 畅通优质诚信文化资源社区共享渠道

不断完善社区合作共享机制，搭建诚信文化资源共享平台，建立诚信文化

共享网络，实现优质诚信资源社区互通有无。走出去，请进来，鼓励社区开展诚信文化交流互鉴，共筑诚信文化建设高地、共谋诚信教育创新路径、共谱诚信文化互动乐章，共同营造社区诚信文化共建共创共享新格局。

## 三、育内涵，创特色，厚植诚信文化之根基

1. 培育既内涵丰富又独具特色的社区诚信文化精神

积淀诚信文化历史底蕴，不断从中华优秀传统文化、革命文化和社会主义先进文化中提取“诚信基因”，汲取“诚信养分”，将社会主义诚信价值观融入社区群众的生产生活和精神世界。要将诚信文化“种子”植入自治章程、村规民约、居民公约，加强社区诚信文化规约制定。同时，要立足社区实情，深入挖掘社区本土诚信文化精髓，对社区原生的乡土文化、民风民俗中的诚信习俗取其精华，去其糟粕，进行创造性转化和创新性发展，积极培育社区原创的诚信文化精神，塑造别具一格的社区诚信精神品质。

2. 要创新社区诚信文化活动内容与形式

及时刹住社区诚信文化建设尤其是诚信宣传教育形式化、工具化倾向。要面向社区打造一批具有代表性和影响力的精品诚信文化活动，要运用群众喜闻乐见的方式，搭建群众便于参与的平台，开辟群众乐于参与的渠道，让诚信文化真正在社区落地生根。诚信宣传要找准思想的共鸣点、与社区群众利益的交汇点，做到贴近性、对象化、接地气；诚信教育要走实、走深、走心，切实起到引导人、教育人、感化人的作用。要广泛发动社区组织、社区共建单位、社区志愿者、社区积极分子共同参与社区诚信文化建设，培养一支素养高、素质硬的社区诚信建设队伍，不断壮大建设力量。

## 四、强支撑，健体系，打造诚信文化新高地

1. 系统推进社区诚信文化服务支撑体系建设

要将社会信用体系建设的重心逐步下沉，有序引导社会信用建设资源向基

层倾斜，不断加强和完善基层信用体系建设。[1]鼓励地方和社区根据自身特点进行信用体系建设的创新实践，促进社区诚信文化与社区信用体系的其他各部分深度融合和协同发展，形成建设合力，强化诚信文化社区服务支撑。

2. 加强顶层设计，科学制定社区诚信文化建设规划

要妥善处理好长远规划与短期目标的关系、整体推进与重点突破的关系，分层次、分类型、分步骤，有序推进。要建立社区诚信文化建设长效机制，完善相关政策法规支持，确保诚信文化建设的可持续性，杜绝运动式做法；通过建立科学的评估与考核机制，确保长远规划与短期目标相互衔接、相互促进。要在坚持全面系统推进的同时，突出重点，以点带面，形成示范效应。要遴选一批具有代表性的社区作为诚信文化建设的示范点，及时总结和推广各地的成功经验和做法，通过示范引领，将社区打造成诚信文化建设新的高地，助推诚信文化建设高质量发展新格局。

[1] 毛通，楼裕胜，顾洲一. 面向高质量发展的基层信用体系建设［J］. 宏观经济管理，2022（6）：68-73.

# 第八章

# 社区信用治理结构模式

随着社会信用体系建设的不断推进，社区作为社会治理的微观基础，其信用治理结构模式日益受到关注。本章旨在深入探讨社区信用治理的组织架构、政府角色定位及治理结构模式，以期为构建高效、协同的社区信用治理体系提供理论支撑与实践指导。

## 第一节　社区信用组织机构建设

### 一、社区信用组织构成

社区组织信用架构是指社区信用组织机构的构成方式及其相互之间的关系。社区信用组织机构一般包括领导机构、权力机构、管理机构、执行机构、议事机构与监督机构等（见图 8–1）。社区信用组织机构的设立应当以《中华

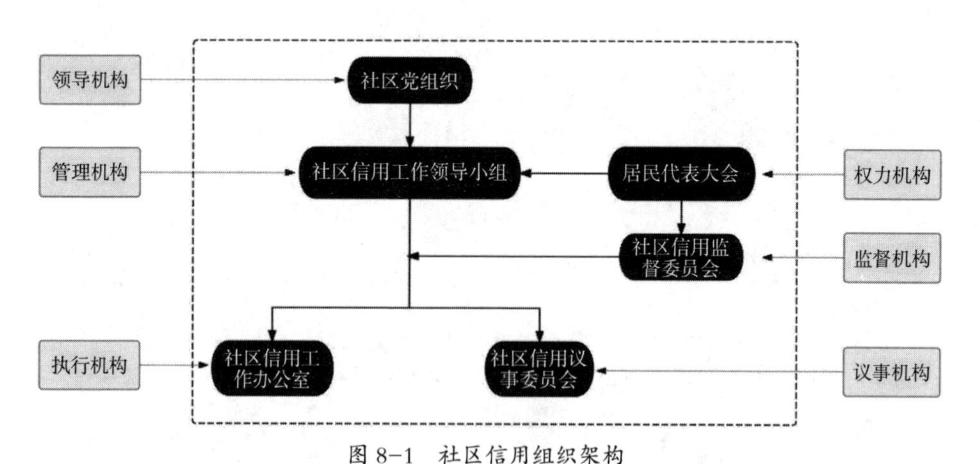


图 8–1　社区信用组织架构

人民共和国村民委员会组织法》《中华人民共和国城市社区居民委员会组织法》等相关法律法规为依据。

1. 领导机构：社区党组织

社区党组织是社区信用体系建设的领导机构。加强和完善村（社区）党组织对基层各类组织和各项工作的统一领导是《中共中央 国务院关于加强基层治理体系和治理能力现代化建设的意见》提出的明确要求。社区党组织在社区信用体系建设中扮演着重要的领导角色。社区党组织作为社区治理的核心力量，其领导作用体现在多个方面，包括但不限于组织、协调、指导和监督社区信用体系的建设工作。

2. 权力机构：居民代表大会

居民代表大会是社区信用体系建设的权力机构。居民代表大会作为社区自治的最高权力机构，有权审议和决定社区信用体系建设的重大事项。这包括制定信用管理制度、规范信用信息采集与应用流程、确立守信激励与失信惩戒机制等。居民代表大会有权通过民主决策程序，授权设立或成立社区信用的管理机构，如社区信用工作领导小组，负责具体规划、执行和推进社区的信用体系建设工作。通过授权或成立社区信用监督机构，如社区信用监督委员会，对社区信用管理机构、执行机构、议事机构的工作进行监督和评估，确保社区信用体系建设的各项政策符合大多数居民的利益和期望，体现社区治理的公正性和民主性。

3. 管理机构：社区信用工作领导小组

社区信用工作领导小组是社区信用体系的管理机构，在社区党组织的领导下，负责加强信用体系建设的组织领导与统筹协调。该小组具体实施建设工作，并接受党组织的监督与指导，确保信用体系建设的有效推进。

社区信用工作领导小组的作用包括①起决策核心作用。作为社区信用体系建设的最高决策机构，负责制定相关政策、规划和战略方向。②起组织协调作用。负责协调政府、企业、社会组织及社区居民等各方力量，共同推进信用体系建设。③起监督评估作用。对信用体系建设的实施情况进行监督和评估，确保各项政策措施得到有效执行。

社区信用工作领导小组的核心成员一般由“社区两委”（即社区党支部委

员会和社区居民委员会）委员构成，同时也可以涵盖政府代表、社区自治组织代表、驻社区单位等多方力量。领导小组的组长通常由社区党支部的主要负责人担任，如社区党委书记，负责领导小组的全面工作。副组长由社区居委会负责人担任，如社区居委会主任，协助组长开展工作。政府部门代表，主要是指来自区政府、街道办事处等相关部门的代表，主要负责政策指导和资源协调。社区自治组织代表，如社区居委会成员、业主委员会成员等，代表社区居民的利益和诉求。与社区信用体系建设密切相关的驻社区单位，也可以作为领导小组的重要的组成部分，为社区信用体系建设提供社会支持和专业建议。小组成员明确分工，各司其职，共同推动信用体系的建设。作为社区自治的重要组成部分，社区信用工作领导小组成员的任期可与社区“两委”委员的任期相一致。

社区信用工作领导小组的主要职责包括①制定社区信用管理规范。根据国家和地方政府的政策要求，明确社区信用体系建设的目标、任务、措施和时间表，结合社区实际情况，制定社区诚信公约、社区信用积分管理实施细则、社区信用评价规则、信用信息管理规则、信用奖惩规则等，为社区信用体系建设与社区信用治理提供制度保障。②组织机构建设。负责组建和完善社区信用体系建设的组织机构，明确各机构的职责和任务。确保各机构之间能够相互协作、密切配合，形成工作合力。③协调资源与支持。协调政府、企业、社会组织等各方资源，为信用体系建设提供必要的资金、技术、人才等支持。建立和完善信用信息共享机制，促进信用信息的互联互通和有效应用。④监督实施与评估。对信用体系建设的实施情况进行定期或不定期的监督检查，确保各项政策措施得到有效执行。组织开展信用体系建设的评估工作，总结经验教训，及时调整和优化建设策略。

4. 执行机构：社区信用工作办公室

社区信用工作办公室是社区信用体系建设的日常管理和执行机构，负责具体落实信用体系建设的各项政策和措施。

社区信用工作办公室一般可下设社区信用信息管理部、信用评价部、信用服务部、信用宣传与教育部等多个机构或部门。其中，社区信用信息管理部负责信用信息系统、平台或软件的技术研发、维护和升级，为社区信用信息化提供技术支持和解决方案，同时，还负责社区内信用信息的采集、整理、存储和更新；信用评价部主要根据既定的信用评价标准和程序，对各类社区信用主体进行信用评价。信用服务部主要为社区各类信用主体提供多样化服务，包括信用积分兑换、信用评价结果查询、信用异议处理、不良信用行为修复与信用援助。同时，通过与政府部门、金融机构、商业企业的合作，拓展多元化的信用应用与服务，满足信用主体的不同需求。信用宣传与教育部主要负责开展信用宣传和教育活动，包括制作和分发信用宣传材料；组织信用知识讲座、培训等活动；利用社区媒体、网络平台等渠道进行信用宣传，提高社区居民的信用意识和参与度。

在成员构成上，社区信用工作办公室一般包括办公室负责人和社区信用工作专员。前者主要负责社区信用工作的日常管理与协调，后者负责各项信用工作的具体落实。社区信用工作办公室负责人可由社区主要领导兼任，社区信用工作专员一般可由社区工作人员或网格员或社区志愿者来担任。由于我国社区普遍面临人手紧缺的问题，社区在应对日常繁琐的治理与服务工作的同时，还需承接上级部门分配的各项任务和考核，因此如何有效动员并整合更多力量参与到社区工作中显得尤为重要。从目前国内社区信用建设的实践来看，社区党员干部、社区网格员、社区工作者以及社区志愿者扮演着重要的角色。

5. 议事机构：社区信用议事委员会

为有效处理实施过程中的争议和异议，需设立专门的争议仲裁机构，具体负责接收和处理社区成员的异议和投诉，通过调解、协商等方式，公正、公平地解决异议。社区信用议事委员会在社区信用治理中主要负责沟通协调各方利益，进行民主议事、解决争议、处理异议的作用。

社区信用议事委员会的主要成员一般涵盖社区“两委”主要负责人、社区居民代表（如社区能人贤士、有威望的老党员等）、政府代表（如街道办事处等相关部门的代表）、社区工作人员、驻社区机构代表（如物业公司代表、社区社会组织代表等）、专业人士（如在信用管理、社会治理、法律等领域具有专业知识和丰富经验的专家学者）、热心公益的志愿者以及利益相关方代表等，确保议事委员会的广泛性和代表性。

社区信用议事委员会的主要成员产生方式通常遵循民主、公正、公开的原则，其产生过程一般应包括以下步骤：第一，确定成员构成和条件。明确社区信用议事委员会的成员大致构成以及入选的资格条件。第二，广泛动员和推荐。通过社区公告、居民会议、微信群等多种渠道进行广泛动员，鼓励符合条件的居民和组织积极自荐或推荐。第三，提名和筛选。由社区党组织、居委会或相关机构负责收集提名信息，并进行初步筛选，确保提名人员符合规定的资格条件，并考虑其在社区中的影响力、专业能力和代表性。第四，民主选举或推选。组织召开社区居民代表大会或相关会议，对提名人员进行民主选举或推选，确定社区信用议事委员会成员的初步入选名单。第五，公示和确认。将选举或推选产生的成员名单在社区内进行公示，接受居民监督，公示期满后，如无异议，则正式确认成员名单。第六，培训和履职。对新当选的社区信用议事委员会成员进行必要的培训，包括社区治理、信用体系建设、议事规则等方面的内容。成员正式履职后，应积极参与社区事务的讨论和决策，发挥沟通协调、监督评估、争议解决等作用。社区信用议事委员会成员选举和换届可与社区信用工作领导小组相一致，也可按照实际情况每年重新选举一次，确保成员积极履行职责。

社区信用议事委员会在社区居民（成员）代表大会授权下，代表社区居民（成员）代表大会对社区信用体系建设过程中的重大问题以及事关社区公共利益和居民切身利益的事务进行议事表决。其主要职责大致包括①民主评议。对社区信用工作领导小组及社区信用工作办公室等关键组织机构和人员进行定期的民主评议。参与社区信用积分评议过程，确保评议标准的公正性、评议程序的透明性以及评议结果的准确性。②争议协商与调解。在涉及多方利益的矛盾纠纷中，作为中立第三方进行协商调解。例如，当某户居民因对信用积分结果不满而与社区信用工作办公室产生争议时，议事委员会可组织双方进行面对面沟通，听取双方意见，提出解决方案，促进矛盾的和平解决。③意见收集与反馈。建立有效的各方意见收集机制，定期收集各方对社区信用工作的意见和建议，及时向社区信用工作领导小组反馈，并跟踪反馈处理情况，确保各方的声音得到重视和回应。④重大问题建议与咨询。针对社区信用体系建设的重大问题，如信用评价体系的优化、信用奖惩机制的完善等，议事委员会应组织专题研讨会，邀请专家、学者及居民代表共同参与讨论，提出建设性意见和建议。

6. 监督机构：社区信用监督委员会

社区信用监督委员会作为独立的监督机构，主要负责监督社区信用体系建设的实施情况，确保各项政策、措施得到公正、透明的执行。社区信用监督委员会可由居民代表大会选举产生，对居民代表大会负责并报告工作，独立行使监督权。在实践中，其相关职能往往由社区的居务监督委员会承担，也有部分社区通过独立设置社区信用监督机构行使监督权。

社区信用监督委员会成员构成上一般由主任、副主任和委员组成。提倡由非居民委员会成员的社区党组织班子成员或党员担任主任，原则上不由村党组织书记兼任主任。这样做可以避免监督者与被监督者之间的利益冲突，增强监督的独立性和有效性。成员组成应包括社区信用建设的利益相关方，以体现广泛的代表性，也可以邀请政府部门相关人员共同参与监督。社区信用监督委员会的任期与社区信用工作领导小组的任期相同。

## 二、各地实践情况

尽管当前社区信用体系的建设总体上仍处于探索阶段，社区信用组织体系的完善程度尚显不足，但值得欣慰的是，在一些国家社会信用体系建设示范区的城乡社区，率先进行了积极的尝试与实践，为其他社区提供了宝贵的经验（见表 8-1）。

**表 8-1　部分试点社区信用组织架构建设**

| 各地试点社区名称 | 社区信用组织架构设置情况 |
| --- | --- |
| 山东威海文登区文登营镇下辖村 | 全镇村级组织成立信用体系建设领导小组、信用议事会、信用采集员 3 支队伍，村主要负责人是信用工作的第一责任人，妇联主席负责信用建设具体工作。根据村情实际成立文明实践、理论宣讲等 N 支志愿服务队 |
| 山东威海皇冠街道九龙湾社区 | 居民信用管理组织机构包括（1）信用管理领导小组，组长由社区党总支书记、居委会主任担任，副组长和成员包括社区党总支副书记、两位委员、社区工作人员；（2）信用议事会，会长由社区党总支书记、居委会主任担任 |

续表

| 各地试点社区名称 | 社区信用组织架构设置情况 |
| --- | --- |
| 新疆哈密市东河街道建国北路社区 | 哈密市首个“信用＋社区”试点单位。社区设立社区诚信办公室和居民公约监督办公室，建立起“三层”“五级”“一监督”管理体制机制：即由社区党委领导、社区诚信办公室落实、居民公约监督办公室监督的“三层管理体系”；由社区诚信领导小组组长、副组长、诚信办公室负责人、诚信建设专员和居民诚信倡导员组成的“五级管理架构”；结合基层“网格化”管理体系由“网格长”“网格员”作为居民诚信倡导员发挥基层“细胞”作用，形成“上下一条线、横向构成面”的诚信社区建设综合监督体系 |
| 山东烟台福莱山街道东星社区 | 成立东星社区信用体系建设工作领导小组、东星社区信用议事会、信用信息采集员 |
| 山东肥城市新城街道下辖社区 | 建成“街道党工委—社区党委—网格党支部—党员中心户”四级党建引领信用治理架构。各社区成立红色合伙信用治理体系建设领导小组、红色合伙项目考察审核小组、信息采集员队伍、信用积分议事会等，积分信息由网格员、楼院长负责采集，德高望重的老党员、退休干部和居民代表进行评审，凝聚力量把好“信用关” |
| 山东省烟台市龙口市徐福街道滨海假日社区 | “信用示范社区”试点，社区建立“社区信用体系建设领导小组—信用议事会—信用信息采集管理员”三级信用管理体系，负责工作推进、积分评定、采集管理等各项任务落实，每月30号前集中核算一次居民积分，落实信用信息“采集—认定—公示—上报”机制，实现社区信用评级管理全覆盖 |
| 浙江省杭州市富阳区东洲街道下辖村社 | 街道层面成立社会信用体系建设领导小组，下设办公室。街道下辖各村社在东洲街道及下属各村党支部领导下，成立村社信用工作领导小组，负责管村社内的信用工作推进。各村（社）设议事协商机构“指数议事会”，负责“公望指数”日常信息的采集、审核、评议和上报。议事会任期与村民委员会任期相同，可连选连任 |

注　上述资料主要由作者通过网络公开信息整理而成。

## 三、典型案例研究

下面，作者重点介绍新疆哈密市东河街道建国北路社区的相关做法。国家发展改革委曾于2023年9月举办的“诚信兴商宣传月”活动期间，围绕信用便民惠企，向社会公开发布评选出80个“信易+”应用典型案例，旨在推广信用便民惠企的好经验、好做法，供各地方学习借鉴，复制推广典型做法和成功经验。其中，新疆维吾尔自治区哈密市伊州区东河街道建国北路社区的“信用+社区”试点作为典型入选。具体介绍如下[1]：

为强化基层治理，推进和谐社区建设，2022年3月，哈密市将伊州区建国北路社区作为哈密市首个“信用+社区”试点单位，通过试点开展党建引领下的“信用+教育”“信用+物业管理”“信用+医疗服务”“信用+居民自治”“信用+文化宣传”等一系列“信用+”应用，探索将社区基层治理体系与居民个人诚信有机结合，将广大居民自觉履行诚信主体责任、传承和发扬中华传统美德的行为转化为信用积分（蜜瓜分），将信用积分激励措施应用到居民生产生活当中，充分释放信用红利，从而激发居民自发参与社区信用建设的积极性和主动性，集全社区之力共建和谐美好社区，达到“居民行动自觉加重，社区基层治理减负”效果，形成“信用+社区+治理”社区管理新局面。其基本做法：

第一，建立社区信用治理机构。设立社区诚信办公室和居民公约监督办公室，建立起“三层”“五级”“一监督”管理体制机制：即由社区党委领导、社区诚信办公室落实、居民公约监督办公室监督的“三层管理体系”；由社区诚信领导小组组长、副组长、诚信办公室负责人、诚信建设专员和居民诚信倡导员组成的“五级管理架构”；结合基层“网格化”管理体系由“网格长”“网格员”作为居民诚信倡导员发挥基层“细胞”作用，形成“上下一条线、横向构成面”的诚信社区建设综合监督体系。

第二，健全社区信用治理制度体系。在哈密市诚信体系建设整体框架的基础上，完善了《居民公约》《居民履行公约协议书》《东河路街道建国北路社区信用积分管理制度》《东河路街道建国北路社区积分管理认定流程》《东河路街道建国北路社区各信用行为认定（记录）台账（试行）》以及信用红利享受方

[1] 哈密市发展和改革委员会以信用“小社区”建设推动基层治理“大发展”[J/OL]. 信用中国，(2023-10-24)[2023-09-28]. https://credit.sc.gov.cn/xysc/c100002/202310/f5e9e8f43cbb4a98ae69b4fed8b53cc2.shtml.

案等一系列配套制度，进一步织密诚信社区建设制度网络，从而确保诚信社区建设落地、落实、落细，使广大居民能够实实在在享受到信用红利。

第三，完善社区信用治理平台建设。为提升社区信用体系建设成果转化效率，公平、公正、公开提升居民享用信用红利便捷度，依托哈密市公共信用信息服务平台，开发出社区信用平台、信用哈密 App 及微信小程序 3 种媒介，借助互联网、大数据技术，为社区居民免费提供信用建案、全流程信用监管、信用红利“免审既享”等服务，实现不见面电子化“信用画像”，并将“信用画像”直观反映在居民信用积分上。

第四，高效运行社区信用治理机制。制定并落实《建国北路诚信社区建设实施方案》，以小区为单位，充分发动社区分片包干干部、网格员、楼栋长、单元长、党员等力量，组建起 17 个议事小组，开展信用体系政策宣传、居民走访、矛盾纠纷多元化解、纠治不文明行为等工作。

第五，实行多元化信用修复辅助治理。根据《东河路街道建国北路社区信用积分管理制度》，居民个人信用积分以“密瓜分”命名，初始分值 1000 分，分四个等级（A、B、C、D）8 个层次（AAA、AA、A+、A、A−、B、C、D）。对居民的“蜜瓜分”实行动态管理，居民轻微失信行为造成的信用积分流失，可按照社区制定失信修复方案进行修复。在信用修复中，失信人员只需在社区领取信用修复任务，按照修复标准开展诚信社区宣传、义工服务、参加全民公益日活动等，即可恢复轻微失信流失的个人信用积分。

第六，拓展社区信用治理措施应用。结合社区特点，根据居民个人信用积分等级情况，以个人信用积分——“蜜瓜分”为依据，积极探索拓展个人信用奖惩应用：对信用等级 A+（高于 1100 分）以上的居民，从购物、图书借阅、文化旅游等方面给予“信易惠”“信易阅”“信易游”等便利措施激励；对信用等级 D（低于 499 分）将进行反向联合惩戒，暂停其便利化服务供给，待其信用修复后方可恢复。

# 第二节　政府参与社区信用治理

## 一、政府参与社区信用体系建设的必要性

社区信用体系建设离不开政府支持。我国的社会信用体系建设具有非常明显的政府主导特征，政府支持对于社区信用体系建设至关重要。由于我国社区自治组织和各类社会组织的发育尚不成熟，社区自治能力受到限制，获取社会资源的能力相对较弱。同时，我国社区信用体系的建设基础普遍较差，缺乏必要的资金和技术支持，以及专业的信用管理人才和团队。这使得社区在推动信用体系建设方面面临着诸多困难和挑战。当前，解决社区信用体系建设“缺钱、缺人、缺技术”这一“三缺”难题的关键在于政府。

## 二、政府在社区信用体系建设中扮演的角色

首先，政府需要积极引导社区自治组织和社会组织加强自身信用意识与信用能力建设。通过提供培训、咨询和指导等服务，政府可以帮助社区自治组织和社会组织提升管理水平、拓展资源渠道，提高社区信用治理能力。

其次，政府需要出台相关的政策措施，为社区信用体系建设提供资金支持。政府可以通过设立专项资金、提供财政补贴等手段，为社区信用体系建设提供必要的资金支持。此外，政府还可以通过税收优惠等政策手段，鼓励社区组织、社区公众和市场组织积极参与社区信用体系建设。

最后，政府应积极将各类公共信用资源下沉到社区。经过这些年社会信用体系建设，政府积累了丰富的公共信用资源，包括公共信用信息资源、信用信息平台设施等。政府可以通过将这些资源下沉到社区，为社区信用体系建设提供必要的技术支持。同时，通过将“信易＋”等各类信用应用场景资源下沉到社区，为社区居民提供更加丰富的信用服务，增强公众参与社区信用体系建设的获得感。

# 第三节　社区信用治理结构理模式

## 一、社区信用治理的结构模式分类

社区的信用治理结构模式与社区的治理结构息息相关。社区治理结构是社区治理主体及其相互间相对固定的制度化的关系。本质上，社区治理结构的核心是社区的权力结构，即谁在掌管社区，谁说了算。社区治理的结构模式，大致可以分为三种：一是政府主导型的强政府、强社会的治理结构；二是社区主导与政府支持的小政府、大社会的自治型的治理结构；三是政府推动与社区自治相结合的合作性的治理结构。[1]

我国社区信用治理的结构模式，大致分为政府主导的信用协商治理模式、社区主导的信用自治模式、多元主体参与的信用共治模式三类。其中政府主导的信用协商治理模式，按照政府主导力量来源不同，又可以进一步细分为基层政府主导模式、部门主导模式和共同主导模式；多元主体参与的信用共治模式，按照参与主体各自在信用治理过程的角色定位和发挥作用不同，还可进一步细分为信用协作治理模式、信用协同治理模式和信用合作治理模式；社区主导的信用自治模式，按照驱动力量不同，可以进一步细分为自治组织驱动型自治、经济组织驱动型自治和社区组织驱动型自治模式（见图 8–2）。

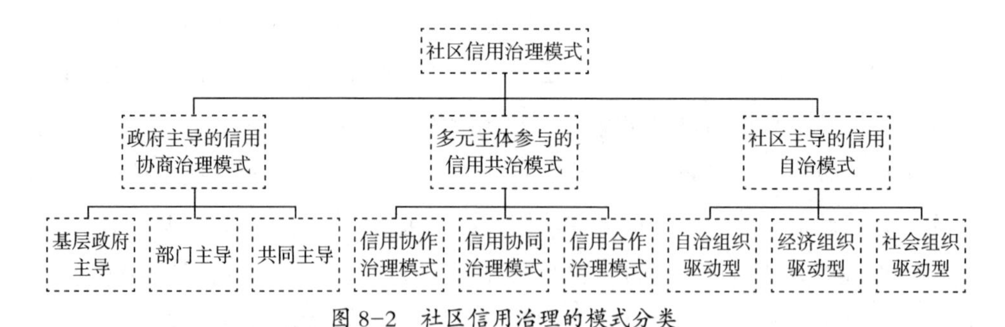


图 8–2　社区信用治理的模式分类

---

[1] 郑杭生．中国城市社区治理结构研究［M］．北京：中国人民大学出版社，2012.

## 二、社区信用治理主要模式介绍

1. 社区主导的信用自治模式

“自治”指行政上相对独立，有权自己处理自己的事务。在我国，居民委员会或者村民委员会是基层群众性自治组织，是城市居民或农村村民自我管理、自我教育、自我服务的组织。社区自治是指社区组织在不依赖外部力量的情形下，根据社区居民意愿形成集体选择，依法独立自主管理社区事务。

社区信用自治是指社区组织和社区公众在依法自治过程中，运用信用的理念、规则和方式，来管理社区公共事务和公益事业等，以便更好的实现自我管理、自我教育、自我服务、自我监督的过程。

社区信用自治模式的特点是：第一，从治理主体看，社区组织是治理的主体，享有社区公共事务管理与决策的自治权，信用组织往往依托社区自治组织或社区内社会组织而建立，政府并不直接参与社区的治理。第二，治理过程中，社区组织承担信用信息、信用激励等治理资源的导入，并负责信用治理规则的制定，同时需以村规民约、社区公约等方式予以合法化，形成集体的共同意志，通过协调利益冲突，建立有效监督，从而实现社区内部的自我调节。

社区主导的信用自治模式，按照驱动力量来源，可进一步细分为自治组织驱动型、经济组织驱动型和社会组织驱动型三种模式。自治组织驱动型以社区自治组织为主导力量来开展社区信用治理；经济组织驱动型则以社区各类经济组织（如社区集体经济组织、社区合作组织等）为主导力量来开展社区信用治理；社会组织驱动型则以社区各类社会组织（公益慈善组织）为主导力量开展信用治理。

2. 政府主导的信用协商治理模式

颜佳华（2015）认为“协商治理”是公民借助对话、讨论和协商等途径提出各种相关理由，以维护公共利益为基本原则，批判性地审视各种政策建议，从而赋予立法和决策合法性的一种社会治理形式。其核心理念在于通过培育公民政治参与的民主精神和塑造良好的公民性格来促进决策的科学化与民主化，实现对权力执行和运作的有效监督。尽管具有多元主体治理特征，但属于低层次参与治理的范畴。

社区信用协商治理是指社区组织和社区公众通过与政府组织的平等协商，

在政府主导建立的信用规制下，参与社区治理的过程。从治理主体看，政府组织是社区治理的主体，政府通过自上而下的方式建立信用组织，并将社区信用组织作为政府信用组织体系的组成部分而加以纳入。治理过程中，政府负责信用治理资源的导入和规制的制定，并通过行政管理方式，要求社区组织加以执行，其承担社区治理的无限责任。

3. 社区信用协作治理模式

伍德等在1991年首次提出了“协作治理”的概念，将其界定为一种多个利益相关方在处理公共事务的过程中所做出的共同决策、并达成合意的治理模式。张康之（2008）认为官僚制就是典型的协作体系，通过官僚制的组织形式而开展的协作具有强制性。

社区信用协作治理是指政府组织通过与社区组织、社区公众分工协作，以分享其信用治理的权力和资源的方式，实现社区事务共同管理的过程。从治理主体看，主体由政府组织扩展到社区内的自治组织与社会组织，治理的重心将更加多元化与分散化，但政府组织仍然处于主导的地位。社区信用组织虽仍然是政府信用组织体系的隶属部分，但其享有更多的自治权限。协作可以是强制性的，治理过程中，政府组织通过授权或权力下放，将由政府组织承担的部分信用管理职能，让渡给社区组织来承担。社区信用治理资源导入以政府投入为主，社会组织为辅，社区通过吸收、管理与利用社会资源为社区居民提供高质量服务。

4. 社区信用合作治理模式

协作可以是强制性的但合作则不能被强制（张康之，2008）。张康之认为“合作治理”是公民个人与民间组织以一种互动的伙伴情谊共同参与、共同主事的治理形式，突破了以往自上而下的专家指导和政府全能范式。颜佳华（2015）认为“合作治理”意味着政府部门与私营部门、第三部门或公民个人等其他主体以平等主体间的自愿行为，通过权力共享与相互合作的方式共同管理社会公共事务的过程，是一种打破且超越公众参与政府过程的中心主义结构的行为范式。

社区信用合作治理是指政府组织、社区组织和市场组织三方以完全平等自愿的方式，开展信用合作，通过利益共享，风险共担，实现多方共赢的过程。合作治理是一种“契约治理”，治理过程中往往意味着市场营利性组织的参与，由于存在着对公、私物品的互需互补，合作各方以利益为纽带，以平等合作为原则，通过合作方式避免彼此之间造成利益冲突，最终各取所需，实现互利互惠。从治理主体看，信用合作治理并不存在中心主体，合作成员通过平等协商产生，并不一定完全依赖于信用组织而开展。

5. 社区信用协同治理模式

协同学即“协调合作之学”。协同学理论认为，一个由大量子系统以复杂的方式相互作用所构成的复合、开放系统，在一定条件下，子系统间通过非线性作用产生协同现象和相干效应，使系统形成有一定空间、时间或者时空的自组织结构；经过自组织有序化程度不断增加的努力，整个系统在趋向于熵（无序度）增大的正过程中与趋向于负熵（有序度）增大的逆过程间动态平衡的无限循环中，向趋于熵减小方向不断推移，从而使系统从无序状态到有序状态。联合国全球治理委员会认为“协同治理”是使相互冲突的不同利益主体得以调和并且采取联合行动的持续的过程，强调了治理主体的多中心化、治理权威的多样化、子系统之间的协作性、系统的联合动态性、自组织的协调性和社会秩序的规范化。

社区信用协同治理是将社区组织视同与政府组织、市场组织、社会组织一样的独立子系统，在保持社区信用治理资源与自治权独立完整的前提下，与其他子系统开展相互协作，产生协同效应的过程。协同治理的治理主体是多中心化的，治理权威也是多样化的，社区组织具有与政府组织一样享有平等的地位，政府、社区和社会通过协同来调和各方之间的矛盾，实现信用信息与资源的共享。

## 三、不同治理模式的特点比较

从五种治理模式的比较来看（见表 8–2）：

第一，从治理主体对比看：信用自治模式为社区主导，信用协商模式和协作模式均为政府主导，信用合作模式和信用协同模式没有任何一方主导，政府、社区、市场组织和社会组织均是平等参与。

第二，从治理手段对比看：信用自治模式主要为社区自治手段；信用协商模式主要依赖行政手段；信用协作模式以行政手段为主，其他手段为辅；信用合作模式采用市场手段；信用协同模式采用自治手段、行政手段和市场手段协同使用。

第三，从治理结构对比看：信用自治模式是自下而上的单一治理；信用协商模式是自上而下的层级治理，是高度中心化的治理；信用协作治理也是自上而下的垂直治理，但这是政府与社区分权的治理；信用合作治理与信用协同治理均是多元主体治理，其没有绝对的权力中心，是一种扁平化的治理。

第四，从治理机制对比看：信用自治模式主要依赖社区自身的社群机制；信用协商模式主要采用行政机制；信用协作模式采用行政机制为主，社群机制和市场机制为辅的混合机制；信用合作模式采用市场机制；信用协同模式也同时采用行政机制、社群机制和市场机制，但强调三种机制的协同使用。

第五，从权责分担对比看：信用自治模式的权力来源是社区自治权，社区承担主要的责任和风险；信用协商模式和协作模式的权力来源均是政府，前者政府承担社区无限责任和风险，后者政府承担主要责任和风险；信用合作模式下各方自担风险、自负盈亏；信用协同模式下，各方的责任与风险也由各自承担。

第六，从资源导入对比看：信用自治模式下治理资源主要依赖社区自身投入以及从外部争取；信用协商模式下治理资源全部有赖于政府导入；信用协作模式下主要由政府导入，同时也吸引社会资源投入；信用合作模式下各方按照享有的权益比例导入治理资源；信用协同模式的治理资源由各方共同按照自身情况导入。

第七，从模式优势对比看：信用自治模式的优势是公众的自主性好，有助于培育社区的自治能力，减轻政府的治理负担；信用协商模式可以充分发挥政府在治理中的组织动员能力，可以在短期见效；信用协作模式下政府以让渡部分的权利吸引社区和社会参与，一定程度上实现了协作共治；信用合作模式有助于平衡各方风险和利益，保持了公权、自治权和私权的独立完整性；信用协作模式有助于各方优势互补，资源共享共用。

第八，从模式劣势对比看：信用自治模式面临激励动力和公信力不足问题；信用协商模式和信用协作模式均面临政府责任大，以及不利于社区自治能力发育问题；信用合作模式的主要问题是只有在具有存在共同利益的条件，才具备合作可能，是有限合作；信用协同模式的问题在于从无序走向协同有序是一个相对漫长的过程，需要三种力量成长到一定阶段才会出现。

**表 8-2　五种治理模式的特点比较**

| 特点 | 模式 | | | | |
|---|---|---|---|---|---|
| | 信用自治模式 | 信用协商治理模式 | 信用协作治理模式 | 信用合作治理模式 | 信用协同治理模式 |
| 治理主体 | 社区主导 | 政府主导，社区参与 | 政府主导，社区、社会组织分工协作 | 政府、社区、市场平等合作 | 政府、社区、其他组织平等参与 |
| 治理手段 | 自治手段 | 行政手段 | 行政手段为主，其他手段为辅 | 市场手段 | 自治手段、行政手段、市场手段协同 |
| 治理结构 | 自下而上的单一治理 | 自上而下的层级治理，中心化治理 | 自上而下的分权治理 | 多中心扁平化治理 | 多中心扁平化治理 |
| 治理机制 | 社群机制 | 行政机制 | 行政机制为主，社群机制和市场机制为辅 | 市场机制 | 行政机制、市场机制和社群机制协同作用 |
| 权责分担 | 社区基层依法享有的自治权，社区承担责任与风险 | 政府集权，政府承担治理责任与风险 | 政府承担主要责任与风险 | 不涉及权力分配，各方各担风险，自负盈亏 | 各子系统无须与他人分享权力，各自承担相应的职责 |
| 资源导入 | 社区自有资源 | 政府负责资源导入 | 以政府投入为主，社会组织为辅 | 各方按照各自获取利益多少导入资源 | 各方资源的共同导入 |
| 优势 | 社区积极性、主动性较高，有助于提升社区自治能力 | 政府组织动员社会资源和社会力量的优势 | 通过政府公权力的部分让渡和资源的共享，调动参与积极性 | 多元主体参与，保持了公权、自治权和私权的独立完整性，有助于调动参与积极性，利益兼顾 | 保持系统的独立性和完整性，同时实现了优势互补 |
| 不足 | 可调动的资源相对有限，激励不足，公信力有限 | 社区参与积极性不高，对政府依赖较强，政府承担责任和风险 | 社区和社会组织被强制参与政府主导的分工协作过程，需要牺牲一定的自主性，政府承担责任和风险 | 有限合作、局部合作，仅基于具有共同利益诉求的合作点，并不具有广泛性 | 各子系统从无序走向有序协同的过程较为漫长，协同的要求高，难度大，是既要又要 |

## 四、社区信用治理模式演变的深层次原因

我国社区信用治理源于三种力量的推动：第一，社区自身力量；第二，政府行政力量；第三，市场力量。社区信用治理模式的演变，正是三种力量博弈的结果。

当社区的信用体系不健全，市场信用力量发育不成熟，且政府力量缺失的情形下，单纯依靠社区自身力量，就产生了社区主导的信用自治模式；而当政府凭借强大的行政力量，开始自上而下推动社区信用治理，但在社区与市场信用组织发育并不成熟的情况下，便形成了政府主导的信用协商治理模式；当自下而上的自治力量与市场力量，与自上而下的行政力量的相遇时，将会产生以下三种新的模式：第一，如果行政力量大于自治力量和市场力量，将形成信用协作模式；第二，如果行政力量、自治力量遇到强大的市场力量，将形成信用合作模式；第三，如果行政力量、自治力量和市场力量旗鼓相当，将形成信用协同模式。前面的两种模式，一般出现在早期三种力量发展不健全的情形下；而后三种模式，则只有在三种力量在彼此发展壮大到一定阶段，才有可能形成。因此，从模式本身便可以据此判断所处的发展阶段以及程度。

由于我国的社会信用体系建设地区之间发展并不平衡，因此，各地就出现了多种多样的治理模式并存的格局。而这些模式，本身又不是一成不变的，随着当地社会信用体系建设的持续推进，三种力量不断得以发展壮大，因而从最初的治理模式，开始向新的模式演变。

# 第九章

# 社区信用治理机制建设

社区信用治理机制的研究文献主要集中在对信任机制、道德机制、诚信文化机制等柔性治理机制的作用原理，以及如何重塑社区信用的讨论（Francis Fukuyama，1998；罗家德，2012；张汝立，2022）。守信激励与失信惩戒两大机制是社会信用体系运行的核心机制。现有研究对社区治理中信用激励与信用约束两大核心机制构建研究不够深入。本章将重点对此展开讨论。

## 第一节　社区信用激励机制建设

### 一、社区信用激励

信用激励，更准确的说，即守信激励，是指通过信用量化和物化影响信用主体行为，肯定信用主体的信用行为从而动态增加其信用度，最终创造以诚为人、以信做事的社会环境。[1]信用激励机制作为社会信用体系建设的重要组成部分，是保证社会信用体系运行的核心机制之一。在社区信用治理过程中，相较于失信惩戒，尤其是在信用惩戒机制仍然缺乏足够的法律支撑的当下，其地位更加突出。

社区信用激励的对象是社区信用主体。社区信用主体包括社区个体和组织两大类，前者包括社区居民、社区党员干部、社区工作者、社区志愿者；后者包括社区党组织、社区自治组织、社区社会组织和社区营利性组织（具体见

---

[1] 李建革，刘文宇．基于法经济学视角的信用权［J］．东北师大学报（哲学社会科学版），2016（3）:104-107.

“第 2 章第一节有关社区信用内涵与信用主体构成”相关介绍）。

## 二、社区信用激励的类型

守信激励是推进社区信用治理的重要动力。吴太轩等（2021）认为，信用激励主要指正激励，不仅包括事前守信激励，还包括事后信用修复等救济性激励。其建议将我国信用激励措施类型划分为：①特殊待遇型信用激励。其中包括但不限于给予优先办理或选择对象、便利措施、减少检查频次、简化审核程序等；②特殊荣誉型信用激励。这类信用激励目的在于给予守信主体精神方面的奖励，对信用主体产生“声誉”激励影响。③减少成本型信用激励。若增加成本被看作是惩戒，那么减少成本可以视为信用激励，主要是指给予一定税收优惠或其他减免优惠政策。④宏观倡导型信用激励。[1]

也有学者提出从实施主体和实施方式的类型两个方面认识守信激励的类型：其一，实施主体的类型。从我国现有的守信激励措施来看，守信激励包括市场性激励、社会性激励、行业性激励、行政性激励等，实施主体包括公权力主体、民商事主体、行业协会（商会）、社会组织等。按照实施主体的不同，守信激励可分为私权利主体之间的守信激励和公权力主体实施的守信激励。其二，实施方式的类型。在传统的金融信用等经济信用制度中，守信激励更多体现为交易主体之间的信任关系，本质上是在“信息—声誉”机制作用下产生的一种良好信用获得机制，旨在促使交易主体更好地履行合同义务。公权力主体实施的守信激励主要体现于政府管理领域，旨在推动社会成员更好地履行法定义务。

作者认为，社区的信用激励，按照激励的来源，可以划分为公共型激励、市场型激励、行业型激励、社会型激励和社区型激励五大类（见图 9-1）：①公共型激励的实施主体主要是政府等公共管理机构，通过法律法规、政策文件、公共服务等形式，对包含社区成员在内的全体具有良好信用记录的个体或组织

---

[1] 吴太轩，谭娜娜．制度嵌入与文化嵌入：信用激励机制构建的新思路［J］．征信，2021（3）:9–17.

给予的正向激励措施；②市场型激励则是基于市场机制，由企业、金融机构等市场主体根据社区成员的信用状况，提供的差异化服务和产品优惠；③行业型激励是指特定行业内部，根据行业规范和标准，对行业内社区成员的信用表现进行评估并给予相应激励；④社会型激励来源于社会组织和公众舆论，通过社会评价、道德认同、荣誉授予等方式，对具有良好信用记录的社区成员进行表彰和鼓励；⑤社区型激励是指由社区自治组织或居民自发形成的，针对社区内部成员信用表现的激励措施。从激励的权力来源上看，公共型激励主要来自于政府等公权力部门，而市场型激励、行业型激励、社会型激励和社区型激励则来自于私权利部门。

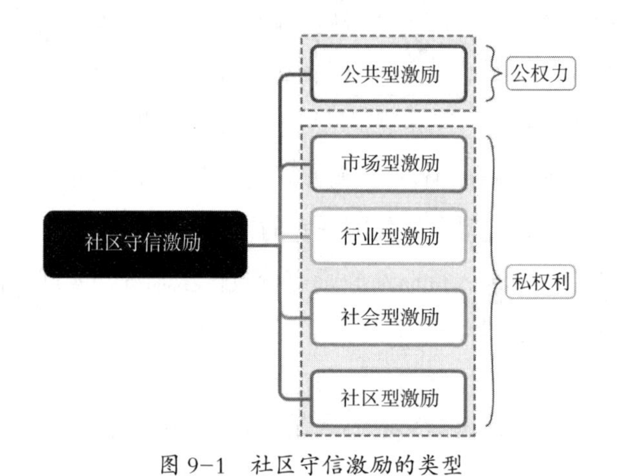


图 9-1　社区守信激励的类型

## 三、社区信用激励措施实施现状

当前，国家已经出台了一系列的政策性文件对守信激励进行部署。2016年,《国务院关于建立完善守信联合激励和失信联合惩戒制度加快推进社会诚信建设的指导意见》提出要充分运用信用激励和约束手段，加大对诚信主体激励和对严重失信主体惩戒力度，让守信者受益、失信者受限，形成褒扬诚信、惩戒失信的制度机制。2017年，国家发展改革委和人民银行《关于加强和规范守信联合激励和失信联合惩戒对象名单管理工作的指导意见》中以红黑名单的方式，进一步完善守法诚信褒奖和违法失信惩戒的联动机制。相关数据统计，截至 2019 年 6 月底，国务院有关部委已联合签署 51 个联合奖惩备忘录，其中联合激励备忘录 5 个，既包括联合激励又包括联合惩戒的备忘录 3 个，联合惩戒备忘录 43 个。地方层面，各地出台的地方信用条例中，也有大量涉及公权力主体实施的守信激励相关内容。[1]

社区层面，各地在积极推动社区信用体系建设与创新社区信用治理模式的实践浪潮中，社区信用激励机制不断完善，取得了积极成效。从作者对各地创新推出的激励举措梳理来看，大致包括以下方面（见表 9-1）。

表 9-1　社区信用激励的类型与具体举措

| 激励类型 | 激励举措 | |
|---|---|---|
| 公共型激励 | 行政便利性举措 | 如：“绿色通道”“容缺受理”等便利服务措施 |
| | 政策扶持与优惠 | 如：税收优惠、资金补助、财政性资金项目优先安排、招商引资配套优惠，市场准入与公共资源交易中予以倾斜 |
| | 荣誉表彰与优先推介 | 如：选树诚信典型人物、考核评比晋升和宣传推广优先推荐 |
| | 优化信用监管 | 如：实施差异化监管，诚信主体优化检查频次 |
| | 守信联合激励 | 如：列入守信联合激励红名单 |
| 市场型激励 | 融资便利与金融支持 | 如：税易贷、信易贷、信易保、信易债、信易担等守信激励产品 |
| | 信用折扣让利与服务特权 | 如：信易购、信易游、信易租、信易行、信易阅、信易医、信易养老等。 |
| | 商业合作机会 | 如：优先考虑与守信的社区居民或组织进行合作 |
| 行业型激励 | 行业地位与身份 | 如：为守信主体颁发行业信用认证标识，如“守信商户”“诚信企业”等，提升行业知名度和竞争力，或在行业协会中担任重要角色 |
| | 会员服务与支持 | 如：为守信主体减免会费，提供行业资源支持 |
| | 行业荣誉与表彰 | 如：对守信主体进行公开表彰和奖励，提升其行业地位和荣誉感 |

[1] 王伟，杨慧鑫．守信激励的类型化规制研究——兼论我国社会信用法的规则设计［J］．中州学刊，2022（5）:43–50.

续表

| 激励类型 | 激励举措 | |
|---|---|---|
| 社会型激励 | 社会荣誉表彰 | 如：通过评比表彰提升社区守信主体的社会声誉和地位 |
| | 公益项目资助 | 如：通过专门的公益基金，用于资助社区守信主体 |
| | 社会宣传推广 | 如：通过媒体、网络平台等渠道宣传推广守信居民事迹 |
| | 社会支持与扶持 | 如：在求职交友、教育培训、法律援助、心理健康支持、创业扶持等方面提供更多机会与帮助 |
| 社区型激励 | 物质奖励 | 如：通过社区积分超市用积分兑换各种物资 |
| | 社区服务与便利 | 如：为守信居民提供物业、家政、养老、助餐、托育等方面的社区服务与便利 |
| | 社区荣誉表彰 | 如：授予社区守信主体荣誉称号，颁发荣誉证书，提升社区声望 |
| | 参与机会与平台 | 如：为守信主体提供更多参与社区治理的机会与平台，如担任居民代表、参与社区决策等 |
| | 社区互助 | 如：提供生产互助、资金互助、养老互助、救济互助 |

## 四、社区信用激励机制建设存在的问题

在肯定各地实践成效的同时，也应清醒地看到，社区信用激励机制的建设仍面临着诸多挑战与有待完善之处。例如，在公权力主体实施的公共型守信激励方面，激励的法治化有待进一步完善，各地守信激励的标准需进一步规范统一；在市场型激励方面，市场主体参与的积极性不高，由于信息的不对称，市场组织难以准确对社区成员信用状况实施评估，而社区内部的信用评估往往面临评估结果公信力不足的问题，市场型激励依赖经济利益的驱动，如何实现市场和社区合作共赢，仍然困难重重；行业协会与社会组织同样面临参与动力不足的问题，针对社区信用主体提供的行业型激励与社会型激励十分有限；在社区型激励方面，激励的规范性不够，社区普遍面临激励资金来源方面的压力，激励的持续性面临严峻挑战。因此，如何优化顶层设计、强化制度保障、提升各方参与积极性，有效整合多方资源，建立社区信用激励长效机制，成为当务之急。

# 第二节　社区信用约束机制建设

以失信预防、失信预警、失信惩戒、信用容错以及信用重塑为主要手段的信用约束机制，是保障社会信用体系正常运行的核心机制之一。然而，在相当长的一段时间内，我们的社会信用体系建设过于强调失信惩戒手段的运用，事实上忽略了其他几种信用约束机制的建设，导致信用约束的链条不完善，无法形成完整的闭环。由于当下我国社会信用上位法仍处于缺失状态，失信惩戒缺乏足够的法律支撑。近年来信用惩戒领域出现的过罚不相当、连带惩罚等现象，使社会公众对信用惩戒措施（尤其是行政“黑名单”措施）的滥用产生了极大的担忧，甚至引发了国际社会对中国社会信用建设之正当性的无端指责[1]。在这样的背景下，是否应该在社区信用治理过程中进行信用约束，尤其是失信惩戒，成为一个饱受争议的话题。一种观点认为，社区信用治理不宜使用信用约束，只使用守信激励即可。受此观点影响，不少地方在社区信用治理过程中片面强调守信激励，忽视了信用约束机制的建设，导致社区失信行为得不到有效遏制，治理的效果大打折扣。奖与惩是一体的两面，守信激励与失信惩戒对于社区信用体系建设而言，犹如车之两轮，鸟之双翼，缺一不可。本节中，作者对社区信用约束机制建设问题展开讨论，以期提出一个全面且平衡的社区信用治理框架。

## 一、社区失信与失信行为界定

1. 失信与社区失信的类型

关于“失信”的定义，各方见解不一。林钧跃（2022）认为“失信”的原意是“不守信”，包含两层意思：①市场信用性质的“违反契约约定”行为；

---

[1] 王伟．失信惩戒的类型化规制研究——兼论社会信用法的规则设计［J］．中州学刊，2019（5）:43-52.

②社会诚信性质的“违背口头承诺”行为。[1]从社会信用体系建设实践来看，“失信”事实上又被赋予了公共信用性质的“违法违规违纪”行为这一层新的含义。我们现在经常听到某人被列入了失信被执行人名单，或者某人的征信报告中有失信记录。这里所指的失信，是国家机关依法认定并确认的信用信息主体诚信失范的行为，这类失信行为由政府公权力部门依法依规认定，属于公共信用领域的失信。除此之外，还有非公权力部门自主认定的失信，例如，一个人违背了向他人作出的口头承诺，被人视为个人的失信，但这种失信并不会使其成为失信被执行人，也不会体现在个人的征信报告中，这属于非公共信用领域的失信。我们在下文中所讨论的“失信”一词，便是包含了同时公共信用领域和非公共信用领域在内的广义失信。

社区信用是社会信用在社区的一部分。关于社区失信，主要指社区信用主体在社区活动中发生的失信。从构成上来讲，它既包括公共信用领域的社区失信行为，如社区居民在社区违规搭建或改建拒不整改被执法部门行政处罚；同时，还包括非公共信用领域的社区失信行为，例如，不履行社区公约中的环保责任的行为、违反社区财务管理规定和社区公约侵占或挪用资金的行为、未按照物业服务合同约定提供服务的行为等。

2. 社区失信行为的界定

失信行为的界定是一项复杂而系统的工程，尤其是在实践层面。

（1）公共信用领域社区失信行为的界定。《国务院办公厅 关于进一步完善失信约束制度 构建诚信建设长效机制的指导意见》（国办发〔2020〕49号）中明确：行政机关认定失信行为必须以具有法律效力的文书为依据。可认定失信行为的依据包括生效的司法裁判文书和仲裁文书、行政处罚和行政裁决等行政行为决定文书，以及法律、法规或者党中央、国务院政策文件规定可作为失信行为认定依据的其他文书。

在操作层面，主要采用“基础目录＋严重失信主体名单”方式予以规范管理。其中，社会信用体系建设部际联席会议牵头单位会同有关部门依法依规

---

[1] 林钧跃．论公共和市场两种不同类型的失信惩戒机制及其互补关系［J］．征信，2022（1）:11−25.

编制并定期更新全国公共信用信息基础目录。各地可依据地方性法规，参照全国公共信用信息基础目录的制定程序，制定适用于本地的公共信用信息补充目录。对设列严重失信主体名单的范围限定为：严重危害人民群众身体健康和生命安全、严重破坏市场公平竞争秩序和社会正常秩序、拒不履行法定义务严重影响司法机关和行政机关公信力、拒不履行国防义务等领域。

各地主要依据《社会信用信息条例》等地方性法规，参照全国公共信用信息基础目录，制定适用于本地的公共信用信息补充目录。尽管各地对公共信用领域的“失信行为”做出进一步的规范，但各地在失信标准界定上并不完全统一。例如，《山东省社会信用条例》第十三条规定，纳入信用主体信用记录的失信信息包括（一）拒不缴纳依法应当缴纳的税款、社会保险费、行政事业性收费、政府性基金的；（二）违反法律、行政法规，提供虚假材料、隐瞒真实情况，损害社会管理秩序和公共利益的；（三）人民法院发布的失信被执行人信息；（四）能够反映信用主体信用状况的行政处罚、行政强制执行信息；（五）法律、行政法规和国家规定的其他事项。适用简易程序作出的行政处罚信息，或者违法行为轻微且主动消除、减轻违法行为危害后果的行政处罚信息，不纳入公共信用信息数据清单。而《上海市社会信用条例》规定列入目录的失信信息包括（一）欠缴依法应当缴纳的税款、社会保险费、行政事业性收费、政府性基金的；（二）提供虚假材料、隐瞒真实情况，侵害社会管理秩序和社会公共利益的；（三）拒不执行生效法律文书的；（四）适用一般程序作出的行政处罚信息，但违法行为轻微或者主动消除、减轻违法行为危害后果的除外；（五）被监管部门处以市场禁入或者行业禁入的；（六）法律、法规和国家规定的其他事项。两地对列入目录的失信信息，尽管相似但却不尽相同。

在行业领域，各部门主要依据各行业法律法规对于失信行为及列入严重失信主体名单条件做出各自规定。例如，人民法院关于“失信被执行人”（俗称“老赖”）的认定标准。根据 2017 年 5 月 1 日起施行的《最高人民法院关于公布失信被执行人名单信息的若干规定》，被执行人未履行生效法律文书确定的义务，并具有下列情形之一的，人民法院应当将其纳入失信被执行人名单，具体包括（一）有履行能力而拒不履行生效法律文书确定义务的；（二）以伪造证据、暴力、威胁等方法妨碍、抗拒执行的；（三）以虚假诉讼、虚假仲裁或者以隐匿、转移财产等方法规避执行的；（四）违反财产报告制度的；（五）违反限制消费令的；（六）无正当理由拒不履行执行和解协议的。又如：人社部印发《社会保险领域严重失信人名单管理暂行办法》中规定，用人单位、社会保险服务机构及其有关人员、参保及待遇领取人员等，有下列情形之一的，县级以上地方人力资源社会保障部门将其列入社会保险严重失信人名单：（一）用人单位不依法办理社会保险登记，经行政处罚后，仍不改正的；（二）以欺诈、伪造证明材料或者其他手段违规参加社会保险，违规办理社会保险业务超过 20 人次或从中牟利超过 2 万元的；（三）以欺诈、伪造证明材料或者其他手段骗取社会保险待遇或社会保险基金支出，数额超过 1 万元，或虽未达到 1 万元但经责令退回仍拒不退回的；（四）社会保险待遇领取人丧失待遇领取资格后，本人或他人冒领、多领社会保险待遇超过 6 个月或者数额超过 1 万元，经责令退回仍拒不退回，或签订还款协议后未按时履约的；（五）恶意将社会保险个人权益记录用于与社会保险经办机构约定以外用途，或者造成社会保险个人权益信息泄露的；（六）社会保险服务机构不按服务协议提供服务，造成基金损失超过 10 万元的；（七）用人单位及其法定代表人或第三人依法应偿还社会保险基金已先行支付的工伤保险待遇，有能力偿还而拒不偿还、超过 1 万元的；（八）法律、法规、规章规定的其他情形。

截止 2024 年 8 月，各行业信用主管部门陆续颁布实施的严重失信主体名单累计有 42 个（见表 9–2）。

**表 9–2　各行业领域实施的严重失信主体名单**

<table>
<tr><th>编号</th><th>严重失信主体名单</th><th>主要依据</th></tr>
<tr><td>1</td><td>失信被执行人</td><td>《最高人民法院关于公布失信被执行人名单信息的若干规定》</td></tr>
<tr><td>2</td><td>社会保险严重失信人名单</td><td>《社会保险领域严重失信人名单管理暂行办法》</td></tr>
<tr><td>3</td><td>市场监督管理严重违法失信名单</td><td rowspan="2">《市场监督管理严重违法失信名单管理办法》（国家市场监管总局令第 44 号）</td></tr>
<tr><td>4</td><td>食品安全严重违法生产经营者黑名单</td></tr>
<tr><td>5</td><td>政府采购严重违法失信行为记录名单</td><td>《中华人民共和国政府采购法》</td></tr>
</table>

续表

| 编号 | 严重失信主体名单 | 主要依据 |
| --- | --- | --- |
| 6 | 履行国防义务严重失信主体名单 | 《中华人民共和国兵役法》 |
| 7 | 拖欠农民工工资失信联合惩戒对象名单 | 《拖欠农民工工资失信联合惩戒对象名单管理暂行办法》(人社部令第45号) |
| 8 | 运输物流行业严重失信黑名单 | 《物流业降本增效专项行动方案(2016—2018年)》规定<br>《全国失信惩戒措施基础清单(2024年版)》 |
| 9 | 危害残疾儿童康复救助权益严重失信主体名单 | 《关于建立残疾儿童康复救助制度的意见》<br>《全国失信惩戒措施基础清单(2024年版)》 |
| 10 | 重大税收违法失信主体名单 | 《重大税收违法失信主体信息公布管理办法》 |
| 11 | 统计严重失信企业名单 | 《统计严重失信企业信用管理办法》 |
| 12 | 社会救助领域信用黑名单 | 《全国失信惩戒措施基础清单(2024年版)》 |
| 13 | 网络信用黑名单 | 《中华人民共和国网络安全法》《全国失信惩戒措施基础清单(2024年版)》 |
| 14 | 电信网络诈骗严重失信主体名单 | 《中共中央办公厅 国务院办公厅关于加强打击治理电信网络诈骗违法犯罪工作的意见》 |
| 15 | 文化和旅游市场严重失信主体名单 | 《文化和旅游市场信用管理规定》 |
| 16 | 建筑市场主体黑名单 | 《国务院办公厅关于促进建筑业持续健康发展的意见》 |
| 17 | 工程建设领域黑名单 | 《国务院办公厅关于全面开展工程建设项目审批制度改革的实施意见》 |
| 18 | 物业服务企业黑名单 | 《物业管理条例》 |
| 19 | 信息消费领域企业黑名单 | 《国务院关于进一步扩大和升级信息消费持续释放内需潜力的指导意见》 |
| 20 | 城市轨道交通领域黑名单 | 《国务院办公厅关于进一步加强城市轨道交通规划建设管理的意见》 |
| 21 | 严重违法超限超载运输当事人名单 | 《交通运输部办公厅关于界定严重违法失信超限超载运输行为和相关责任主体有关事项的通知》 |
| 22 | 价格失信主体名单 | 《中共中央 国务院关于推进价格机制改革的若干意见》 |
| 23 | 环境违法企业黑名单 | 中共中央办公厅、国务院办公厅印发《关于构建现代环境治理体系的指导意见》 |

续表

| 编号 | 严重失信主体名单 | 主要依据 |
| --- | --- | --- |
| 24 | 医疗保障领域失信联合惩戒对象名单 | 《国务院办公厅关于推进医疗保障基金监管制度体系改革的指导意见》 |
| 25 | 医疗卫生行业黑名单 | 《国务院办公厅关于改革完善医疗卫生行业综合监管制度的指导意见》 |
| 26 | 医药行业失信企业黑名单 | 《国务院办公厅关于促进医药产业健康发展的指导意见》 |
| 27 | 社会组织严重违法失信名单 | 《社会组织信用信息管理办法》 |
| 28 | 知识产权领域严重违法失信名单 | 《国家知识产权局知识产权信用管理规定》（国知发保字〔2022〕8号） |
| 29 | 学术期刊黑名单 | 《关于进一步加强科研诚信建设的若干意见》 |
| 30 | 职称申报评审失信黑名单 | 中共中央办公厅 国务院办公厅印发《关于深化职称制度改革的意见》 |
| 31 | 安全生产严重失信主体名单 | 《安全生产严重失信主体名单管理办法》 |
| 32 | 消防安全领域黑名单 | 中共中央办公厅 国务院办公厅印发《关于深化消防执法改革的意见》 |
| 33 | 校外培训机构黑名单 | 《国务院办公厅关于规范校外培训机构发展的意见》 |
| 34 | 公共资源配置黑名单 | 《国务院办公厅关于推进公共资源配置领域政府信息公开的意见》 |
| 35 | 矿业权人严重失信名单 | 中共中央 国务院印发《生态文明体制改革总体方案》 |
| 36 | 地质勘查单位黑名单 | 《国务院关于取消一批行政许可事项的决定》 |
| 37 | 注册会计师行业严重失信主体名单 | 《注册会计师行业严重失信主体名单管理办法（征求意见稿）》 |
| 38 | 社会保险领域严重失信主体名单 | 《社会保险经办条例》 |
| 39 | 快递领域违法失信主体“黑名单” | 《国务院关于促进快递业发展的若干意见》 |
| 40 | 进出口海关监管领域严重失信主体名单 | 《中华人民共和国海关注册登记和备案企业信用管理办法》 |
| 41 | 境外投资黑名单 | 《国务院办公厅转发国家发展改革委商务部人民银行外交部关于进一步引导和规范境外投资方向指导意见的通知》 |
| 42 | 养老服务领域失信联合惩戒对象名单 | 《国务院办公厅关于推进养老服务发展的意见》 |

（2）非公共信用领域社区失信行为的界定。非公共信用领域的失信行为，相较于公共信用领域，涉及非公共利益，对应非公权力，其界定标准和范围往往更加灵活和多样。

非公共信用领域失信行为具有以下特点：一是私利主导性。非公共信用领域失信行为在发生动机和直接后果上更多地与私人交易、商业利益或个人利益相关，而不是直接针对或影响社会公共利益。二是社区自裁性。在非公共信用领域，是否构成失信行为的判定标准往往是由社区参与主体（如个体、组织等）根据自身情况、社区公约、合同条款、商业惯例或行业规范等自主设定的，而非由统一的公共机构或法律法规直接规定，社区参与主体在判断自身或他人行为是否构成失信时，具有一定的自主裁量权，可以依据自身的标准和利益来进行裁定。三是法律与道德交织。非公共信用领域的失信行为往往涉及法律与道德的双重评判。一方面，这些行为可能违反相关法律法规，需要承担法律责任；另一方面，它们也违背了商业道德和社会公德，需要受到道德谴责和舆论监督。

在此类失信行为的界定依据上，大致包括（见图 9–2）：①法律法规类；②纪律规范类；③标准规定类；④合同契约类；⑤习俗惯例类；⑥自治规范类。

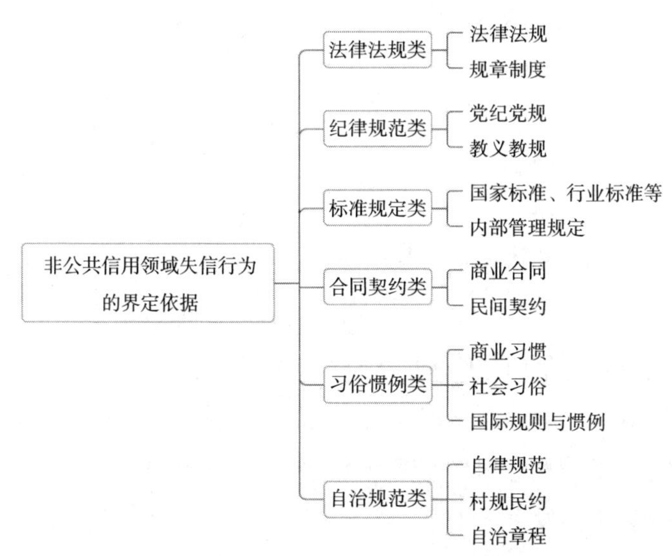


图 9–2　非公共信用领域失信行为的界定依据

在实际操作中，非公共信用领域失信行为的界定往往需要综合考虑多个因素，包括法律、道德、商业惯例、道德习俗、宗教信仰以及主体的自主裁量权等，界定标准具有很强的自主性和主观性，往往无法统一。例如，作者在一次调研中偶然发现：国内有些银行会将个人是否曾经有过网贷行为作为该行是否发放信用贷款的限制条件，但有些银行则不会。

村规民约、社区公约等社区自治规范在社区失信行为界定中具有举足轻重的作用。村规民约、社区公约是村（居）民自治的基础，具有一定的法律效力，其主要依据是《中华人民共和国村民委员会组织法》《中华人民共和国城市居民委员会组织法》。例如，《中华人民共和国城市居民委员会组织法》第十五条规定：居民公约由居民会议讨论制定，报不设区的市、市辖区的人民政府或者它的派出机关备案，由居民委员会监督执行。居民应当遵守居民会议的决议和居民公约。可以看出，村规民约、社区公约对村（居）民行为具有约束力。不仅如此，对其他社区组织也同样具有约束力。例如，《中华人民共和国城市居民委员会组织法》第十九条规定：机关、团体、部队、企业事业组织应当支持所在地的居民委员会的工作，遵守居民委员会的有关决定和居民公约。《中华人民共和国村民委员会组织法》第三十八条规定：驻在农村的机关、团体、部队、国有及国有控股企业、事业单位及其人员应当通过多种形式参与农村社区建设，并遵守有关村规民约。

## 二、社区信用约束闭环

对社区失信的约束应包括失信前的预防与预警、失信中的惩戒与容错、失信后的信用重塑，形成一个完整的信用约束闭环（见图 9–3）。

如何才能让社区信用主体不愿失信、不敢失信？

首先，应在社区建立起一套行之有效的失信预防与失信预警机制，通过增强社区信用主体的信用意识、完善监管措施及提前预警失信风险，从源头上避免和减少失信行为的发生。

其次，一旦失信行为发生，需要区分对待主观故意失信，还是非主观故意 / 不可抗力失信。对于主观故意失信者，要按照失信的轻重等级，实施差异化的惩戒；对于非主观故意/不可抗力造成的失信，则采取包容性的信用容错措施，允许其自我纠正、主动自新。

最后，对纠正失信行为的社区信用主体，通过失信修复帮助其重塑信用，重新融入社区守信者的行列。

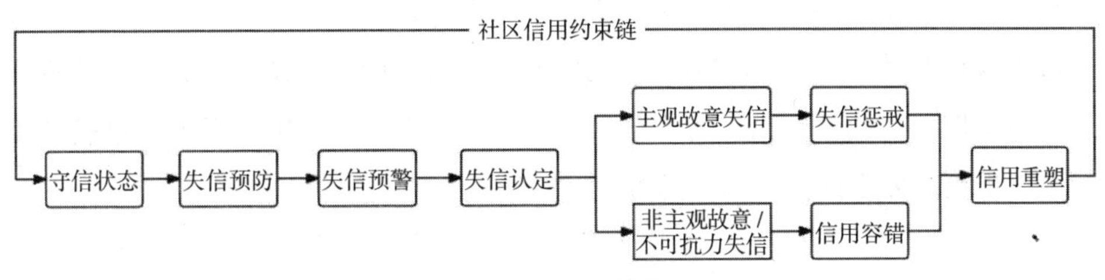


图 9-3 社区信用约束闭环

下面作者从失信前的预防与预警，失信中的惩戒与容错，失信后的重塑三部分，分别予以介绍。

## 三、社区失信前的预防与预警

1. 社区的失信预防

失信预防是指在失信行为发生之前，通过采取有效措施进行干预和防范，以减少或避免失信行为的发生。这一机制强调事前的预防和控制，旨在从源头做到防患于未然。

社区信用体系在预防社区失信方面发挥着至关重要的作用。社区失信的预防可以通过建立健全的社区信用档案系统、加强信用教育与宣传、制定社区信用管理规范、强化基层信用组织以及鼓励居民自我约束与相互监督等措施来强化。其中，社区诚信教育在构建全社会失信预防体系中具有不可替代的作用。《社会信用体系建设规划纲要（2014—2020 年）》提出大力开展信用宣传普及教育进社区、进村屯、进家庭活动，正是因为社区是群众自我教育的重要阵地。关于如何更好发挥社区诚信教育功能，在本书第 7 章中已做了相应介绍，此处不再赘述。

2. 社区的失信预警

社区失信预警是指在发现社区信用主体存在可能失信的苗头或迹象时，通过预警通知、提醒、警示等手段，进行提前干预的一种机制，其目的在于防止失信行为的发生或减轻其可能带来的后果。例如，作者曾在浙江某社区调研时发现当地社区信用积分管理制度中有如下规定：社区居民存在乱停乱放、乱搭乱建等破坏社区公共秩序失信行为，第一次社区予以口头警告，第二次社区向其正式下发社区信用扣分预警通知单，第三次则正式进行信用扣分。这种做法通过逐级预警及时干预失信苗头，既有效遏制失信行为，又教育居民提升诚信意识。相比以罚代教的粗暴管理，这种方式更加人性化，更易于被居民接受和认可，也更能体现社区治理智慧和人文关怀。

## 四、社区失信中的惩戒与容错

### 1. 社区失信惩戒

（1）社区失信惩戒的类型。失信惩戒，是指国家机关和法律、法规授权的具有管理公共事务职能的组织以及其他组织依法依规运用司法、行政、市场等手段对失信行为责任主体进行惩戒的活动。王伟（2019）认为构建失信惩戒机制，需要分别从公权、私权角度将失信惩戒类型化。失信惩戒机制既包含多元化的惩戒主体（公权力主体与私权利主体高度交融），也包含多元化的惩戒方式（禁止性、限制性、警示性的惩戒乃至一般管理活动），可以细分为道德惩戒、社会惩戒、市场惩戒、公权力机关的惩戒等类型。[1]

社区失信惩戒可以分为行政性约束和惩戒、市场性约束和惩戒、行业性约束和惩戒、社会性约束和惩戒以及社区性约束和惩戒五大类。针对不同领域的社区失信，可实施不同类型的失信惩戒（见图 9–4）。

针对公共信用领域的社区失信行为，公共管理机构可以对信用主体作出行政性约束和惩戒；同时，在自治范围内，其他组织和个人也可以依法依规自主决定是否对其进行市场性、行业性、社会性或社区性约束和惩戒。举例来说：针对社区居民提供虚假材料骗取社会补助的失信行为，公共管理机构依法依规

---

[1] 王伟．失信惩戒的类型化规制研究———兼论社会信用法的规则设计［J］中州学刊，2019（5）:43–52.

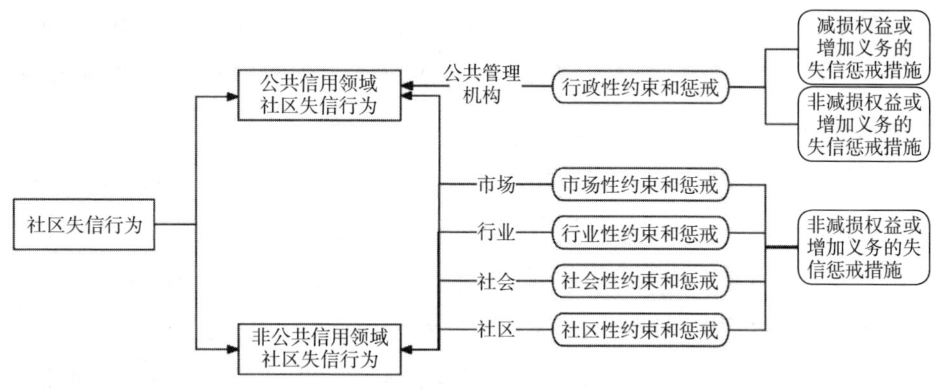


图 9-4　社区失信行为的信用惩戒

对其进行行政性约束和惩戒，如公示不良信息、限制申报等；同时，其他组织和个人也可以据此自主决定是否对其进行信用约束，例如，金融机构实施拒绝放贷等市场性惩戒、社区自治组织实施限制申报社区荣誉的社区性惩戒、行业协会实施取消会员资格的行业性惩戒、社会组织实施公开曝光与舆论谴责的社会性惩戒。

针对非公共信用领域的社区失信行为，这类行为一般不涉及行政性约束和惩戒，属于社区内部及相关领域内各方自主实施的约束与惩戒措施，具体包括市场性、行业性、社会性和社区性的信用惩戒。目前关于社区性的信用惩戒，在各地信用治理实践中曾有不少使用，但因各种原因，引来一些非议。如社区居民违反社区公约关于垃圾分类的规定，社区基于自治权对其进行通报批评、信用扣分等社区性约束和惩戒。[1]这里，社区公约中需要对垃圾分类事先做出明确约定，按照《中华人民共和国城市居民委员会组织法》和《中华人民共和国村民委员会组织法》，社区公约需经由居民会议讨论上升为社区集体共识，如此才具有相应的约束效力。在实践中，由于社区的信用管理制度规范往往不健全，对失信惩戒的理解也存在偏颇，这就容易造成失信惩戒权的滥用，甚至出

[1] 对于社区居民不按规定进行垃圾分类是否构成失信这一问题，在国内曾引发过较大的争议。产生争议源于两点：一是将非公共信用领域的失信，误解为公共信用领域的失信，从而引发公众对泛化失信的担忧；二是过度使用或滥用惩戒措施，对于非公共信用领域的失信，社区基于自治规范有自主实施社区性惩戒的权力，但有些地方在缺乏相应法律依据的情形上升至行政性惩戒层面则显然不妥。

现损害公众基本权益的现象。因此，社区性信用惩戒规范性研究，亟待加强。

（2）社区失信惩戒措施。《国务院办公厅关于进一步完善失信约束制度 构建诚信建设长效机制的指导意见》提出依法依规确定失信惩戒措施的明确要求。对失信主体采取减损权益或增加义务的惩戒措施，必须基于具体的失信行为事实，直接援引法律、法规或者党中央、国务院政策文件为依据，并实行清单制管理。同时要求确保过惩相当。按照合法、关联、比例原则，依照失信惩戒措施清单，根据失信行为的性质和严重程度，采取轻重适度的惩戒措施，防止小过重惩。任何部门（单位）不得以现行规定对失信行为惩戒力度不足为由，在法律、法规或者党中央、国务院政策文件规定外增设惩戒措施或在法定惩戒标准上加重惩戒。

依据上述文件要求，从 2021 年起，我国对失信主体的惩戒采取清单制管理，旨在规范界定失信惩戒措施的种类及其适用对象。根据《全国失信惩戒措施基础清单（2024 年版）》，失信惩戒措施包括三类，共 14 项：一是由公共管理机构依法依规实施的减损信用主体权益或增加其义务的措施，包括限制市场或行业准入、限制任职、限制消费、限制出境、限制升学复学等；二是由公共管理机构根据履职需要实施的相关管理措施，不涉及减损信用主体权益或增加其义务，包括限制申请财政性资金项目、限制参加评先评优、限制享受优惠政策和便利措施、纳入重点监管范围等；三是由公共管理机构以外的组织自主实施的措施，包括纳入市场化征信或评级报告、从严审慎授信等。文件还规定，公共管理机构不得超出清单所列范围采取对相关主体减损权益或增加义务的失信惩戒措施。公共管理机构以外的组织自主开展失信惩戒的，不得违反相关法律、法规的规定。此外，文件规定除清单所列失信惩戒措施外，地方性法规对失信惩戒措施有特殊规定的，可依据地方性法规编制仅适用于本地区的失信惩戒措施补充清单。由此可见，国家给地方预留了一定的操作空间，允许各地有一定的自主性和差异性。

上述文件主要针对公共信用领域的失信惩戒措施予以规范与明确。关于非公共信用领域的失信惩戒措施，则由市场、行业、社会和社区自主实施，文件只给出了原则性的要求，即不得违反相关法律、法规的规定。从社区实际操作层面考虑，应针对公共信用领域和非公共信用领域社区失信分类实施（见图

9–4）。首先，公共信用领域的社区失信惩戒，应严格按照国家和地方有关规定，其中有涉及减损社区信用主体权益或增加其义务的措施，必须由公共管理机构实施，其他几类主体可自主实施非减损信用主体权益或增加其义务的措施；其次，关于非公共信用领域的社区失信，市场、行业、社会和社区自主实施惩戒时均不应涉及减损信用主体权益或增加其义务的措施。

2. 社区失信容错

广义社区失信容错（或社区信用容错）既包括公共信用领域的失信容错，也包括非公共信用领域的失信容错。其中后者还可细分为市场的失信容错、行业的失信容错、社会的失信容错和社区的失信容错。下面重点介绍社区的失信容错。

所谓社区的失信容错机制，是指社区为减少因非主观故意或不可抗力等因素导致的社区失信行为对社区信用主体造成的不良影响，而建立的一种允许在一定条件下犯错并纠正的包容性自纠机制。通过建立社区性失信容错机制，可以激励社区信用主体自觉遵守信用规则，维护良好的信用记录，推动社区信用文化的形成和发展，提高社区信用体系的公平性和包容性，增强社区成员对信用体系建设的认同感和参与度。

社区的失信容错，一般包含以下步骤：第一步，明确容错的具体标准和条件，如失信行为的性质、严重程度、判断是否属于非主观故意或由于不可抗力导致的社区失信行为，即是否满足容错适用情形；第二步，由社区失信主体向社区审核机构或委员会提出容错申请，并提交相关证明材料，由社区进行容错资格审核；第三步，在社区监督下进行自我纠正，在规定时限内，通过主动履行义务、接受相关教育、参与社区公益活动等，消除社区失信行为造成的不良影响后果。社区在确认其纠正失信行为后，免于对其进行失信惩戒。

当前，在社区信用治理实践中，各地对于社区信用容错机制的建设，其重视程度还远远不够。这容易造成对社区失信主体的“一刀切”，降低社区信用体系的灵活性与包容性，不利于社区的信用建设。

## 五、社区失信后的信用重塑

信用重塑是指对已经产生失信行为并承担失信后果的失信主体，通过信用修复，引导其进行自我反思和改正，重新恢复信用形象的过程。信用重塑机制是社会信用体系建设的一个重要机制，是完善守信激励和失信惩戒机制的重要环节。

社区失信后的信用重塑，包括公共信用领域社区失信后的信用修复和非公共信用领域社区失信后的信用挽救[1]两类。前者主要由政府等公权力机构实施，后者则由非公权力机构自主实施。

针对公共信用领域社区失信的信用修复，有狭义与广义的不同理解。狭义的信用修复一般是指失信主体在彻底纠正失信行为、消除不良影响之后，为重塑自身的信用主动提出申请，经有关部门确认符合条件后，撤销相关信用措施的过程。包括失信行为整改后移出严重失信主体名单、停止公示失信信息、屏蔽或删除失信信息的记录。广义的信用修复则涵盖了三类情形：一是按照信用信息规定的保存期限，信息到期后的删除和更新；二是信息采集、处理或流转过程中出现的错误信用信息的更正，即异议信息的处理；三是建立在失信行为发生后，因信用主体纠正不良行为后的信用信息的处理，包括移除名单、停止公示、信息屏蔽或删除等。依据国家发展和改革委于2023年通过的《失信行为纠正后的信用信息修复管理办法（试行）》：信用信息修复的方式包括移出严重失信主体名单、终止公示行政处罚信息和修复其他失信信息。失信主体在完成公共信用领域社区失信行为的信用修复程序后，其他对其实施失信惩戒的非公共机构，也应该主动帮助其消除相关失信记录或不良影响。

针对非公共信用领域社区失信的信用挽救，按照惩戒的实施主体，可以由社区、市场、行业或社会以一定的方式帮助社区失信主体挽救信用。例如，在社区层面，允许失信主体通过参加信用教育与培训、提供社区服务与志愿活动、参与社区慈善捐赠、公开做出信用承诺等方式后，消除不良信用记录、恢复信用评分等，帮助其重建信用。

从当前各地社区信用治理实践情况来看，关于社区失信后的信用重塑机制还非常不完善，缺少相应的失信挽救退出渠道与机制安排。例如，不少社区的信用积分和信用评价中并没有明确规定社区成员失信信息有效期，造成一朝失

[1] 为避免与政府等公权力机构依法依规开展的“信用修复”概念相混淆，此处将非公权力机构实施的、用以恢复非公共信用领域失信的措施称为“信用挽救”。

信其负面评价的影响长期存在；同时，政府部门与社区之间也没有形成信息联动，即使已经完成了公共信用领域的失信修复，其失信记录可能仍然存在于社区的信用信息系统或成员的诚信档案中，有损公正性和公平性。

## 第十章

# 社区信用积分制与居民信用评价

有关社区信用治理实践模式研究方面，相关文献以诚信道德为内核的社区积分治理关注较多，主要研究如何以信用手段更好的去调动各类主体参与社区治理，提供精准化、精细化社区治理等，形成了多种经验模式。本章中作者先尝试对包含社区居民、社区党员干部、社区工作者、社区志愿者等在内的社区个体参与社区信用治理的信用积分制与信用评价问题展开讨论，有关社区组织等其他多元主体的信用治理问题放在后续章节中介绍。

## 第一节　社区治理积分与社区信用积分

### 一、社区治理积分

采用积分制的方式调动社区居民参与社区公共事务治理的积极性，是中国城乡社区治理中的一种创新做法。我们将所有服务于城乡社区公共事务治理的积分，统称为“社区治理积分”。社区积分治理的核心内容是社区公共事务治理，治理的目标是维护和增进社区公共利益，治理的主要对象是居民。

社区的公共事务包括社区行政事务（如社区行政管理事务、社区行政执法事务等）、社区公共服务（如特定人群服务、市政服务、物业服务等）和社区自治事务（如社区法定组织事务、邻里互助事务等）等多个方面，其本质是一种公共产品，具有非排他性和非竞争性，这容易促使人们产生“搭便车”的行为，因此需要建立一种激励与约束机制。通过实施积分制，可以有效地激励居民积极参与社区公共事务，避免“搭便车”行为，防止“公地悲剧”的发生。

关于积分制，中央农村工作领导小组办公室、农业农村部在 2020 年 7 月

《关于在乡村治理中推广运用积分制有关工作的通知》中曾给出如下表述："乡村治理中运用积分制，是在农村基层党组织领导下，通过民主程序，将乡村治理各项事务转化为数量化指标，对农民日常行为进行评价形成积分，并给予相应精神鼓励或物质奖励，形成一套有效的激励约束机制。"

黄鹏进等人（2022）认为积分制治理有助于重建村社黏性、塑造村庄规则之治、激活村庄德治传统，还有助于助推乡村的数字治理。[1]马九杰等人（2022）也认为，积分制的实质是一种基于规范的干预，亦即治理主体可以通过调动社会规范和道德，借助居民决策中对内在价值动机的重视，促进居民选择具有正外部性的亲社会行为。[2]实践证明，积分制可以有针对性地应对社区治理中的关键问题与挑战，紧密贴合城乡社区实际情况，具有很强的实用性、操作性，是推进基层治理体系和治理能力现代化的有益探索。

社区治理积分的种类众多，按照应用领域和范围不同，可以分为专项治理积分与综合治理积分。专项治理积分一般仅围绕社区某一公共事务治理问题与目标而设立，例如，社区的环保积分、志愿积分、公益积分、养老积分、互助积分、贡献积分等；综合治理积分则综合涵盖了成员在上述社区治理多个公共事务中的参与度与贡献度。

## 二、社区信用积分

社区信用积分制是一种在社区范围内，基于信用的理念、方式和手段，对居民在社区事务中的信用行为进行量化评价和记录，并以积分形式体现其信用价值和贡献的制度设计与机制安排。社区信用积分是对居民在社区事务中信用行为的一种具体体现。

厘清社区信用积分与社区治理积分的关系，有助于廓清社区信用积分与社区

---

[1] 黄鹏进，王学梦．乡村积分制治理：内涵、效用及其困境［J］．公共治理研究，2022（4）:58-67.

[2] 马九杰，刘晓鸥，高原．数字化积分制与乡村治理效能提升——理论基础与实践经验［J］．中国农业大学学报（社会科学版），2022（5）:53-68.

治理积分的边界，从而避免在社区信用治理的过程中大而化之带来信用的泛化与滥用问题。笔者认为，居民社区信用积分可以有广义和狭义两种不同的理解。狭义社区信用积分只涉及居民在社区公共事务中的信用行为表现；而广义社区信用积分不仅包括其在社区公共事务中的信用行为表现，还包括在其他事务（如个人或家庭事务、邻里事务、商业事务、职业活动等）中的信用行为表现。

狭义的社区信用积分可以理解为社区治理积分的一种类型，两者都围绕居民参与社区公共事务展开，差别是社区信用积分仅体现其在社区公共事务信用方面的行为表现，而社区治理积分还包括除信用行为外的其他方面表现。按照狭义社区信用积分来设计社区信用积分体系，可以使社区信用治理更加聚焦于社区公共事务，着重突出居民在参与社区公共事务方面的信用治理价值与贡献。

广义的社区信用积分与社区治理积分虽然在治理内容上存在重合（即都体现了居民在社区公共事务信用方面的行为表现），但它属于另一种类型的社区积分。除社区公共事务外，广义的社区信用积分还包括了居民在社区其他事务信用方面的行为表现。按照广义社区信用积分来设计社区信用积分体系，可以更加综合的反映居民在社区各类事务中的信用行为表现，有助于建立更加全面的社区信用体系，也有助于为居民提供更加丰富的信用应用场景和渠道，实现个体信用资本的价值。例如，居民不仅可以通过累积的信用积分在社区内享受更多的便利和优惠服务，也可以将积分转化为其他形式的信用资产，用于更广泛的社会活动和交易中。

关于居民社区信用积分与社区治理积分两者的关系，可以用下图来直观表示（见图 10–1）。

《中共中央 国务院关于加强和完善城乡社区治理的意见》中指出，要探索将居民群众参与社区治理、维护公共利益情况纳入社会信用体系。从这一表述可以看出，文件特别强调了纳入社会信用体系建设的范围要围绕居民群众参与社区治理、维护公共利益方面，即应围绕社区公共服务方面。基于此，尽管居民社区信用积分可有广义和狭义两种不同的理解且有各自不同的价值，但作者建议，在社区信用治理过程中采用狭义社区信用积分。为便于区分，在下文中将这类积分称为“社区信用治理积分”。

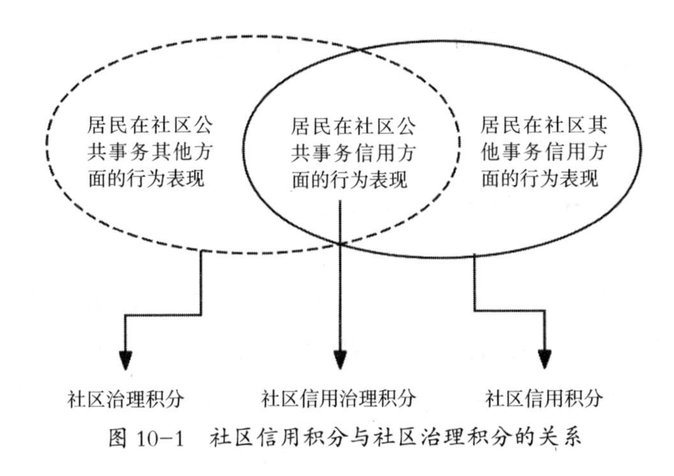


图 10-1　社区信用积分与社区治理积分的关系

# 第二节　社区信用治理积分体系

## 一、社区信用治理积分体系设计的原则

社区信用治理积分体系是社区信用积分治理的关键，也是社区信用体系建设的核心。社区信用治理积分体系的设计要遵循以下基本原则：

第一，公正性和透明度。体系的设计和实施应确保公正性，对所有的社区成员一视同仁。同时，积分规则和计算方式应公开透明，让每个社区成员都能清晰地理解积分的来源和增减原因。

第二，科学性与灵活性。积分体系应科学合理，既能够符合社区治理的现实需求，也能够真实反映社区成员的行为和贡献。同时，积分体系应具有灵活性，应根据实际情况进行调整，以适应新的社区环境和成员需求变化。

第三，激励与约束并重。体系应既能激励社区成员积极参与社区活动、维护社区秩序，又能对不良行为进行约束和惩罚。通过积分奖惩机制，引导社区成员形成正确的行为习惯和社区价值观。

第四，安全性与可持续性。在设计和实施积分体系时，应充分保护社区成员的隐私和数据安全。体系设计要充分考虑长期发展需要，避免短视行为，应充分考虑社区的经济实力和资源状况，合理设置激励标准，以免超出社区的承受能力。

## 二、社区信用治理积分体系的设计

社区信用治理积分项目的设置一方面需要考虑社区治理的实际需求，另一方面必须以法律法规为依据，应制定相应的《社区信用积分管理办法》等地方性规章制度，并通过民主程序将其纳入当地《村民自治章程》《村规民约》或《社区公约》，以契约的形式固化，使其具有较好的自治效力。

社区信用治理积分体系的设计，其内容上应突出社区公共利益，围绕社区公共事务来进行。我们将凡事按照属地原则分担到社区，以社区为单位去组织、协调、运作的公共事务，定义为社区公共事务。社区公共事务可以进一步细分为社区党建、社区服务、社区环境、社区安全、社区经济、社区福利与救济、社区文化与教育、社区健康与卫生等方面。

我们将居民在社区内履行义务、承担责任的行为视为守信，将其违背义务、逃避责任的行为视为失信。具体从正面的守信行为和负面的失信行为两个方面分别对社区居民参与社区信用治理设置积分项目。具体可以参考下方社区信用治理积分设计示例（见图 10-2）。

在积分时，对于正面守信行为应予以加分激励，对于负面失信行为应予以惩戒扣分。守信激励加分主要用于表彰和鼓励社区成员的守信行为和贡献。当社区成员积极履行社会责任、主动承担社区事务并为社区做出积极贡献时，获得相应的加分奖励。失信惩戒扣分主要用于约束或限制社区成员的不当或违规行为，当成员违反了社区规定或行为准则时，扣除其相应的积分作为警示和惩罚，以此维护社区的秩序和规则。

信用积分的加分项与扣分项设置，一方面需有足够的法律作为依据，另一方面应有导向性。在实际操作中经常会碰到这样的问题：凡是居民履行了义务、承担了责任是不是就一定要加分，或者只要不履行义务、不承担责任就一定要扣分，这得视情况而定。

居民的义务可以分为法定义务、道德义务与社区义务三层。法定义务是宪

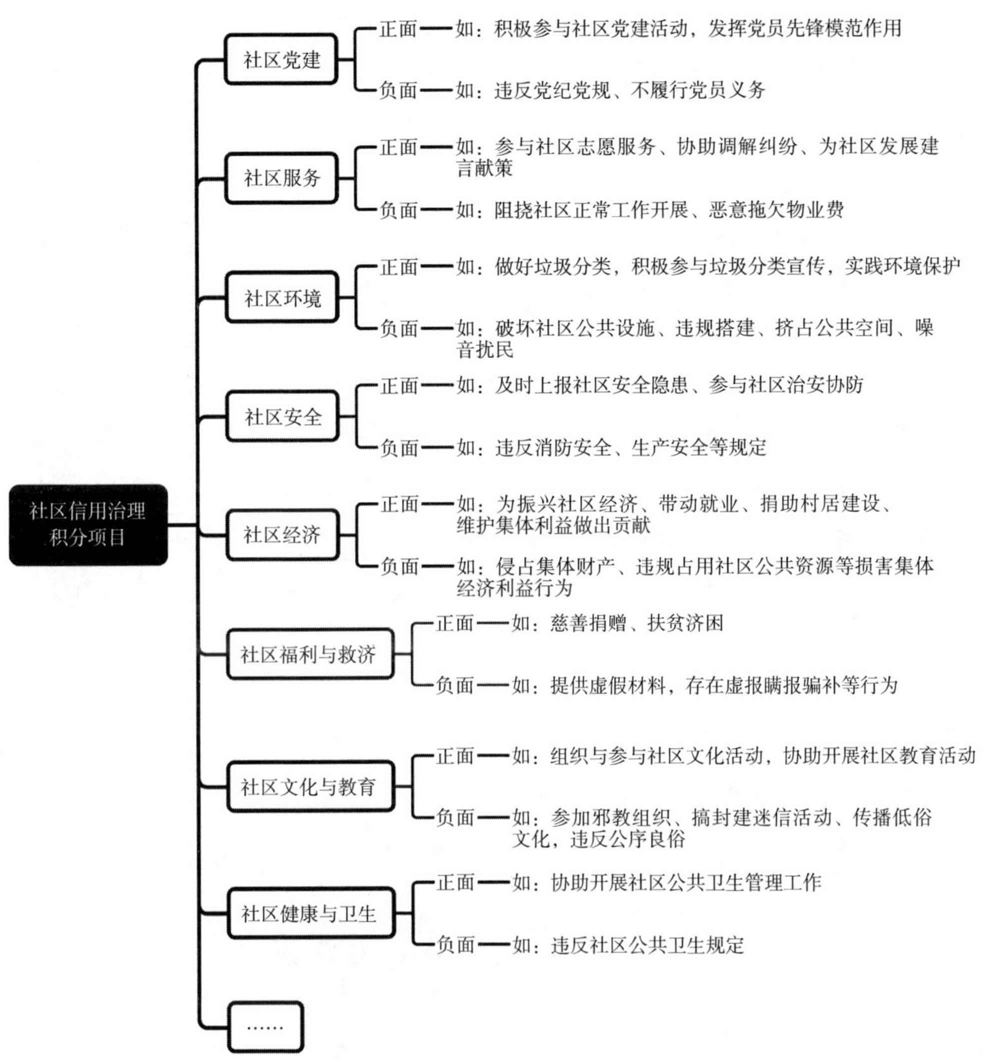

图 10-2　社区信用治理积分设计示例

法等法律规定的义务，具有强制性，是每个居民必须要遵守的基本义务，因此应将居民违背法定义务的行为设定为扣分项（履行法定义务不加分）。道德义务是基于道德原则和规范而产生，其实现主要依赖于个人内在的道德自律，或者外部社会舆论的约束。道德义务并不具有法律强制性，但这是社会予以提倡的，因此应将居民履行道德义务的行为设定为加分项（不履行道德义务不扣分）。社区义务是社区层面在自治范围内施加于居民的一种特定义务，尽管其对居民具有较强的内部约束力但往往缺乏足够的法律支撑，因此宜突出对遵守社区义务居民的激励，尤其是现阶段我国社会信用体系法律建设尚不成熟的情况下，建议设定为加分项（不履行社区义务不扣分）。举例来说：应对居民积极参与社区志愿活动的行为予以加分激励（但不能对不参加志愿活动的行为予以扣分惩戒）；应将侵占集体资产和社区公共资源的行为予以扣分惩戒（但不宜对未发生上述行为予以加分激励）。

同理，居民的责任也可以分为法律责任、道义责任和社区责任三个层面。法律责任是居民必须要承担的，因此应将不承担法律责任的行为设定为扣分项（承担法律责任不加分）；道义责任不是法律规定必须要承担，但值得提倡，因此应将主动承担道义责任的行为设定为加分项（不承担道义责任不扣分）。社区责任同样是社区自治范围内施加于居民的一种特定责任，在缺乏足够的法律依据条件下，对承担社区责任的居民予以加分激励（不承担社区责任不扣分）更为合适。

此外，加分与扣分具体分值的设置，还应综合考虑行为的性质、影响的范围和程度、频率、持续性、难易程度以及社区规定与政策等因素后确定。此外，还要考虑计分频率、计分方式和认定等多个因素。

## 第三节　社区居民信用评价

### 一、居民信用评价与居民信用评分

1. 居民信用评价

居民信用评价有广义和狭义之分。广义的居民信用评价，是指对居民社区内外全部信用行为进行全面、系统的评价和量化。这种信用评价不仅仅局限于社区内的信用行为表现，还涵盖居民在社区外各类活动中的信用行为表现。狭义的居民信用评价则更侧重于社区内部事务治理方面，它主要针对居民在社区公共事务中的参与情况、贡献程度及其信用行为表现进行评价和量化。

2. 居民信用评分

信用评级与信用评分是信用评价中常见的两种信用结果呈现方式。信用评级常用于组织的信用评价，而信用评分（或信用分）则更多用于个体的信用评价。因此，针对社区居民个体信用评价，较多采用信用评分的方式。当然，这并不绝对，事实上采用评分或评级更多是一种习惯，并无本质差异。

不过需要特别注意的一点是，信用积分与信用评分却是两个不同的概念。作者在走访调查过程中发现，各地在实践中经常将两者混淆，把信用积分直接当作信用评分，事实上两者是过程与结果的关系。社区信用积分是一个动态的、累积的过程，它基于社区居民在一段时间内的各种信用行为，如遵守社区规定、履行社区义务、参与社区活动、提供志愿服务等，进行相应的积分增减。这个过程实时反映了居民的信用表现，信用积分是信用评分的一个重要依据。社区信用评分，又称信用分，是一种综合反映社区成员参与社区事务或社会事务治理信用状况的符号标识，它是某一时刻基于社区居民过去一段时间内的信用积分以及其他历史信用信息（如履约记录、处罚记录等）进行综合评估后得出的一个分数。

我们可以用下图直观展示居民信用评分的形成过程（见图 10–3）：通过记录居民日常的经济和社会活动，识别其中与信用相关的行为，根据这些行为的正面或负面影响增加或减少信用积分，在某一时刻基于过去一段时间累积的信用积分对其信用状况进行综合评估，最终形成用于反映居民信用状况的符号标识，即信用评分。

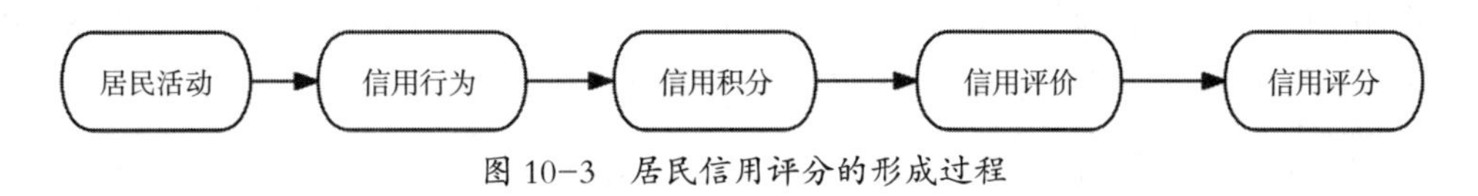


图 10–3　居民信用评分的形成过程

## 二、居民信用评价指标体系设计

居民的信用活动按照其活动的范围大小，可以分为社区内的信用活动和社区之外的信用活动。因此，居民信用评价也可以分为狭义和广义两种。狭义的居民信用评价仅针对居民在社区内的信用活动，它与社区信用积分（或社区信用治理积分）相对应，可以按照前述积分体系，围绕社区各项活动构建信用评价的指标体系；广义的居民信用评价涵盖其在社区内及社区外的全部信用活动。社区外的信用活动具体可分为参与公共事务管理过程的信用活动、市场交易过程中的信用活动和其他社会活动中的信用活动。其中，居民参与公共事务管理过程的信用活动信息由政府部门提供，包括个人在税收、社保、行政管理、公用事业等领域中的公共信用记录；市场交易过程中的信用活动信息则由各类市场主体提供，主要涉及居民在金融、商务、消费等领域中的市场信用表现；其他社会活动中的信用活动信息，则由各类社会组织提供，这主要包括居民在社会公益、社会交往等活动中的社会信用行为。

广义和狭义的居民信用评价指标体系设计可以参考下图（图 10–4）。

除评价指标体系外，评价实施过程中还需要进一步考虑评价标准、指标权重、指标无量纲化和评价模型等。

## 第四节 社区信用积分制实施现状及典型案例

近年来，随着我国社会信用体系建设的重心不断向基层延伸，社区信用积分制作为一种创新的基层治理手段，已在各地社区治理中广泛应用与实践，涌现出了一批具有较强代表性和较好复制推广价值的典型案例。作者结合对各地社区信用积分试点走访调查，按照社区信用积分制的组织形式，分社区自治型信用积分制、政府主导型社区信用积分制、政社共治型社区信用积分制三大类，逐一介绍。

### 一、自治型社区信用积分制及典型案例

自治型社区信用积分制是指由社区自治组织按照社区自治原则设立并自主实施的一种积分管理制度。在该积分组织形式中，社区起着主导作用，强调社

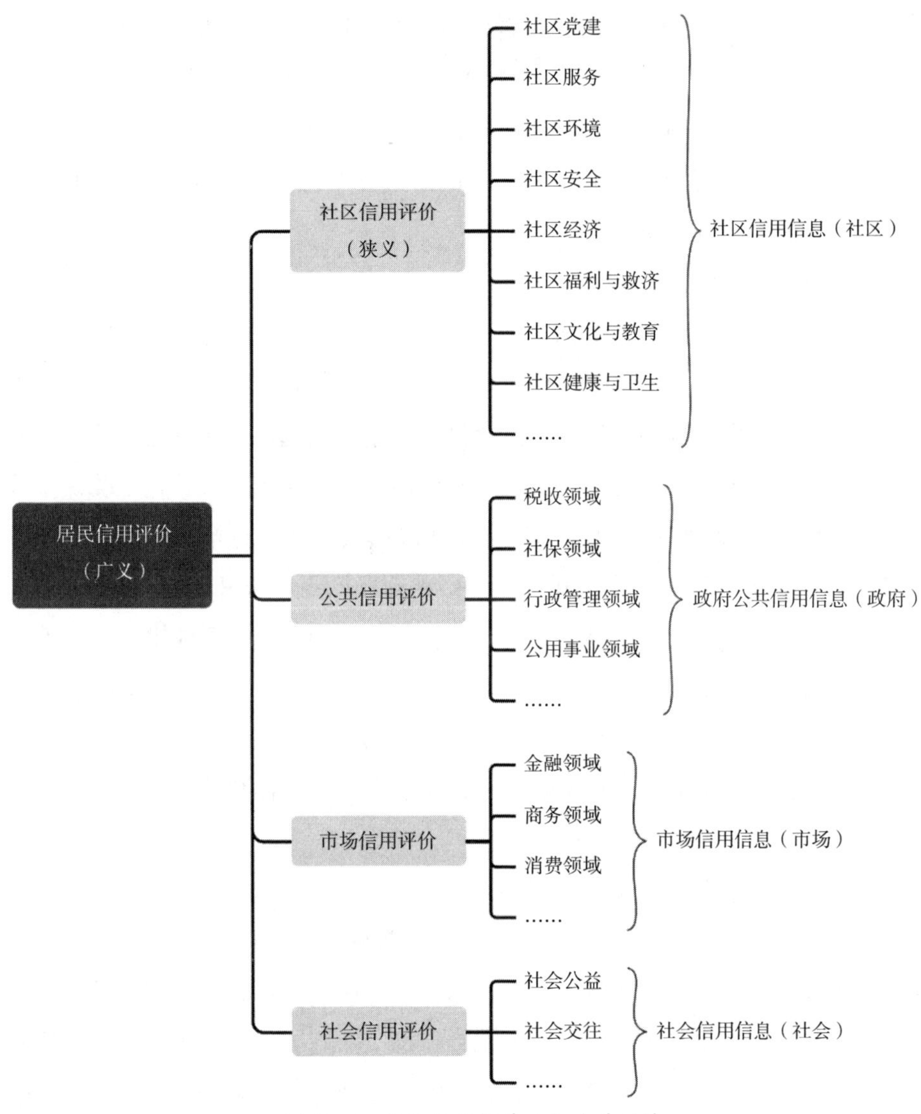


图 10-4　居民信用评价指标体系设计

区成员的自我管理和自我约束，通过信用机制来激励成员参与社区事务、遵守社区规范、为社区发展作出贡献，同时约束成员的不当或违规行为。以杭州萧山“五和众联”积分自治模式为例。

1. 模式概况

该模式源起萧山河上镇众联村“功德银行”。2016 年以来，为解决“合村不合心”问题，调动村民参与村务活动与公益慈善的热情，推动形成团结互助和谐风气，在村委带领下，众联村自发组建“功德银行”，注册成立七彩公德社公益组织，制定《“五和众联”村民通则》(俗称“众联60条”)，对村居家庭和村民志愿组织实施两级评议和积分激励，逐步形成了“和善村民、和美家庭、和睦邻里、和煦村庄、和谐社会”的“五和”之风，成功将“五和众联”模式打造成萧山乡村治理的样本。

2. 治理结构与积分运行

“五和众联”自治模式的运作实行二级评议审议制，设有仲裁小组和现场评议小组。仲裁小组由村里德高望重的人组成，包括村民代表、企业代表、村党委原书记等8人。现场评议小组由全村村民中票选选出，包括党员代表、团员代表、妇女代表、普通村民代表、乡贤代表、社会组织代表、村三委班子代表等18人。由现场评议小组经三分之二评议成员参加并过半同意为有效。评议结果在“五和众联”积分公开栏和“微动众联”平台公开，接受村民监督。对加扣分有异议的，由“仲裁小组”进行仲裁。同时，众联村建立“功德银行”草根组织，成立了赤、橙、黄、绿、粉、蓝六支志愿服务队；2017年，成立萧山区首家农村社区社会组织——众联村七彩公德社注册，全社成员按志愿内容分为助教队、敬老队、洁美队、文艺队、平安队、体育队，将村民志愿服务登记在册并进行积分管理。

3. 积分体系与应用场景

在借鉴国外调解邻里矛盾“皮毛法”的基础上，在政府部门和社区指导下，众联村在2016年12月制定《“五和众联”村民通则》，以家庭为单位，采用积分制形式，一家一账，按照村民积善行德、家庭美德、邻里关系、村庄建设、社会公德，设置了和善村民、和美家庭、和睦邻里、和谐村庄、和德大爱五大板块的加扣分积分目录，实行加扣分。内容涵盖个人行为、家庭美德、邻里关系、村庄建设、社会公德等方方面面。按照积分评选出“十佳家庭、十佳邻里、十佳婆媳、十佳党员、十佳村民”，并给予村民、家庭物质奖励和精神鼓励。河上镇与萧山农商银行合作推出“丰收五和卡”，对于积分高的村民，给予贷款利率、贷款额度、消费折扣优惠等激励。截至2019年底，萧山农商银行在河上镇辖内共发行“丰收五和卡”3000余张；在众联村、璇山下村、凤凰坞村3个试点村共发放“美德贷款”172户，合计3019.4万元。

河上镇推出“善治河上”App，对“五和众联”进行数字化升级，实现村民积分线上管理。通过依托区级城市大脑，本着因地制宜、循序渐进、节约成本的原则探索建立村域数字积分系统，推进线上参与、智慧管理、实时可查，提升乡村治理数字化水平。萧山区将“五和众联”乡村治理模式向全区352个行政村推广，并逐渐形成了“一核心、四架构、五目标”的“145”基层社会治理体系，即以党的引领为核心，搭建工作体制、指标体系、评议流程、协同机制四套架构，实现村民和善、家庭和美、邻里和睦、村庄和煦、社会和谐五个目标。

4. 模式总结

“五和众联”是一种社区自发形成的，满足村社以“自我管理、自我服务、自我教育、自我监督”为目的的基层自治模式，它并未自下而上（或自上而下）形成较为完整的组织体系，只在最基层形成了满足自我治理最基本需求的组织架构。“五和众联”完全以村规民约和村民自律为准绳，在政府监督与指导下，通过充分调动村“两委”、村民家庭、村民组织参与基层治理的主动性和积极性，较好地实现了政府治理和社会调节、居民自治良性互动。

“五和众联”自治模式目前也存在一些不足。例如，基层信用组织总体上较为松散，保障能力弱，且各试点之间没有形成有效的建设合力；基层自身可以调动的资源极其有限，对行政资源和社会资源的借力远远不够；应用场景单一，激励手段和力度有限；社区信用信息体系是不完整的，信息来源较为单一，主要以村民自治信息为主；信用信息基础设施较为薄弱，整体的信息化水平不高等。

## 二、政府主导型社区信用积分制及典型案例

政府主导型社区信用积分制是一种自上而下由政府部门统一组织并在社区实施的信用积分管理制度。在该积分组织形式中，政府扮演主导者和推动者的角色，负责制定信用积分规则、提供资金支持、搭建信用信息管理平台，并通过奖惩机制来激励社区成员的守信行为，同时惩戒失信行为。在政府主导的社区信用积分制中，社区往往扮演着辅助者角色，起协助政府进行积分管理工作

的作用。以山东威海市“文登模式”为例深入剖析。

1. 治理结构与积分运行

山东省威海市文登区推行的农村居民信用积分制是典型的政府主导型社区信用积分管理机制。其特点是将社会信用体系逐级下沉至社区基层，针对村社居民自上而下建立“区—镇街—社区”三级信用积分治理体系。其大致做法是[1]：

区社会信用中心负责农村居民信用积分管理的指导、协调工作，负责农村居民信用信息管理系统的建设工作。区农业农村局负责农村居民信用工作的具体指导及工作推进。各镇街负责指导本区域内所辖村居履行好民主程序，推进“契约化 + 信用工作”；负责本区域内的农村居民信用积分管理工作，负责本镇街信用信息管理系统的管理维护工作，并负责报送区级信用信息。各村居负责组织履行民主程序，将办法纳入《村民自治章程》或《村规民约》；负责本村居民的信用信息的采集和信用积分管理工作，管理维护本村信用信息数据库，并向所属镇街报送区级信用信息。农村居民社会信用信息采集工作由村信用工作领导小组组织实施，采取固定信息采集员、居民主动申报、使用技术手段等多种方式及时采集。村级信用议事会应及时对本村采集的信用信息进行议事、认定，并定期上报所属镇街、经镇街审核后，上传至区社会信用管理平台。

2. 积分体系

文登区农村居民社会信用积分采取千分制，依据积分开展信用评价，实施星级管理。默认基础分为 1000 分。信用积分 = 基础分 + 加分分值 – 减分分值。设五星、四星、三星、二星、一星、零星六个等次，基础星为二星，五星为最高信用等次，零星为最低信用等次。各级别对应的具体分值如下：五星信用等次为年度评价指标得分在 1080 分及以上；四星信用等次为年度评价指标得分在 1050~1079 分；三星信用等次为年度评价指标得分在 1020~1049 分；二星信用等次为年度评价指标得分在 980~1019 分；一星信用等次为年度评价指标得分在 830~979 分；零星信用等次为年度评价指标得分在 829 分及以下。

信用信息评价指标得分，是按照农村居民信用信息评价标准予以加减分。

[1] 主要根据 2023 年颁布实施的《威海市文登区农村居民信用积分评价办法》。

按照 2023 年公布的评价办法，农村居民信用信息指标分守信信息和失信信息两大类，具体指标见下图（图 10–5）。

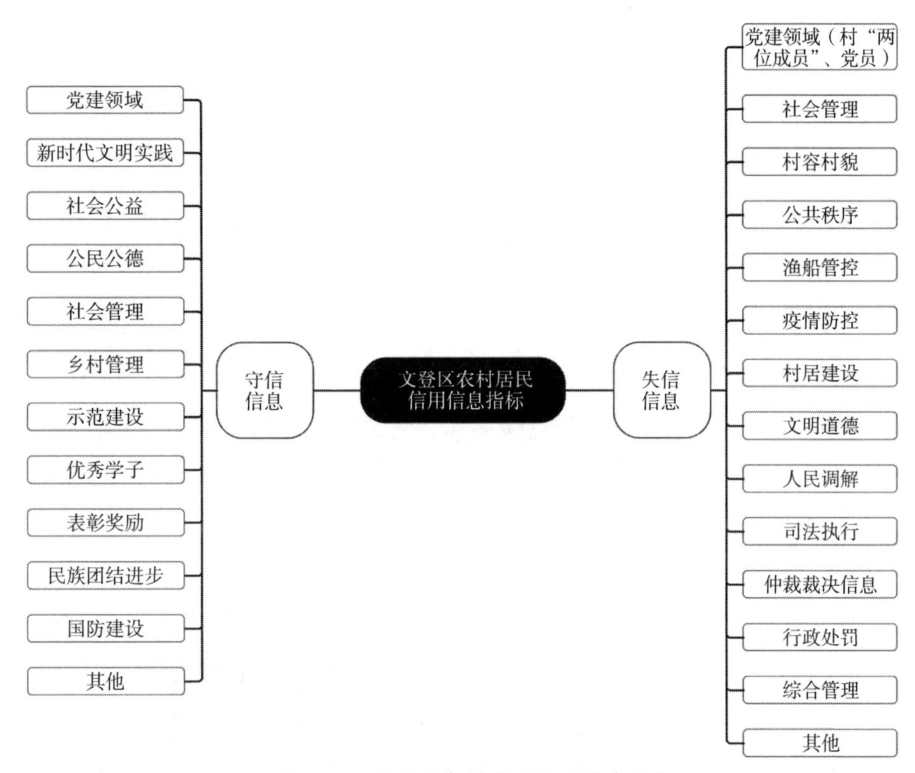


图 10–5　文登区农村居民信用信息指标

文登区农村居民社会信用信息积分和评价遵循以下原则：第一，农村居民社会信用等级评价周期为一个自然年度。第二，农村居民信用信息事项评价有效期均不超过一年，有效期截止到当年的 12 月 31 日。失信行为处于未改正的持续状态延续至下一年度的，在下一年度继续认定、减分，直至整改完成年度。第三，农村居民的基础信息和其他信息不参与信用评价。第四,一个守信行为同时适用两项及以上不同信用信息评价标准的，按最高加分计算，不重复累计。第五,一个失信行为同时适用两项及以上不同信用信息评价标准的，按最高减分计算，不重复累计。第六，农村居民的未成年子女及在校学生，在所居住村内的守信行为，按农村居民同等标准认定计分，产生的信用积分可计入其所在家庭的户主的信用积分。第七，信用信息评价标准中对家庭（户）的加减分项目，均将积分计给该家庭（户）的户主。

## 三、政社共治型社区信用积分制及典型案例

政社共治型社区信用积分制是一种由政府与社区组织紧密协同、共同治理的信用积分管理制度。在该积分组织形式中，政府和社区分工协作，政府负责监督指导、场景搭建与政策支持等，而社区则负责信用积分管理规则的制定、积分工作的具体执行和日常管理，通过政社协同，形成合力，共同推进社区治理效能的提升。

政社共治型社区信用积分较为典型的案例有浙江省杭州市萧山区瓜沥镇信用积分治理体系。该案例根据作者团队 2023 年参与当地“信用 + 社区治理”试点建设相关经历，在瓜沥镇多个社区的实地走访，以及对镇街政府和村社干部群众的访谈基础上，结合互联网公开信息，整理而成。

1. 模式概况

早在 2020 年，杭州市萧山区瓜沥镇便自上而下构建了一套社区治理积分体系——“沥积分”。该积分体系以萧山区瓜沥镇数字化治理系统——“沥家园”数字化治理平台为依托，自 2020 年实施以来，目前在瓜沥下辖的 63 个村、11 个社区实现全覆盖。“沥积分”包括镇级积分、村社积分两套积分体系，户籍用户拥有镇、村（社区）两个积分钱包，新瓜沥人拥有镇级积分钱包。截止 2024 年 3 月，“沥家园”平台上实际注册总人数达 62,056 人，村社有效积分总数 6.8 亿分，村社积分兑换数 3.6 亿分，镇下发总积分数 4.4 千万分，兑换总积分数 3.9 千万分。按照目前积分汇率大约每 60 个积分兑 1 元钱计算，积分已兑换物资的实际经济价值超 660 余万元。

2. 治理结构与积分运行

从积分组织形式看，“沥积分”属于政社共治型积分，瓜沥镇政府和村社通过分工协作，协同完成积分的运转，其中，政府负责镇级层面积分规则的制定、政策资源的导入、系统平台的搭建、积分管理和监督等工作，而村社则负责具体的积分运作，如村社内部积分内容的设定、积分发放、信息的采集、积分的评议、积分兑换等。每个村社拥有相对独立的自主权和灵活性，镇、村

（社）两级资金的结构设置，一定程度上也起到了以政府少量的“小资金”投入，撬动村社集体和社会“大资金”参与的“以小博大”的作用。

瓜沥镇在全省数字化改革152总体架构下，通过城市大脑和萧山平台支撑，构建了“镇、村（社区）、户”三级治理体系——“沥家园”基层治理体系。“沥积分”在整个瓜沥镇基层治理中发挥着独特的作用。

“沥积分”实行“镇、村（社区）”两级运行。积分分为镇级积分、村社积分两种类型，设有镇级、村级两个积分钱包，开发镇、村两级积分管理通兑结算系统，积分兑换统一通过结算系统进行。镇级、村级积分不互通。其中，镇级积分的主要发放对象是社区工作者（如网格员、微网格员等），一般由镇政府统一发放至各村社，然后由村社根据社工的表现分配给社工，其目的是以积分的形式激励社工参与社区建设，积分兑付的资金由镇财政资金承担。村级积分由各村社组织，积分规则需通过三（两）委会、代表大会通过，积分兑换资金由村社集体资金承担。村社自主发放积分的对象为当地户籍村社居民。积分发放分为沥家园系统自动发放、村社人工发放两种形式，积分发放后自动到账，无需领取。村社自主发放需由村社书记进行审核，沥家园管理后台将发放详情以短信形式发送给村社书记，书记审核同意后将短信验证码告知沥家园管理员，验证通过后，方可发放。各村社根据情况进行人工赋分，由沥家园管理员通过沥家园管理后台发放一定数量的积分给指定用户，发放积分数量、发放对象由村社自主决定。同时，镇级层面统一制定和实施《瓜沥镇沥家园社会积分管理方案（试行版）》，从制度层面进一步明确了积分产生、积分来源、积分管理和积分应用，为积分运行提供相应的制度保障。为更好指导村社持续高质量运营，加强数字赋能下的村社自治，打造共同富裕示范区基本单元的数字生活样板，2022年，瓜沥镇制定实施《瓜沥镇村社“沥家园”运营管理规范2.0》，进一步明确了村社“沥家园”（包括线上的“沥家园”基层治理系统和线下沥MALL、党群服务驿站、数字工作室三站合一）的运营原则、运营配置、运营要求，对瓜沥镇村社沥家园运营管理进行考核评估。

3. 积分内容与积分规则

从积分内容看，“沥积分”属于综合型积分。其积分项目囊括志愿活动、社区贡献、社区教育、邻里互助、垃圾分类等多项内容。例如，“沥积分”规定：

镇政府会根据微网格员的工作表现、志愿者参与志愿活动的表现，向其发放相应的积分；又如，垃圾分类等村社常规任务，按照规定完成垃圾分类即可获取积分，积分由垃圾分类收集员评估分类情况后进行赋分，通过系统自动累积到户主账户，每户每天最高得 9 分。一些事关村社公共事务的临时活动，各村社可以自行发起临时性的村社活动，居民以自主报名的方式参与，参与或完成指定的任务或活动，便可以领取到相应的积分奖励；又如，社区居民还可发起邻里互助任务，当求助一方发布的互助活动被另一方接收并完成后，就按照事先的约定将自己钱包中的积分转给另一方；此外，村社居民每天阅读、点赞、转发、评论政府推送的新闻，将可以获得不同数量的积分，而这些新闻内容大多事关社区公众的宣传教育。

每项活动具体发放积分的数量，一般由活动组织或发起方，根据实际工作需求、工作量、工作难易度等情况进行相应赋分。一般而言，镇级积分由镇积分管理部门统一明确，村社积分由各村社确定，互助积分则由求助发起方确定。积分使用期限，一般为自积分产生起有效期为 365 个自然日，到期将自动清零。

在积分体系基础上，进一步构建形成信用评分体系。以瓜沥镇梅林社区“梅好信用分”评价体系为例，其评价指标体系构成包括公共信用分、“沥积分”和城市信用分三部分（见图 10–6）。这一体系最大的特点就是融合了公共信用、市场信用和社区治理信用三部分。

4. 积分应用场景

“沥积分”目前最主要的应用场景为用积分兑换商品、服务或享受优惠待遇。瓜沥镇打造了镇、村两级积分兑换实体：村社沥 MALL 商店和“沥家园”合作联盟。

村级积分可在本村社沥 MALL 商店兑换相应的权益。目前瓜沥下辖三个片区（瓜沥片、坎山片、党山片）共设有村级联盟商家 78 家（含 1 家无人超市）。由于各村社集体的财力不同，每个村社投入积分兑换的资金存在差异，所以目前村社级联盟商家一般只允许本村社内部用户使用积分兑换，不能跨村社兑换。积分具体兑换的权益则由各村社沥 MALL 自行定价。

为拓宽积分使用渠道，增加用户选择，减轻村社驿站开放压力，于 2022

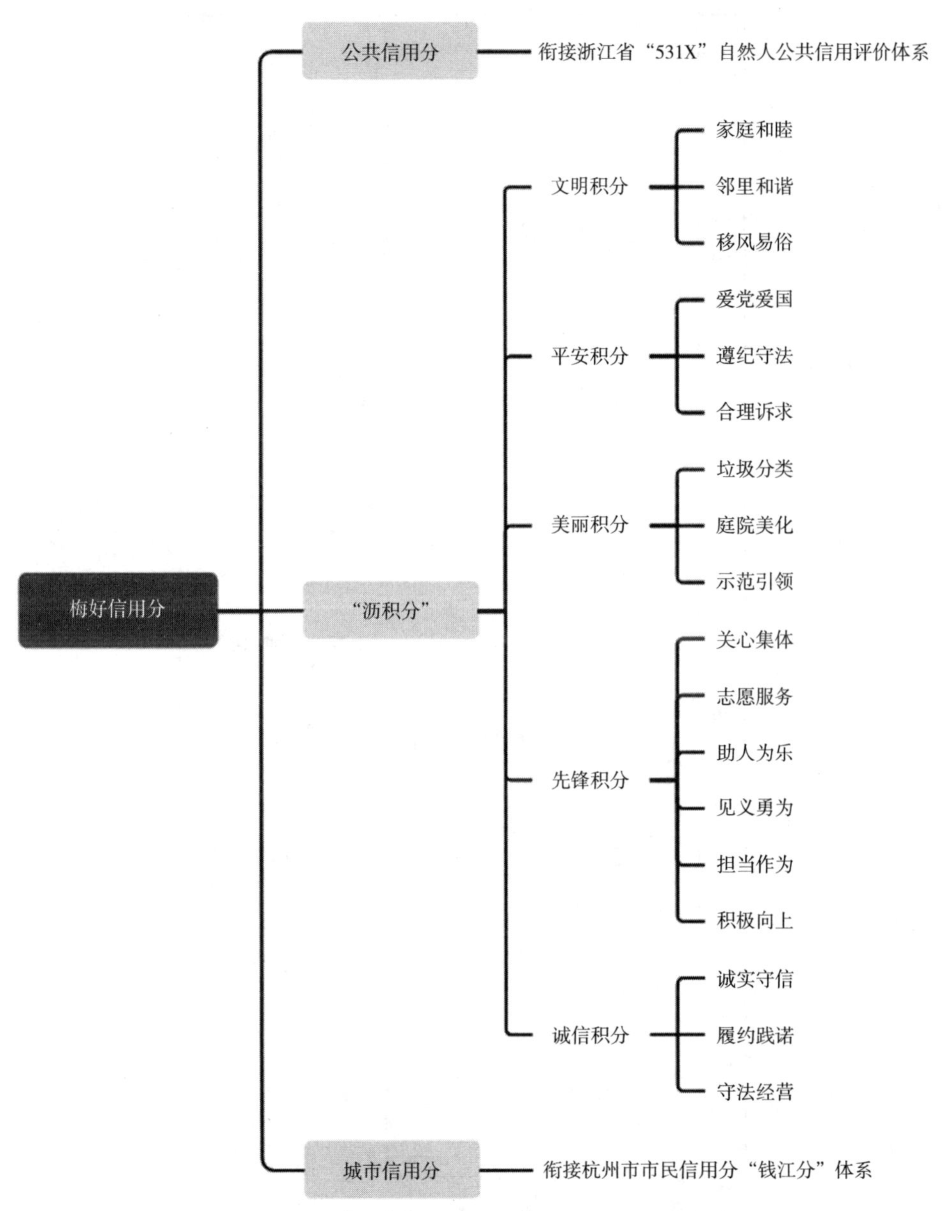


图 10-6　瓜沥镇梅林社区“梅好信用分”评价体系

年 5 月成立“沥家园”村级联盟（见表 10-1）。镇积分可在镇内沥 MALL 店及沥家园联盟店兑换相应的商品、服务、优惠等。目前参与“沥家园”联盟的商户数量多达 200 余家，涵盖了银行、大型商超、餐饮店、美容美发、电影院、汽车等众多行业领域，可兑换的商品种类、商品数量或享受的优惠待遇由联盟

表 10-1 “沥家园”村级联盟

| A片（28家） | | B片（25家） | | C片（25家） | |
|---|---|---|---|---|---|
| 航民村沥 MALL | 永福村沥 MALL | 凤升村沥 MALL | 八大村沥 MALL | 党山村沥 MALL | 长联村沥 MALL |
| 明朗村沥 MALL | 友谊村沥 MALL | 荣新村沥 MALL | 新港村沥 MALL | 信源村沥 MALL | 解放村沥 MALL |
| 东恩村沥 MALL | 永联村沥 MALL | 勇建村沥 MALL、吉卖隆超市 | 三岔路村沥 MALL | 梅林村沥 MALL、无人超市 | 山北村沥 MALL |
| 如松村沥 MALL | 沙田头村沥 MALL | 塘上社区沥 MALL、吉卖隆超市 | 建盈村沥 MALL | 八里桥村沥 MALL、小村鲜市 | 大池溇村沥 MALL |
| 大义村沥 MALL | 横埂头村沥 MALL | 群谊村沥 MALL | 梅仙村沥 MALL | 车路湾村沥 MALL | 山三村沥 MALL |
| 东湖村沥 MALL | 渭水桥村沥 MALL | 张神殿村沥 MALL | 国庆村沥 MALL | 世安桥村沥 MALL | 众安村沥 MALL |
| 长巷村沥 MALL | 靖一村沥 MALL | 孙家弄村沥 MALL | 三盈村沥 MALL | 官一村沥 MALL | 开源村沥 MALL |
| 群联村沥 MALL | 隆园社区沥 MALL | 东社村沥 MALL | 工农村沥 MALL | 前兴村沥 MALL | 单木桥村沥 MALL |
| 渔庄村沥 MALL | 塘头社区沥 MALL | 民丰河村沥 MALL | 万安村沥 MALL | 群力村沥 MALL | 中沙村沥 MALL |
| 低田畈村沥 MALL | 芭蕉砚社区沥 MALL | 甘露亭村沥 MALL | 下街社区沥 MALL | 群益村沥 MALL | 张潭村沥 MALL |
| 进化村沥 MALL | 东灵社区沥 MALL | 沿塘村沥 MALL | 新凉亭社区沥 MALL | 兴围村沥 MALL | 南大房社区沥 MALL |
| 东方村沥 MALL | 航坞社区沥 MALL | | 振兴社区沥 MALL | | 碧苑新村社区沥 MALL |
| 运东村沥 MALL | 城中社区沥 MALL | | | | |
| 运西村沥 MALL | 七彩社区沥 MAL | | | | |

商家自行确定。“沥家园”联盟商户在用户账户按60分=1元的比例核销积分，定期根据发放主体进行财务结算。“沥家园”联盟商户提供优惠券、积分置换、折扣等形式的优惠，由用户通过一定额度积分兑换优惠权益。优惠部分由商户让利承担，不再结算，截至目前累计兑换量约4亿分。

## 第五节　问题与政策建议

### 一、存在问题

在我国大规模的社会信用体系建设过程中，各地涌现出一大批社区信用积分治理的试点，但从作者走访调查来看，其中不少社区的信用积分是将原有的社区治理积分直接“改头换面”而来。这样的做法虽然一定程度上满足了当前广大基层社区借力社会信用体系建设，创新基层治理的实际需要，但这一做法也引来一些争议，如它扩大了信用的外延，带来治理过程中的信用泛化等问题。整体而言，当前社区信用积分制还存在以下问题：

1. 缺乏长效机制

第一，缺乏明确的法律法规支撑。在社区积分治理领域，目前尚缺乏明确的法律法规支撑，这导致了积分制度在实施过程中法律依据不足，其合法性和合规性常常受到质疑。这种法律层面的缺失不仅可能引发法律纠纷和争议，而且使基层政府和社区在推进积分治理时显得底气不足，难以形成对社区居民的有效约束和激励。积分制度的公信力和有效性因此受到严重影响。

第二，缺乏统一的规范性文件指导。基层政府在推动社区积分治理过程中，应发挥积极作用，制定统一的规范性文件，为社区积分治理提供明确的操作指南和规范。然而，现实情况是，尽管政府层面对推动社区积分治理持积极的态度，但对社区积分治理工作的指导不够，不少地方未能及时出台相关规范性文件，导致社区在积分治理过程中缺乏统一的标准和依据，造成社区在积分治理过程中面临无章可循、操作混乱的困境。

第三，社区积分制度未能与社区自治章程有效融合。村规民约和社区公约是社区居民共同遵守的行为准则，具有广泛的认同感和约束力。将社区积分制度纳入其中，能够更好地与社区居民的日常生活相结合，提高积分制度的认可度和参与度。然而，目前不少社区的积分制度并未与村规民约、社区公约实现有效融合，导致积分制度的影响力受到限制，难以真正发挥其应有的作用。

2. 组织保障能力弱

第一，缺乏专门的积分管理专责机构。很多社区并未在村社“两委”基础上成立专门的机构来负责积分制度的实施和管理工作，人员配备严重不足，职能划分不清晰，无法满足积分治理工作开展的需求。

第二，积分治理的可持续性和稳定性较弱。积分治理工作容易受到外部环境或内部因素的影响，如政策环境的变化、社区内部的组织结构变动与干部调整等，均容易造成积分治理工作的中断。从而损害社区居民对积分制度的信任度，打击参与的热情与积极性。

3. 运行机制不健全

第一，激励机制不完善，缺乏足够的吸引力和动力。当前一些社区的积分奖励措施较为单一，且与实际需求脱节，导致居民参与积分活动的积极性不高，积分制度难以发挥应有的作用。

第二，积分监督机制也存在问题，缺乏有效的监管和约束。这导致在积分管理过程中可能出现违规行为，如虚假申报、滥用积分等，严重损害了积分制度的公信力和公正性。

第三，积分反馈机制不健全，居民对于积分结果的反馈和申诉渠道不畅。这使得当居民对积分结果产生异议时，难以得到及时、有效的解决，进一步削弱了积分制度的公信力和有效性。

4. 资金来源与使用面临较大挑战

第一，资金来源单一，保障能力弱。积分兑换活动需要长期的资金支持来保持其稳定性和吸引力，但许多社区的积分兑换资金主要依赖于有限的社区自筹或政府补贴，缺乏多元化的资金来源。

第二，资金使用缺乏透明度。社区在筹集、发放和使用积分兑换资金时，往往缺乏公开透明的财务管理制度，存在过度发放导致积分实际兑换与最初承诺不符乃至最终无法兑现的风险，一定程度上影响居民对积分的信任度和参与意愿。

5. 应用场景匮乏，社会参与不足

第一，社区积分治理面临着应用场景匮乏的困境。目前，积分的使用范围相对狭窄，主要局限于社区内部的实物兑换和精神鼓励，而在更广泛的政府公共服务领域和市场消费领域中的应用则显得较为有限。这导致积分的价值和作用未能得到充分发挥，居民的参与热情也受到了一定程度的制约。

第二，社会力量参与社区积分治理整体不足。社区积分的价值认定缺乏明确的衡量标准，这使得市场和社会力量对参与社区积分治理的兴趣不高。同时，社区与市场主体、其他社会力量之间的合作模式和利益分配机制尚未完善，这也限制了社会力量的积极参与。

第三，社区积分缺乏统一的标准。目前，各个地方或社区往往根据自己的实际情况和需求来制定积分管理办法，积分计算方式、兑换比例、使用范围等都不尽相同，由于缺乏统一的标准，这使得跨社区、跨地区的积分互认和使用变得异常困难，也限制了积分治理的推广和应用。

## 二、对策建议

在社区积分治理过程中，仅仅将积分的内容局限于社区居民（家庭）信用相关维度，并不符合各地社区治理的实际需求。当务之急，应充分借力社会信用体系建设的成果，将信用资源下沉至社区基层单元，拓宽资金来源渠道、丰富积分应用场景、拓宽社会参与渠道以及推动跨区域合作。

1. 拓宽资金来源渠道

实现资金筹措多元化，通过争取政府补贴、吸引企业赞助、发动社会捐赠等多种方式，确保积分兑换活动的稳定资金来源。同时，建立健全公开透明的财务管理制度，加强对资金使用的监管，确保每一笔资金都能得到合理有效的利用。此外，定期向居民公布资金使用情况，增强居民对社区积分治理的信任度和满意度。

2. 丰富积分应用场景

扩大积分使用范围，不仅局限于社区内部，还应积极与政府公共服务、市场消费等领域对接，使积分能够在更广泛的领域发挥作用。创新积分兑换方式，提升积分价值。

3. 拓宽社会参与渠道

构建多元化参与平台，建立积分价值认定机制，明确积分的衡量标准，增强市场和社会力量对积分的认可度，提高他们参与社区积分治理的积极性。完善合作模式和利益分配机制，探索社区与市场主体、其他社会力量的合作模式，建立合理的利益分配机制，实现共赢发展。

4. 推动跨区域合作

制定全国或区域性的积分管理规范，明确积分计算方式、兑换比例、使用范围等关键要素，为跨社区、跨地区的积分互认和使用提供统一标准。加强跨区域合作与交流，推动不同社区之间的合作与交流，分享积分治理的成功经验和实践案例，共同推动社区积分治理的创新与发展。

## 第十一章

# 社区党组织诚信评价问题研究

在社会治理现代化进程中，社区党组织作为引领社区发展的核心力量，其诚信状况不仅关乎党的形象与威信，更直接影响到社区信用治理的成效与居民福祉。本章聚焦于社区党组织诚信评价问题，旨在探讨社区党组织参与社区信用治理的必要性，梳理党建引领社区信用体系建设的实践探索与成效，深入分析当前社区党组织在诚信评价方面面临的挑战与困境，并在此基础上提出针对性的建议与对策。

## 第一节　社区党组织参与社区信用治理必要性

加强基层治理体系和治理能力现代化建设的关键在于加强基层党组织建设、增强基层党组织政治功能和组织力。2023 年 1 月 9 日，习近平总书记在中国共产党第二十届中央纪律检查委员会第二次全体会议上发表重要讲话时指出：“制定实施中央八项规定，是我们党在新时代的徙木立信之举，必须常抓不懈、久久为功，直至真正化风成俗，以优良党风引领社风民风。”

当前，不少地方的社区党组织软弱涣散、组织力欠缺，群众身边腐败问题和不正之风较为突出。先锋模范作用不突出，党组织在社区治理中未能充分发挥其应有的先锋模范作用，缺乏群众的信任与支持基础，进而导致其在社区治理中的公信力不足。因此，加强社区党组织与基层党员干部信用建设，树立社区党组织在群众中的公信力，将基层党组织建设成领导基层治理的坚强战斗堡垒，已成为一个紧迫性的问题。

党组织在社区信用治理中扮演着多重角色，发挥着引领、组织、推动、协调、监督等多方面的作用。社区党组织作为基层治理的重要力量，其诚信建设直接关系到党的形象和群众的切身利益。加强党的基层组织建设，健全基层治理党的领导体制，是《中共中央 国务院关于加强基层治理体系和治理能力现代化建设的意见》的明确要求。让基层党组织在社区信用体系建设中发挥核心领导作用，以党建为引领，通过加强社区党组织自身诚信建设，树立诚信形象，有助于提升党组织的凝聚力和战斗力，带动社区成员共同参与诚信建设。

## 第二节　党建引领社区信用体系建设的实践情况

目前，不少地方以党建引领社区信用体系建设，进行了积极的探索与尝试，积累了宝贵的实践经验。下面重点介绍山东省荣成市“红色信用体系”做法经验[1]。

荣成市创新构建“党建引领、信用支撑、党群共治、智联共享”的城市基层治理新格局。2017 年,《荣成市城市社区居民暨在职党员信用管理实施办法》印发，将城市社区居民和在职党员纳入信用管理。2020 年出台的《荣成市城市社区信用管理办法》中，将社区党员、驻区单位党组织、“两新”组织党组织等纳入管理，明确了 145 条守信细则、83 条失信细则，大到党组织和党员队伍建设，小到社工日常管理，都有一套精细规范的量化考评和奖惩体系，党组织和党员的表现一目了然。通过突出信用支撑凝聚各方力量。荣成市以“党建 + 信用”为突破口，探索运用 1 套机制，盘活 4 支力量共同参与。“1 套机制”，即红色信用积分管理，将在职党员、居民、驻区单位、社会组织等 9 类主体纳入管理，创建全省首家“红色信用银行”，吸引 12 类 400 余家企业和个体工商户入驻，惠及 16 万人次。“4 支力量”，即将驻区单位、社会组织、物业企业、社区党员群众纳入信用管理，加强信用管理评价，形成共建共享局面。

以荣成崖头街道河西社区为例。2019 年，为解决城市老旧小区管理中的各类“顽疾”，提高居民对社区活动的关注度与参与度，社区组建以在职党员、

---

[1] 该案例由作者根据荣成市“红色信用体系”建设相关公开报道整理而成。

网格员、协管员、楼栋长为主体的信用带动队伍，制定了社区信用管理办法，将居民、党员、楼长（楼栋长）、社区工作者、网格长、驻区单位、市场主体、社会组织、物业公司 9 类主体纳入社区信用评价范围，涵盖协商议事、慈善捐助、心理疏导等 145 项正面行为，乱停车辆、乱搭乱建、经营扰民、寻衅滋事等 83 项负面行为，以制度约束规范社区治理主体行为。2019 年，在试点运行基础上，社区正式组建全国首家“红色信用银行”载体，为社区每位党员、居民志愿者和商户、社会组织建立“红色信用账户”并实施“红色信用积分”管理，将信用积分以可兑换的信用币形式存入社区“红色信用银行”；同时，吸引辖区爱心商企成立“红色信用联盟”，为积分兑换提供奖品、服务和资金，对参与共建的主体进行信用加分和政策扶持等激励。从而形成一整套“共建—积分—兑换—表彰—带动—共建”的闭环工作机制，充分调动了各方参与社区共建共治的热情。截止 2021 年上半年，通过“12+2”表彰兑换机制，吸引 368 家商企提供优惠政策 689 项，累计开展兑换活动 50 余场次，惠及激励居民 2800 余人次；信用联盟促成信用商家之间合作 20 余项，达成交易 90 余项，累计成交 300 余万元，实现了共赢共享的局面。

2020 年以来，荣成市在总结河西社区“红色信用银行”实践经验基础上，以“党建 + 信用”为突破口，在市级层面成立红色信用联动指挥中心，建立市、街道、社区三级信用联席会议制度，形成上下贯通的红色信用组织领导体系。通过运用“红色信用积分管理”机制，荣成市盘活了驻区单位、社会组织、物业企业和社区党员群众四支力量共同参与“红色信用体系”建设。在全市 43 个社区全面推广“红色信用银行”做法，建立红色信用服务中心，为每个社区投入不少于 20 万经费，整合驻区单位等资源开展服务活动；吸引 12 类 400 余家企业和个体工商户入驻，对党员群众实施红色信用表彰和激励共 16 万人次；组织 86 家机关企事业单位、299 个支部与社区网格党支部联建结对，采取“社区反馈 + 居民测评”的方式进行评价，形成单位政务诚信积分和个人红色信用积分；将红色积分与资金补助相结合，“孵化”296 家社会组织，打造了邻里守望、文明交通等 8 大类 60 个项目，组织活动 4800 多场；组建“红色物业信用联盟”，将 44 家物业企业纳入党建覆盖和规范化管理，设立 500 万元专项资金，带动物业企业提升服务水平。

荣成市“红色信用体系”以“党建 + 信用”为突破口，通过运用“红色信用积分管理”机制，盘活社区信用建设的四支力量，第一次在县域城市社区层面上建立了一套完整的“红色信用积分”管理体系，实现了基层主体的全覆盖，为城乡社区大范围信用协作提供了有益的借鉴。

## 第三节　社区党组织诚信评价问题研究

为了全面反映社区党组织在诚信建设方面的表现，构建一个科学、合理的诚信评价指标体系[1]显得尤为重要。从目前文献检索的结果来看，相关研究较为欠缺。作者从法定履职情况、信息公开程度、公共服务质量、廉洁从政情况、诚信守约情况、公平正义表现、社会责任担当以及党员群众满意度八个方面，尝试构建社区党组织诚信评价指标体系（见图 11–1）。

第一，法定履职情况。社区党组织作为基层治理的核心力量，其法定履职情况是衡量其诚信建设的重要标准。法定履职情况的评价旨在确保党组织在职责范围内，严格依照法律法规和党的政策行事。评价这一方面的主要指标包括党组织是否按法定程序、标准、时限完成职责，是否存在违法违规行为等。通过这一评价，可以确保党组织在履行职责时既符合法律要求，又能够维护党的形象和公信力。

第二，信息公开程度。信息公开是提升社区党组织透明度、增强群众信任感的关键环节。信息公开程度的评价主要关注党组织是否主动公开党务信息，包括组织建设、工作动态、决策过程等。评价时还需考虑公开信息的及时性、准确性和完整性。通过这一评价，可以确保党员和群众能够及时、全面地了解

[1] 由于社区党组织是党的基层组织，不具备独立的行政权、财务权，不能承担民事责任，不是法人。社区党组织的信用评价更多考虑组织的诚信与合规维度，不涉及经济层面履约践约维度，因此，文中将其称为“社区党组织诚信评价”，较“社区党组织的信用评价”更为准确。

党组织的工作情况，进而提升其对党组织的满意度和支持度。

第三，公共服务质量。社区党组织作为服务群众的前沿阵地，其公共服务质量直接关系到群众的切身利益。公共服务质量的评价主要关注党组织在提供公共服务时的态度、效率和效果。评价时还需考虑服务内容是否符合群众需求，是否真正解决了群众的实际问题。通过这一评价，可以促使党组织不断提升服务质量和水平，更好地满足群众的需求和期望。

第四，廉洁从政情况。廉洁从政是党组织建设的永恒主题。廉洁从政情况的评价主要关注党组织及其成员是否秉持廉洁自律的原则，是否存在贪污、受贿、挪用公款等违法违纪行为。评价时还需考虑党组织是否建立了有效的反腐倡廉机制，是否对违法违纪行为进行了严肃处理。通过这一评价，可以确保党组织在行使职权时始终保持清正廉洁的形象，维护党的公信力和形象。

第五，诚信守约情况。诚信守约是党组织与党员、群众建立良好关系的基础。诚信守约情况的评价主要关注党组织是否遵守合同、承诺，履行自己的义务。评价时还需考虑党组织是否存在违约、失信等行为，是否损害了党员、群众和其他组织的合法权益。通过这一评价，可以促使党组织树立诚信意识，严格遵守合同和承诺，维护良好的社会形象和声誉。

第六，公平正义表现。公平正义是党组织行使职权时必须遵循的基本原则。公平正义表现的评价主要关注党组织在行使职权时是否公正、公平、公开，是否保障了党员、群众的合法权益。评价时还需考虑党组织在处理矛盾纠纷时是否公正合理，是否维护了社会的公平正义。通过这一评价，可以确保党组织在行使职权时始终坚持公平正义的原则，为社区的和谐稳定提供有力保障。

第七，社会责任担当。社会责任担当是党组织作为社会组织的重要体现。社会责任担当的评价主要关注党组织是否积极承担社会责任，参与公益事业，为社区和谐稳定、经济发展做出贡献。评价时还需考虑党组织在推动社区发展、服务群众方面所取得的成效和贡献。通过这一评价，可以促使党组织更加积极地履行社会责任，为社区的繁荣和发展贡献自己的力量。

第八，党员群众满意度。党员群众满意度是衡量党组织工作成效的重要标准。党员群众满意度的评价主要通过问卷调查、座谈会等方式进行，了解党员和群众对党组织在诚信建设方面的满意度。评价时还需考虑党员和群众对党组织工作的意见和建议。通过这一评价，可以及时了解党组织在诚信建设方面存在的问题和不足，促使其不断改进和提升工作质量，增强党员和群众对党组织的信任和支持。

以上八个方面可以根据实际情况进行具体细化和量化，形成一套完整的社区党组织诚信评价指标体系。同时，评价过程中应坚持客观公正、科学严谨、全面准确的原则，确保评价结果的公正性和有效性。

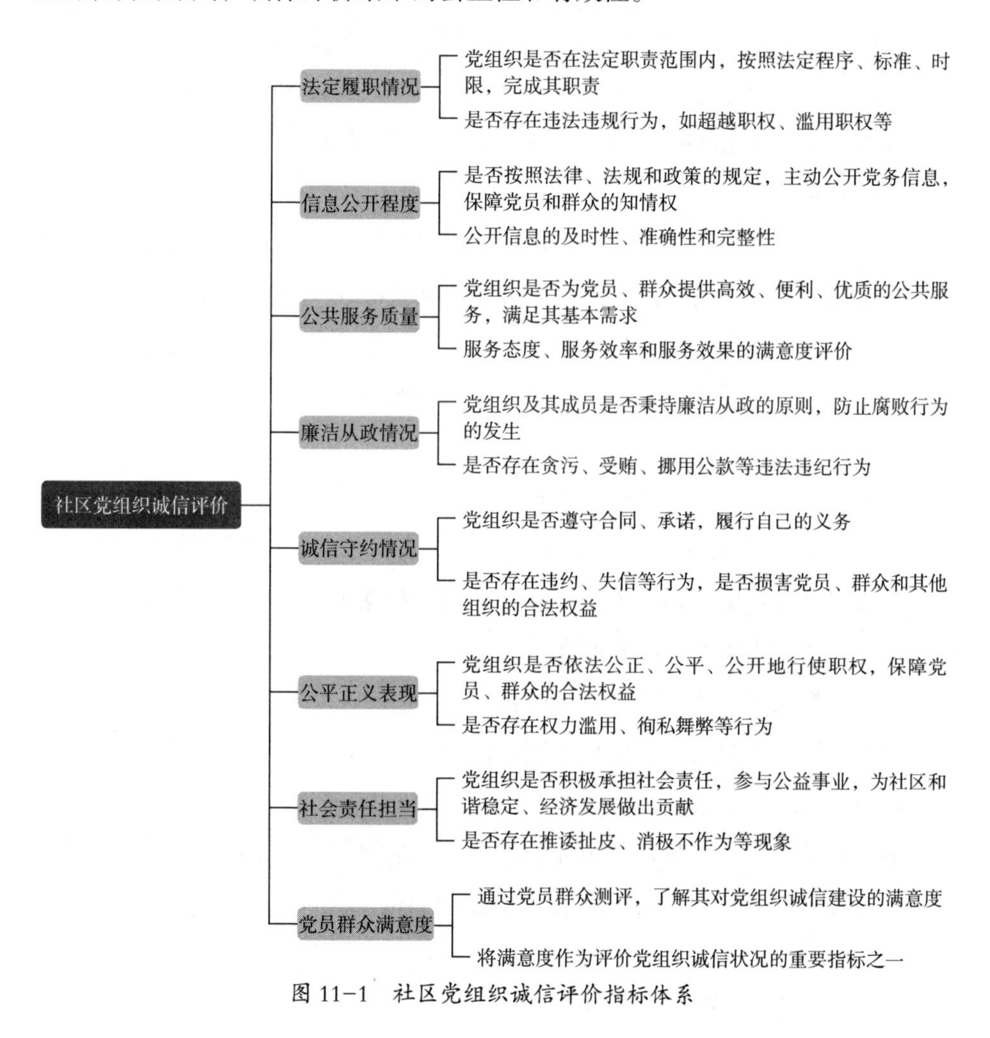

图 11-1　社区党组织诚信评价指标体系

# 第四节 问题与建议

## 一、存在问题

1. 党组织在社区信用体系建设中的地位作用仍不够突出

第一，核心领导作用不明显。在社区信用体系建设中，部分基层党组织的核心领导作用没有得到充分发挥，导致社区信用体系建设缺乏统一领导和协调，难以形成合力。

第二，党员参与度不高。部分党员在社区信用体系建设中缺乏参与的积极性，未能充分发挥党员的先锋模范作用，影响了党组织的地位和作用。

第三，党建引领力度不足。在实际操作中，部分基层党组织对党建引领社区信用体系建设的认识不够深刻，缺乏创新性的举措和思路，导致党建引领的效果不明显。

2. 党组织自身诚信建设有待加强

第一，诚信形象树立不够。部分基层党组织在自身诚信建设方面存在不足，未能树立良好的诚信形象，导致社区成员对党组织的信任度降低，影响了党建引领社区信用体系建设的推进。

第二，缺乏诚信监督与惩戒机制。针对基层党组织与党员干部的诚信问题，缺乏有效的监督机制和惩戒机制，使得一些失信行为得不到及时纠正和处理，影响了党组织的公信力和凝聚力。

第三，诚信量化评价体系不完善。针对党组织与党员干部诚信表现，仍然缺乏一套科学、全面、可操作的诚信量化评价体系。

## 二、对策建议

1. 创新“社区党建 + 信用”模式，强化核心领导地位

建议党组织在社区信用体系建设中扮演更加积极的角色，通过创新“社区党建 + 信用”的深度融合模式，将党建工作与信用体系建设紧密结合。明确党

组织在社区信用体系建设中的核心领导地位，制定统一规划和协调机制，确保各方力量形成合力。同时，建立党员信用档案，将党员参与信用建设的表现纳入考核，激励党员发挥先锋模范作用，带动社区居民共同提升信用意识。

2. 规范基层党组织诚信行为，加强党员诚信教育

要以《中共中央八项规定》《中国共产党纪律处分条例》为准则，严肃党的纪律，纯洁党的组织。加强基层党组织和党员干部的诚信教育，树立正确的诚信观念，增强诚信意识。建立健全党组织和党员干部的诚信承诺制度，公开承诺并接受监督。同时，加大对失信行为的查处力度，完善失信惩戒机制，形成不敢失信、不能失信、不愿失信的良好氛围。

3. 完善以诚信评价为基础的监督考评机制

建立健全以诚信评价为基础的监督考评体系，对基层党组织和党员干部的诚信表现进行定期评估和考核。通过引入第三方评估机构、建立居民评价反馈机制等方式，确保评价结果的客观性和公正性。将诚信评价结果作为党组织和党员干部评优评先、选拔任用的重要依据，形成正向激励和反向约束的双重作用。同时，加强对监督考评机制的宣传和推广，提高社区居民的参与度和认同感，共同推动社区信用体系建设的深入发展。

第十二章

# 社区自治组织信用评价问题研究

加强社区自治组织信用建设，开展社区自治组织的信用评价，对社区自治组织的村务（居务）诚信状况及村（社）集体的信用能力等进行动态监测评估，规范社区自治行为、防范和减少违规失信行为发生、重塑社区自治组织公信力，以及健全社区监督体系，具有重要意义。本章中，作者对信用村（社区）建设的现状与评价实践进行了梳理，探讨了地方层面的探索与成效。通过聚焦于深入分析社区自治组织信用特点，提出了“三位一体”社区自治组织信用评价体系。

## 第一节　社区自治组织信用建设的紧迫性和评价的必要性

### 一、加快社区自治组织信用建设的紧迫性

在我国，基层群众性自治组织一般是指在城市和农村按居民的居住地区建立起来的居民委员会或者村民委员会，它是城市居民或农村村民自我管理、自我教育、自我服务的组织。《中华人民共和国民法典》第九十六条规定：农村集体经济组织法人、城镇农村的合作经济组织法人、基层群众性自治组织法人，为特别法人。居民委员会、村民委员会具有基层群众性自治组织法人资格，可以从事为履行职能所需要的民事活动。《2022 年民政事业发展统计公报》显示：截至 2022 年底，全国基层群众性自治组织共计 60.7 万个，其中村委会 48.9 万个，居委会 11.8 万个，这一规模庞大的社会组织体系，是构成我国基层治理体系的重要基础。

然而，长期以来，由于信用意识淡薄，加上组织机制不健全、决策程序不

规范、法律法规执行不到位，以及监督机制存在缺陷等多重原因，村（社）基层自治组织的失信现象历来十分突出。村社自组织的信用建设问题，至今仍然是我国整个社会信用体系建设中的薄弱环节。截止 2024 年 6 月 30 日，作者通过第三方平台，以“村委会”“居委会”“村民委员会”“居民委员会”等关键词进行模糊搜索，发现被中国执行信息公开网披露的村（社）级“老赖”数量仍远超 1000 个。若进一步考虑与村（社）自治组织有着紧密关联的各类集体与非集体合作经济组织，失信主体的数量更是远超 2000 个。对村社自治组织失信案例进行梳理来看，主要集中在农村土地承包经营权流转、拖欠村级项目工程款、合作社经济纠纷、村集体民事赔偿责任、拖欠村民借款、土地补偿纠纷等方面，造成失信的成因极为复杂。

《半月谈》2022 年第 10 期曾刊发一篇题名为《能人辞职，领头雁“失信”：村级陈欠影响基层队伍稳定》的文章，文中记者通过在贵州、河南、黑龙江等省份调研发现，部分乡村集体经济组织因陈欠问题导致村党组织书记等被列入失信被执行人名单，影响基层党组织队伍稳定，一些有心在乡村振兴中施展拳脚的能人，也因村里债务缠身望而却步。文中分析了造成村级债务的原因，认为既有村干部在发展集体经济组织过程中风险意识与法律意识淡薄，造成项目管理不善形成债务并累积问题，还有政策执行与资金配套问题，即上级政府在安排任务时，往往不考虑资金是否到位，导致基层村干部在完成任务时不得不通过贷款、借款等方式筹集资金，最终形成债务。例如，文中提到的金刺梨产业和酒厂的建设，以及石漠化综合治理项目等，都存在资金未足额拨付的问题。

村级债务的形成原因极其复杂。《中国新闻周刊》2023 年 9 月刊发一篇名为《“小村大债”之困》的文章，文中分析了一部分村级债务是改革过程中历史原因形成的“旧债”，如 1990 年至 2006 年全面取消农业税期间村集体形成的债务，还有村集体为完成上级的经济考核任务而举债兴办集体企业形成的，这被学界称为“传统村级债务”或“旧村级债务”。除“旧债”外，更多的村级债务来源则是因村庄建设导致的建设性债务，也有部分村庄因集体经营项目产生的经营性负债。村级债务的债权方构成较为复杂。建设性债务由于主要是各类拖欠的工程尾款，是无息债务，债权人主要是工程队老板，具有私人性。

经营性债务则主要是向当地农商行、信用社的贷款，还有一些是向“先富起来的村级精英”的借款，往往是有息债务。经营性债务可能会比建设性债务更棘手。

## 二、实施社区自治组织信用评价的必要性

广大城市和农村社区作为政策落实和公共服务的“最后一公里”，社区自治组织在其中扮演着连接政府和居民的重要桥梁和纽带角色。村（居）委会等“小微权力”自治组织，作为一种特殊的权力形态，在国家治理体系中处于“末端”位置，其运行规范程度直接关系到国家治理效能和人民群众满意度。俗话说“县官不如现管”，小微权力看似微小，但是一头连着政策，一头连着群众，关乎党的形象，关系人心向背。社区自治组织的诚信建设问题不仅关乎党和政府的公信力，而且对于整个社会信用体系建设也至关重要。实施社区自治组织信用评价，具有以下作用：一是作为社区治理的“指挥棒”。通过量化指标和客观标准，对村社自组织的信用状况进行全面评估，为社区治理提供了科学、准确的依据。将信用评价作为社区治理的“指挥棒”，可以引导村社自组织自觉遵守法律法规，规范自身行为，提高服务质量和效率。同时，信用评价还能够激励村社自组织积极履行社会责任，参与社区公共事务，推动社区治理的民主化、科学化进程。二是促进资源优化配置。在社区治理中，资源分配是一个核心问题。通过实施社区自治组织信用评价，可以将有限的资源优先配置给信用状况良好的村社自组织，从而实现资源的优化配置和高效利用。这不仅可以提高资源的使用效益，还能够激发村社自组织的积极性和创造力，推动社区治理的创新与发展。三是强化监督机制。通过定期公布信用评价结果，可以让社区居民、政府部门以及其他利益相关方了解村社自组织的信用状况，从而对其进行有效的监督。这种监督机制可以促使村社自组织时刻保持警惕，不断改进工作作风和服务质量，以维护自身的良好信用形象。

# 第二节　信用村（社区）建设与地方评价实践

## 一、信用村（社区）建设现状

在我国，社区自治组织的信用建设及评价实践早已展开，且以农村社区为重点，尤其体现在信用村评定工作的深入实施上。作为农村信用体系建设不可或缺的环节，这一实践模式起源于江苏、浙江等经济较为发达且农村金融环境活跃的地区，并随着其成功经验的累积，逐渐在全国范围内得到广泛推广与应用。例如，浙江丽水市是全国农村信用体系建设的先行者，早在 2009 年，该市便率先启动农村信用体系建设，并形成了“政府支持、人行主导、多方参与、共同受益”的丽水模式。截止 2011 年 9 月底，丽水市已评定信用农户 31.94 万户，创建信用村 697 个、信用乡（镇）28 个。[1]

2009 年，中国人民银行正式发布《关于推进农村信用体系建设工作的指导意见》（银发〔2009〕129 号），这一里程碑式的文件不仅标志着我国农村信用体系建设的全面启动，还明确将信用村建设纳入了重点推进范畴。该指导意见旨在通过构建完善的信用档案系统和科学的信用评价体系，为农村地区提供更加精准有效的金融支持，从而激发农业农村发展的内生动力。

多年来，我国各级政府和金融机构积极响应政策号召，不断探索和实践信用村建设的新模式、新方法。通过政策引导、技术创新和产品服务升级，信用村建设取得了显著成效。一方面，信用村的建立有效提升了村民和村级自治组织的信用意识，促进了诚信文化的形成；另一方面，依托信用评价结果，金融机构得以更加精准地对接农村金融需求，推出了一系列符合农村实际、贴近农民生活的金融产品和服务。公开数据显示：截至 2022 年 6 月末，全国共建设涉农信用信息系统 275 个，累计为全国 1.57 亿农户开展信用评定；评定信用户 1.1 亿个，信用村 27.4 万个，信用乡（镇）1.35 万个，有条件地区评定信用县（市）228 个。

[1] 孔祖根．信用成金——浙江丽水市农村信用体系建设的探索与实践［M］．北京：中国金融出版社，2011.

2023年，中国人民银行等五部门印发《关于金融支持全面推进乡村振兴加快建设农业强国的指导意见》（银发〔2023〕97号），文件再次强调要推进农村信用体系建设，持续开展“信用户”“信用村”“信用乡（镇）”创建。

## 二、信用村（社区）评价做法

在信用村（社区）评定内容和标准上，各地既有共性也有差异。

在评定内容上，大多数地方都强调了信用环境建设、经济财务状况、村级组织与合作以及村民信用行为等方面的重要性：①信用环境建设。多数地区将村级信用环境建设作为重要评定内容，包括村民的诚实守信情况、村级组织对信用建设的支持程度以及是否有有效的信用宣传和教育活动。部分地区还特别强调社会信用意识的培养，如倡导诚信守法、增强社会责任感、建立公平竞争环境等。②经济财务状况。评定内容中普遍包含对村级经济财务状况的考察，如村级财务管理状况、涉农贷款余额中的不良贷款率、年度新增不良贷款情况、村级存款和结算账户开立情况等。不同地区对具体指标的要求可能有所不同，但总体上都是要求村级经济稳定、财务规范、贷款质量高。③村级组织与合作。村级组织在信用村评定中的作用被普遍重视，包括村委会或村级组织对金融机构工作的支持程度、不良贷款清收工作的配合情况、信用联系站和农户贷款“公议授信小组”的创建情况等。同时，与金融机构、政府部门、企事业单位等的协作关系也是评定的重要内容之一。④村民信用行为。村民的信用行为是信用村评定的基础，包括村民在金融机构的贷款还款记录、违约记录、社会公德表现、公共资源利用情况等。部分地区还会对村民的履约能力进行评估，如签约履约能力、履约记录等。

在具体指标的要求、评分体系的建立以及等级划分的标准上：①定量与定性相结合。多数地区在评定标准上采用定量与定性相结合的方式，既有具体的财务指标（如不良贷款率、存款余额等），也有定性的描述（如村级组织的工作支持程度、村民的信用意识等）。②指标具体化与差异化。不同地区在评定标准的具体指标上存在差异，如有的地区对不良贷款率的要求更为严格，有的地区则更加注重村级组织的协作能力和村民的信用行为。这种差异化反映了各地在信用村建设中的不同侧重点和实际情况。③评分体系与等级划分。部分地区采用评分体系对信用村进行评定，根据各项指标的得分情况将信用村划分为不同的等级（如优秀、良好、一般等）。等级划分有助于更直观地了解信用村的建设水平，并为后续的政策支持和优惠措施提供依据。

这些特点反映了各地在信用村建设中的不同实践经验和实际情况，也为其他地区的信用村建设提供了有益的参考和借鉴。例如，丽水市信用村测评与如皋市信用村（社区）评定（见表 12–1、表 12–2）。

**表 12–1　丽水市信用村测评表**[1]

| 序号 | 项目 | 分值 | 测评内容及标准 |
|---|---|---|---|
| 1 | 资信状况 | 40 | 辖内农户全部贷款户收回率在 95%（含）以上，不良率控制在 3%（含）以内 |
| 2 | 资信等级 | 20 | 本村开展了农户资信等级评定工作，且贷款农户占全村农户数达到规定比例（10 分），信用户占全村农户数也达到规定比例（10 分） |
| 3 | 村级班子建设 | 15 | 村组织机构健全、村领导班子团结，在村民中有较高威望，整体工作能力较强，并能积极支持农村合作金融机构清收原欠不良贷款等工作 |
| 4 | 村级财务状况 | 15 | 村级经济基础较好，村存款基本账户在信用社、支行开户 |
| 5 | 协作关系 | 5 | 村民文明守纪，普遍具有较强的法治意识和信用意识，关心热爱农村合作金融机构 |
| 6 | 规划措施 | 5 | 辖内建立创建信用村（社区）工作小组，且创建活动有规划、有具体办法及措施 |

**表 12–2　如皋市信用村（社区）评定**

| 序号 | 评定内容及标准 | 权重 |
|---|---|---|
| （一） | 村级组织积极支持金融部门工作，政银、银企、银农关系良好。建立创建信用村（社区）工作小组，信用创建活动有规划、有具体办法及措施，辖区信用户达 70% 以上 | 15 分 |

[1] 孔祖根．信用成金——浙江丽水市农村信用体系建设的探索与实践［M］．北京：中国金融出版社，2011.

续表

| 序号 | 评定内容及标准 | 权重 |
| --- | --- | --- |
| （二） | 大力支持村级金融服务站建设，农村金融服务站达到“七有”：有机构、有人员、有制度、有场所、有金融知识宣传栏、有服务点、有运作 | 10分 |
| （三） | 积极做好农村承包土地经营权确权工作，确权面积达100%，完成上级下达土地经营权流转工作任务。协助金融机构开展农村承包土地经营权抵押贷款试点及推广工作 | 5分 |
| （四） | 境内企业和村民无骗贷，逃废金融机构债务的现象 | 15分 |
| （五） | 维护金融机构的合法权益和信誉，积极主动地宣传与倡导讲信用、守信用的社会风尚；村主要领导积极参与信用评定工作 | 10分 |
| （六） | 经济金融秩序良好，社会治安稳定，辖区内无非法金融广告，无非法金融机构，无民间高利贷行为，无非法集资行为 | 15分 |
| （七） | 村（居）“两委”委成员在金融机构的借款故意无拖欠行为，无涉及非法金融行为 | 10分 |
| （八） | 村（社区）有良好的社会风气，村风文明。村两委（社区）班子团结务实，在农户中威信高、责任心强、办事公正 | 10分 |

## 第三节 “三位一体”社区自治组织信用评价体系研究

### 一、社区自治组织信用评价的特点

信用村（社区）评定对于社区自治组织信用评价问题研究具有重要的参考价值和实践指导意义。尽管与信用村（社区）评定在某些方面存在相似之处，但作者认为，社区自治组织的信用评价有别于前者。主要体现在以下三个方面。

第一，评价对象的差异性。信用村（社区）评定主要针对整个村庄或社区进行整体信用评估，涵盖社区内的居民、组织等多个主体，是一个较为宏观的评价体系。社区自治组织信用评价则专注于对社区自治组织本身进行信用评估，如村委会、居委会等基层自治组织，以及这些组织内部的成员和管理者，评价对象更为具体和聚焦。

第二，评价维度的侧重点。信用村（社区）评定更侧重于整个社区的信用环境、社会治理水平、经济发展状况等多方面的综合评价，体现社区的整体信用风貌。社区自治组织信用评价则更侧重于组织内部的管理体系、运行效率、合规性、经济实力、社会责任履行等具体方面的评估，关注组织自身的信用状况和能力。

第三，评价目的与作用的不同。主要服务于农村金融需求。通过评估整个社区的信用状况，为金融机构提供决策依据，促进农村信贷资源的有效配置，它有助于优化农村金融环境，提高金融服务效率，助力乡村振兴。社区自治组织信用评价则更多地聚焦于社区治理的需求，目的是规范社区自治组织的行为，确保其依法依规履行职责，防范和减少违规失信行为，同时提升组织自身的公信力和治理能力，推动社区治理的民主化、科学化进程。

## 二、社区自治组织信用评价指标体系设计

社区自治组织的信用评价对象不仅应该涵盖社区自治组织与社区干部，同时还应该将社区基层党组织及党员干部、社区集体经济组织及其主要负责人都纳入其中。这是基于我国广大基层社区政社分设改革尚不彻底，许多社区依然采取村（社）党支部、村（居）委会和村（社）集体经济组织“三块牌子一套人马”的管理模式。在这种模式下，尽管名义上各自独立，但实际上这些组织在人员构成、管理职能以及资源利用等方面都高度重合或相互交织。这种紧密的关联性导致了一个组织的信用状况会直接影响到其他组织，呈现出“一荣俱荣，一损俱损”的现象。从过去众多社区失信案例中，我们不难发现这一点。因此，将三类组织及其人员一并纳入社区自治组织的信用评价体系具有现实合理性。

作者认为，社区自治组织信用评价应从治理与运行、村（居）务合规、履约践诺情况、经济实力与财务负担，以及社会责任与诚信建设五个维度展开。其中，治理与运行维度主要评估社区自治组织的管理体系是否健全、运行是否顺畅；村（居）务合规维度主要考察社区自治组织在履行其职责时是否遵从相关法律法规和政策；履约践诺情况维度主要评价社区自治组织在合同履行、承诺兑现等方面的

社区信用治理研究

表现；经济实力与财务负担维度主要考察社区自治组织的经济状况和财务负担能力；社会责任与诚信建设维度主要评价社区自治组织在履行社会责任、推动诚信建设方面的表现。具体评价标准与评价指标设置详见表 12–3。

**表 12–3　社区自治组织信用评价指标体系设计**

| 评价维度 | 评价标准 | 评价指标 |
| --- | --- | --- |
| 治理与运行 | 组织架构完善，机制健全，班子有凝聚力与战斗力，村规民约制定与执行良好，政策贯彻落实到位，公信力及群众满意度高，成效显著 | 1. 组织机构设置情况<br>2. 管理制度制定情况<br>3. 班子成员是否团结<br>4. 有无制定村规民约<br>5. 上级考核评价结果<br>6. 群众公信力与满意度测评<br>7. 投诉举报及解决情况<br>8. 荣誉表彰获得情况 |
| 村（居）务合规 | 决策过程规范，村务居务公开透明，村两委班子成员遵纪守法，履职尽责 | 1. 决策程序是否符合法定流程<br>2. 村务、财务公开情况<br>3. 有无发生重大失职失责事件<br>4. 行政处罚情况<br>5. 司法涉诉情况<br>6. 班子成员有无违法犯罪行为情况<br>7. 班子成员有无违反组织纪律情况 |
| 履约践诺情况 | 自治组织（含集体经济组织、村两委班子成员）征信与信用记录良好，财务履约情况良好，做到守法合规经营，无失信行为 | 1. 银行贷款逾期情况<br>2. 商业合同违约情况<br>3. 是否被列入失信黑名单<br>4. 有无拖欠账款<br>5. 有无恶意逃废债<br>6. 有无涉非法集资、金融诈骗等违法活动 |
| 经济实力与财务负担 | 集体经济实力雄厚，产业健康发展有韧性，财务状况稳健，债务负担合理，偿债能力强，发展红利惠及广大居民 | 1. 产业规模及结构<br>2. 集体经济收入增长情况<br>3. 债务负担率<br>4. 村（居）民福利分红情况<br>5. 社区贫困救助人数比例<br>6. 社区失业人数比例 |

198

续表

| 评价维度 | 评价标准 | 评价指标 |
| --- | --- | --- |
| 社会责任与诚信建设 | 积极履行社会责任，社区信用体系健全，诚信建设工作成效显著，诚信氛围浓厚 | 1. 社区公共事务与公益事业开展情况<br>2. 社区信用组织体系建设情况<br>3. 社区信用规则体系建设情况<br>4. 社区信用信息体系建设情况<br>5. 信用服务场景体系建设情况<br>6. 社区诚信文化体系建设情况<br>7. 信用奖惩机制建设与实施成效 |

## 三、完善社区自治组织信用评价的建议

1. 明确信用评价在社区治理中的定位

将信用评价作为社区治理现代化的重要抓手，强化其在社区自治组织行为规范、居民信任构建以及社会资本积累中的核心作用。通过信用评价引导村社自组织树立正确的价值观和行为准则，强化诚信自律意识，推动形成风清气正的社区环境。

2. 构建科学的信用评价指标体系

应充分考虑社区基层党组织、自治组织、集体经济组织之间内在的关联性，构建基于“三位一体”的自组织信用评价框架，细化评价维度。积极引入政府相关部门、社区居民、社会组织、专家学者以及媒体等多元评价主体。通过多方参与，形成相互制衡的评价机制，提高评价的公正性和客观性。

3. 推动村社自组织信用评价与社区治理深度融合

将信用评价贯穿于社区治理的全过程，对村社自组织的信用状况进行动态监测。突出评价的社区治理需求价值导向，在已有信用村（社区）评价经验基础上，进一步拓展和深化城市社区自治组织的信用评价，加快培育社区信用资本。建立健全信用评价与社区治理的互动机制，将信用评价结果作为资源配置、项目审批、政策扶持等的重要依据，完善社区自治组织的守信激励和失信惩戒机制。

第十三章

# 社区社会组织信用评价问题研究

社会组织是基层多元治理结构中不可或缺的重要力量。本章对社区社会组织参与社区信用治理的必要性进行探讨，概述了其在地方实践中的积极探索，重点分析社会组织失信问题及其对社区信用的影响，进而提出研究社区社会组织信用评价的紧迫性，通过完善社区信用评价体系，为解决社会组织失信问题，助力构建更加健康、有序的社区信用环境提供思路与建议。

## 第一节　社区社会组织参与社区信用治理的必要性

在我国，社会组织主要是指由公民自愿组成，从事非营利活动的社会团体、民办非企业单位（现称“社会服务机构”）和利用社会捐赠的财产从事公益事业的基金会（见图 13-1），这三大类社会组织均须经民政部门登记取得非盈利法人资格[1]。社区社会组织不等同于社会组织，但属于社会组织的重要组成部分。所谓社区社会组织，是指由社区居民和驻区单位为主发起成立，在城乡社区开展为民服务、公益慈善、邻里互助、文体娱乐和农村生产技术服务等活动的社会组织。社区社会组织有多种分类方式，如根据活动主体的不同，可以将社区社会组织分为“社区内源性社会组织”和“社区外生性社会组织”。前者是指由社区居民组成的，在社区内开展各种公益与互益的社会组织，主要包括社区居民文体娱乐团队和社区居民志愿组织。后者是指形成于社区之外、但

[1] 《中华人民共和国民法典》第八十七条规定：为公益目的或者其他非营利目的成立，不向出资人、设立人或者会员分配所取得利润的法人，为非营利法人。非营利法人包括事业单位、社会团体、基金会、社会服务机构等。

主要在社区内开展活动的组织。[1]根据创办主体不同，可以分为政府办社区社会组织、民间力量办社区社会组织、合作办社区社会组织三类。根据组织的法律地位不同，可以分为正式登记注册的、在街道或居委会备案的、未登记也未备案的三类。根据活动内容和类型，可分为公益慈善类（如义务工作者协会、志愿者协会、困难群众互助帮扶组织、慈善会、慈善超市、献爱心组织等）、生活服务类（如社区卫生服务机构、民办幼儿园、科普夜校、老年人服务中心、法律服务咨询机构等）、促进参与类（如老年协会、计划生育协会等）、文体活动类（如社区文化服务中心、艺术团、表演队、体育组织等）、教育培训类（如各种培训班、老年大学或者夜校等）、权益维护类（如业主委员会等各种利益诉求群体）。[2]

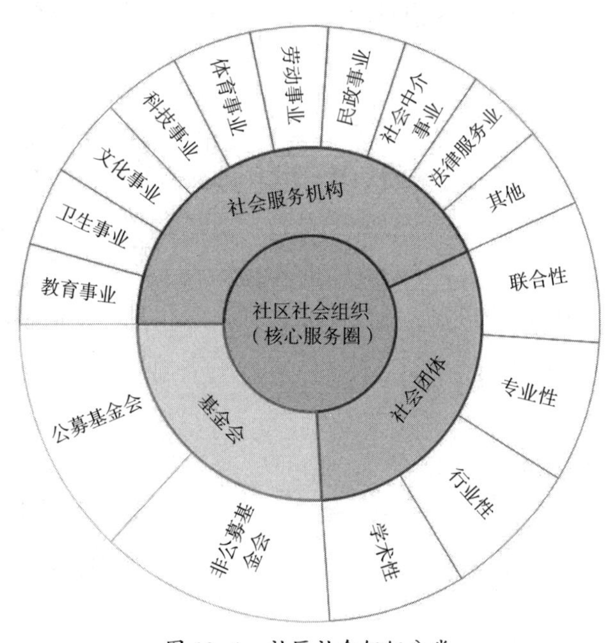


图 13-1　社区社会组织分类

社区社会组织在社区信用体系建设中具有不可忽视的作用，是社区信用体

---

[1] 邱梦华．城市社区治理［M］.2 版．北京：清华大学出版社，2019.

[2] 夏建中，张菊枝．我国城市社区社会组织的主要类型与特点［J］．城市观察，2012（2）:25-35.

系建设的重要参与力量：首先，社区社会组织的成员构成主要是社区居民，它与社区之间有着天然的紧密联系与信任基础，他们既是社区信用建设的参与者和推动者，也是信用治理成果的受益者，加强社区社会组织信用体系建设，有利于更好地带动居民的信用建设，营造社区诚实守信的良好氛围。其次，社区社会组织自身的诚信建设也是社区信用体系建设的重要组成，加强社区社会组织信用建设，有助于壮大社区信用建设力量，有效整合社区信用资源，创新社区信用应用场景，丰富的信用便民惠民服务，共同推动社区信用建设。民政部提供的相关统计数据显示：截至 2022 年底，全国在民政部门登记的各级各类社会组织 89.2 万家，包括社会团体 27.1 万家、社会服务机构 51.2 万家、基金会 9316 家。另据民政部统计，截至 2022 年底，全国社区社会组织超过 175 万家。社区社会组织已然成为我国社区信用体系建设不可忽视的重要力量。

## 第二节　社区社会组织参与社区信用治理的地方实践

社区社会组织的信用建设是社区信用体系建设的重要组成部分。当前，社区社会组织主要通过以下三种方式参与社区信用治理。

### 一、通过他律或自律的方式

通过他律或自律的方式，规范社区社会组织及其成员的信用行为，加强组织自身信用体系建设，以此带动社区的信用体系建设。具体体现在：①规范活动开展，严格遵章守法，杜绝违法违规行为；②加强内部管理，健全规章制度，确保运作规范；③健全民主机制，完善法人治理，确保民主透明；④强化信息公开，做好信息披露，接受社会监督；⑤诚信履约践诺，认真履行合同义务，不违约毁约；⑥开展行业自律，规范职业行为，确保诚信自律、廉洁执业；⑦积极履行社会责任，主动回馈社会；⑧加强成员诚信教育，树立诚信典型；⑨建立诚信承诺制度，明确诚信责任和义务，确保承诺兑现。通过不断加强自身的诚信建设，树立诚信形象，提升组织的公信力。

目前，为进一步规范包括社区社会组织在内的各类已登记注册的社会组织信用行为、加强组织信用建设，各地都在积极探索并研究出台相应的管理办法和监管制度。例如，民政部为加强社会组织信用信息管理，推进社会组织信用体系建设，2018 年出台《社会组织信用信息管理办法》。北京市为推动建立健全以信用为基础的社会组织新型监管机制，2023 年制定出台《北京市社会组织信用监管办法（试行）》。内蒙古自治区为加强社会组织诚信建设，促进社会组织诚信办会、自律发展，2024 年发布了《社会组织诚信建设行动方案》。这对如何进一步规范组织信用行为、加强组织信用建设提出了明确要求，为社区信用建设营造了良好的氛围。

## 二、通过承接政府购买服务或自发组织的形式

通过承接政府购买社区服务或者自发组织的形式，参与社区公益性活动或提供公益性信用服务。例如，协助社区开展调纠解纷、法律援助、社区安全、宣传教育、环境保护等志愿活动，或者向社区居民提供养老服务、残障人服务、儿童福利服务、社会救助服务、医疗救助服务、防灾减灾服务、慈善捐助等。上述公益行为本就是良好信用品质的一种体现。无论是捐赠财物、时间、技能，还是提供志愿服务，都彰显了个人或组织的社会责任感和诚信品质，有助于引导居民形成正确的价值观和道德观，促进社区信任。为鼓励组织或个人更好地参与公益活动，国家和地方层面也出台了一些文件，将慈善和志愿等公益性行为纳入公共信用管理范围，并给予相应的政策激励。例如，2018 年国家发展改革委、中国人民银行、民政部等 40 个部门和单位联合签署《关于对慈善捐赠领域相关主体实施守信联合激励和失信联合惩戒的合作备忘录》，正式将我国慈善捐赠领域正式纳入社会信用管理体系范畴，并对相关主体的信用行为实施联合奖惩。又如，浙江省为规范和加强志愿服务信用信息管理，促进志愿服务事业发展，于 2020 年出台《浙江省志愿服务信用记录与管理办法（试行）》，将志愿服务情况、志愿服务时长、表彰奖励情况等信息在内的良好志愿服务信用信息，以及不良志愿服务信用信息进行记录与管理，并对上述主体的

信用行为实施奖惩。北京、上海等地也有类似做法。《中华人民共和国慈善法》第一百零一条规定：县级以上人民政府民政等有关部门将慈善捐赠、志愿服务记录等信息纳入相关主体信用记录，健全信用激励制度。

社区社会组织是慈善或志愿等公益性社区信用服务的主力军，是社区信用建设的重要组织者和参与者。如何激发其参与社区信用体系建设的积极性，更好地发挥其在社区信用治理中的作用，目前各地进行了大量的探索与尝试。以时间银行[1]模式为例。“时间银行”是指“志愿者参与服务活动，然后将自己所提供的服务以时间为单位记录在自己的个人时间存储账户，等到需要帮助的时候，可以申请在账户中支取相等的服务时间”。[2]时间银行模式通过建立了一套以信用为基础的激励机制，促进成员之间的信任与合作，形成了基于信用的共同体，是一种典型的公益性信用治理模式。该模式目前在国内已有大量的实践。北京大学和中国红十字基金会曾于2021年联合发布《中国时间银行发展研究报告》，通过对全国20个省（直辖市、自治区）的54家时间银行机构调研基础上，详细阐述了我国时间银行的发展变化与实践情况。报告将现有的时间银行归结为政府主导型、社会组织主导型、企业主导型三种类型。下文作者引用报告中有关北京市一刻公益社区发展服务中心（下简称“一刻公益”）有关“时间银行”的运作案例，从现状、运营模式、记录与通兑方式、政府与社会支持等方面，介绍社会组织主导型时间银行的具体运作。

**北京市一刻公益社区发展服务中心时间银行运作案例**

（1）现状

一刻公益是在北京市民政局注册的社会组织，该组织的使命是探索建

---

[1] “时间银行”是一种舶来品，我国时间银行在本土化过程中，曾产生各种具有特色的实践，如“道德银行”“爱心银行”“公益银行”等，这些称谓中一般含有“银行”字眼。由于《中华人民共和国商业银行法》以及《中华人民共和国银行业监督管理法》中有关“银行”字样使用的相关限制，作者建议可以将“时间银行”等民间用法，改为“时间互助社”或“时间储蓄所”之类。本书中为便于读者理解，仍然沿用“时间银行”习惯叫法。

[2] 王晓露.“爱心银行”服务模式研究［D］.合肥：安徽大学，2017.

立社区服务公益活动常态化机制与志愿者反哺机制，吸引、激励社会服务类企业与社区居民公益服务持续对接，促进社会治理模式的创新与社会治理方式的改进。一刻公益社区的运行模式为：平台发布任务→志愿者参与活动→平台核算服务时长→通过加盟商换取服务与实物。通过一刻公益社区服务平台对社区活动进行设计策划与宣传展示，并在活动中邀请周边商户参与，协助商户在社区树立形象品牌。居民参加活动成为志愿者，进行计时、积分、升级。基于系统统计的志愿积分，可以从签约的商户处获得优惠的服务和商品。商户越多，对居民的吸引力也越大，广大的居民可以在生活中的各个领域享受优质的服务。同时，志愿者队伍越来越大，人员不断增加，也能给签约商户带来更多的客源，提升商户的收益，促进商业服务的完善与发展。机构的运行模式类似志愿北京服务平台，并在此基础上有所创新，增添了反哺志愿者的环节。

该组织的志愿者队伍庞大，参与活动的志愿者主要为 50 岁以上的中老年人，主要来自上文中提及的街道及其下属社区。截止到 2019 年 2 月 27 日，注册志愿者共 19,742 人，志愿者储蓄的服务总时长为 132.38 万小时，其中单人累计服务时长最长为 2500 小时。由于该组织开展的活动不拘泥于为社区老人提供服务，大多为集体志愿活动，因此未专门统计被服务方的基本状况。目前，该组织的工作人员共 10 人，均为专职人员，从事运营和管理等日常工作。工作人员的年龄集中在 30 岁至 40 岁，普遍教育水平位大专学历，月均工资为 5000 元至 10,000 元不等。其中，工作人员的最长工作年限为 5 年，自 2014 年 12 月一刻公益成立至今，一直在机构工作。该机构成立的经费来自个人和社会捐赠，2014 年 12 月成立北京一刻公益基金会，由基金会出资成立北京市一刻公益社区发展服务中心。在成立初期，由一刻公益基金会提供的经费为 300 万，占运营经费的 100%。后期随着日常运营收入的增加，占比逐渐降低。目前，该机构的日常运营收入主要来自政府购买服务，占全部收入的 80% 左右。其他 20% 主要为社会单位支持。一刻公益有专门的办公场所和活动场地，共 100 平方米。目前有网站等技术投入。

（2）运营方式

该机构的日常收入以政府购买服务为主，以社会单位支持为辅，分别占收入的 80% 和 20%，而支出主要用于支付员工的工资，其他用于购买活动所需的物资。该机构开展的活动主要为八大类，分别为社区服务、爱心服务、绿色环保、文化教育、医疗卫生、赛会服务、应急救援和城市运行。一刻公益目前的活动开展方式为线上线下结合。线上发布活动、累计公益时长，线下开展活动，享受反哺服务。主要以微信公众号、志愿者服务卡、专用结算系统、商户联盟、社区公益活动五种形式推送。

该组织制定了监督机制。志愿者在参加志愿活动后，志愿时长将公示两周，在两周内接受公众的检举。同时，还进行了精神上的奖励。注册志愿者积累的时长达到一定值，就可以依次申请不同星级的优秀志愿者荣誉，服务时间累计 100 小时、300 小时、600 小时、1000 小时和 1500 小时的志愿者，可以依次评定为一星、二星、三星、四星和最高五星级志愿者。并且志愿者的星级越高，在社区的加盟商消费时享受的折扣和优惠就越多，在社会服务等方面享受的关爱与帮助也会越多。

（3）记录与通兑方式

在服务时长记录方面，每次活动由社区组织者统计时长，最终由网站记录，类似“志愿北京”记录志愿时长的形式。一刻公益也有专门的支持协助人员，负责运维。

该机构倡导“通存通兑”的模式。在兑换服务方面，主要是以服务换服务或商品，不能直接换金钱。一刻公益与中信银行合作，发行了联名银行卡，银行卡内可像普通的储蓄卡一样存钱、在商家消费刷卡。同时，银行卡与一刻公益志愿时长联网，每小时的志愿时长相当于一元钱，不能直接取现金，但是可以在合作商家消费，购买服务或购买商品。

（4）政府、社会支持

一刻公益社区目前与社区居委会联署办公。一刻公益注册地点为东大桥5号，每与一个基层街道政府合作，都会在该街道设点，比如八里庄、北苑、太阳宫等地。同时，一刻公益是全国第一个公益与商业结合、同基层政府合作的、线上线下结合的虚拟社区平台，政府高度重视和关心。朝阳区政府也举办过公益社区的经验交流会，也有其他个人和社会组织对一刻公益提供管理和技术方面的支持，并产出论文。

目前一刻公益组织的商户联盟规模不断扩大。此前多次举办过针对商户的活动，如与摩拜、滴滴一起开展志愿活动。一刻公益已经从初期的吸引志愿者注册，到了用注册志愿者人数去吸引商户参与的阶段。从而实现吸引居民→吸引商户（收取一定的管理服务费）→反哺志愿者→吸引更多居民加入的良性循环。

案例资料来源：北京大学，中国红十字基金会．中国时间银行发展研究报告［R］．北京：北京大学，2021.

## 三、通过直接参与或组织创设场景的方式

通过直接参与社区信用体系建设，或者组织创设各类信用应用场景等方式，为社区信用建设提供支持，并为社区居民提供多样化信用便民惠民激励，共建社区信用。例如，社区信用议事组织为社区信用建设建言献策、协助社区做好社区信用信息归集、信用规则制定、信用活动策划、诚信宣传教育等信用管理活动，还向居民提供社区信用积分兑换物资或者服务，通过设立类似道德基金、模范基金、帮扶基金等各类公益性信用基金的方式，奖励或资助守信居民等。

## 第三节　社会组织的失信问题与社区社会组织信用评价

### 一、社会组织的失信问题

近些年，包含社区社会组织在内的各类社会组织蓬勃发展，在承担政府转移出来的部分公共服务职能、为社会提供专业服务的同时，一些社会组织失信的不良现象时有发生，社会组织的公信力问题成为各方关注的焦点，并饱受诟病。

“全国社会组织信用信息公示平台”公开披露的数据显示：截止 2024 年 6 月 30 日，全国共有 25,983 个社会组织被列入活动异常名录，有 15,554 个社会组织被列入违法失信名单。

从被列入活动异常名录事由来看，主要涉及《社会组织信用信息管理办法》规定的七大类情形：(一) 未按照规定时限和要求向登记管理机关报送年度工作报告的；(二) 未按照有关规定设立党组织的；(三) 登记管理机关在抽查和其他监督检查中发现问题，发放整改文书要求限期整改，社会组织未按期完成整改的；(四) 具有公开募捐资格的慈善组织，存在《慈善组织公开募捐管理办法》第二十一条规定情形的；(五) 受到警告或者不满 5 万元罚款处罚的；(六) 通过登记的住所无法与社会组织取得联系的；(七) 法律、行政法规规定应当列入的其他情形。

从被列入严重违法失信名单的具体事由来看，主要涉及《社会组织信用信息管理办法》规定的八大类情形：(一) 被列入活动异常名录满 2 年的；(二) 弄虚作假办理变更登记，被撤销变更登记的；(三) 受到限期停止活动行政处罚的；(四) 受到 5 万元以上罚款处罚的；(五) 三年内两次以上受到警告或者不满 5 万元罚款处罚的；(六) 被司法机关纳入“失信被执行人”名单的；(七) 被登记管理机关作出吊销登记证书、撤销成 (设) 立登记决定的；(八) 法律、行政法规规定应当列入的其他情形。

2023 年，民政部官网公布近年来各地办理的 10 个社会组织领域风险防范化解典型案例。[1] 从这些披露的典型案例，可以窥见社会组织失信的更多细节，具体包括违规开展评比表彰被行政处罚、因违规收费敛财等行为被撤销登记、“僵尸型”社会组织被撤销登记、因对外借款等违法行为被吊销登记证书、弄虚作假骗取法定代表人变更登记被撤销许可、因违反相关领域相关法律法规规定被撤销登记、私自转让法人登记证书和印章被行政处罚，以及属于非法社会组织被依法取缔等。上述失信问题既包括经登记成立的正式社会组织，也有未经登记以社会组织名义开展活动的非法社会组织。

## 二、社区社会组织信用评价研究

《社会信用体系建设规划纲要（2014—2020 年）》中明确提出要加强社会组织诚信建设。强化社会组织诚信自律，提高社会组织公信力。对包括社区社会组织内在的各类社会组织实施信用评价，对于强化政府信用监管，发挥社会监督作用，重塑社会组织的公信力，具有重要的意义。

早在 2010 年，民政部发布的《社会组织评估管理办法》中，给出了关于社会组织评估的具体做法。该评估方法将社会组织按照组织类型的不同，分为社会团体、基金会和民办非企业单位三类，实行分类评估。其中，社会团体、基金会实行综合评估，评估内容包括基础条件、内部治理、工作绩效和社会评价；民办非企业单位实行规范化建设评估，评估内容包括基础条件、内部治理、业务活动和诚信建设、社会评价。2021 年，民政部印发《全国性社会组织评估管理规定》（民发〔2021〕96 号），该规定将全国性社会组织区分为民政部登记成立的社会团体、基金会、社会服务机构三类，实行分类评估，评估内容主要包括基础条件、内部治理、工作绩效、社会评价等。评估结果分为 5 个等级，由高至低依次为 5A 级（AAAAA）、4A 级（AAAA）、3A 级（AAA）、2A 级（AA）、1A 级（A）。

针对具有独立法人资格社会组织的信用评价，目前国内已有不少探索与实践。例如，2016 年 1 月 1 日实施的《社会组织信用评价指标》（GB/T31867–

[1] 案例来源：中华人民共和国民政部发布《社会组织风险防范化解典型案例》https://www.mca.gov.cn/n152/n164/c36675/content.html.

2015）国家标准中曾提出从组织基本信息、组织业务活动、组织财务状况、组织管理及服务、社会声誉及社会责任五个方面构建社会组织信用评价的指标体系。其中，组织基本信息包括组织名称、注册登记情况、法定代表人等；组织业务活动包括主要业务、项目效益等；组织财务状况包括资产、收入、支出、负债等；组织管理及服务包括内部管理、对外服务等；社会声誉及社会责任包括社会评价、社会贡献等。此外，2023 年，北京市民政局、北京市经济和信息化局联合印发《北京市社会组织信用监管办法（试行）》，对北京市民政局依法登记的社会团体、民办非企业单位、基金会（以下统称“社会组织”）开展公共信用信息记录、归集、共享、公开以及公共信用评价等信用监管活动进行规范管理。《办法》明确了社会组织的公共信用评价等级、评价方式和评价指标，以国家发展改革委和人民银行联合印发的《全国公共信用信息基础目录》为基础，结合社会组织党组织建设、诚信建设、内部治理、规范运营、评估等级、社会评价等多个维度开展评价。社会组织公共信用评价等级根据积分变化实行动态管理。社会组织公共信用评价实行动态管理，根据信用积分的变化调整等级。信用积分以 600 分为基础分值，上限为 950 分，下限为 350 分。积分由基础分值、加分分值和减分分值组成，具体计算公式为：信用分值 = 基础分值 + 加分分值 - 减分分值。评价等级分为 A、B、C、D 四个等级。

针对社会组织评价的各类做法对于社区社会组织的信用评价具有很好的参考价值。但是，社区社会组织的信用评价有其特殊之处：其一，社区社会组织的信用评价应特别强调“社区信用”的属性，即评价过程要考虑其在社区范围内的信用表现，如社区参与和社区贡献，而现有社会组织信用评价往往未能充分涵盖这一方面；其二，民政部提供的相关统计数据显示：截至 2022 年底，全国社区社会组织超过 175 万家，其中，约 10% 的社区社会组织符合社会组织登记条件，在县级民政部门登记；约 90% 的社区社会组织由街道办事处、乡镇政府或社区党组织、基层群众自治组织等进行指导管理。这一数据表明，目前我国的社区社会组织中，仅有少部分通过民政部门登记获得独立法人资格，而大部分仅在当地街道办事处、乡镇政府或社区备案，甚至未登记也未备案，它们并不具备独立法人资格。因此，这就要求，针对社区社会组织的信用评价需要更具灵活性和包容性。

鉴于上述理由，针对社区社会组织的信用评价，不能简单照搬社会组织信用评价体系，必须根据社区社会组织的实际情况和特点，制定一套专门适用于社区社会组织的信用评价体系。作者认为，社区社会组织评估应按照其是否拥有独立法人资格，实行分类评估。针对具有独立法人资格的社区社会组织信用评价，参考社会组织信用评价的一般性做法［可考虑进一步细分为社会团体、基金会、社会服务机构（或民办非企业单位）］，在原有评价体系中进一步融入"社区信用"属性，形成科学全面的适用于独立法人资格的社区社会组织信用评价体系。对于尚不具备独立法人资格的社区社会组织，由于这些组织往往较为松散，其治理结构相对不完善；与此同时，这类组织缺乏法人地位，无法独立承担民事责任；此外，还有很强的草根性、社区性和非营利性。这些特征决定了相较于具有独立法人资格的社区社会组织，其信用评价应更加关注其自身的自律性和诚信度、组织活动开展的合法性和合规性，以及对社区的贡献度和满意度等软性指标，而非仅仅依赖于传统的法人治理结构、财务状况等硬性标准。具体可以参考如下评价指标体系设计（见表 13–1）。

**表 13–1　社区社会组织信用评价指标体系设计**

| 评价维度 | 评价标准 | 评价指标 |
| --- | --- | --- |
| 治理的完善度 | 有明确的章程，组织架构健全，职责分工明确；管理制度完备，执行有效；决策机制民主、透明 | 针对具有法人资格的组织：<br>1. 党领导下的治理结构健全程度（党组织、会员大会、理事会、监事会等设置情况）<br>2. 以章程为核心的内部管理制度完备度（经核准的章程、人事、财务、党建、业务活动、民主决策、重大事项报告等制度的制定情况）<br>3. 重大事项决策过程成员及相关利益方的参与度（组织调整与人事任免、财务与资金使用、项目与投资等重大事项决策过程中的信息公开与沟通、咨询与论证、讨论与表决、监督与反馈等，保障各方的知情权、参与权、表达权、监督权）<br>针对不具法人资格的组织：<br>1. 有无备案登记<br>2. 本社区组织成员的占比<br>3. 核心成员的稳定性<br>4. 负责人的履职履责<br>5. 业务范围有无超出备案范围 |

续表

| 评价维度 | 评价标准 | 评价指标 |
| --- | --- | --- |
| 运营的合规度 | 运营活动遵循法律、法规、政策、行业规范、商业惯例或诚信伦理、内部规章制度；信息披露充分，财务管理规范，资金使用透明；主要管理人员遵纪守法，无违法违纪行为 | 针对不具有法人资格组织：<br>1. 资金来源与使用合规情况<br>2. 有无从事或变相从事营利性活动<br>3. 信息披露情况（主动向社会公开登记证书、经核准的章程、组织机构设置、负责人及理事会成员名单等信息；重大活动情况、财务收支情况、接受捐赠和资助情况、年度工作报告等信息；公开组织募捐活动和接受捐赠的信息、开展公益资助项目等信息）<br>4. 主要负责人有无违法犯罪行为<br>5. 主要负责人有无违反组织纪律<br>针对具有法人资格组织，除上述指标外，还应包括：<br>1. 行政处罚及执行情况<br>2. 司法涉诉情况<br>3. 列入活动异常名录情况<br>4. 合规性审查情况（如：有无按时参加年度检查或者依法报送年度工作报告或财务报告情况） |
| 契约的遵守度 | 财务状况稳健，履约能力强；组织及主要管理人员征信与信用记录良好，合同履行情况良好，无失信行为 | 针对具有法人资格组织，应评估：<br>1. 成本控制和预算管理<br>2. 债务和风险管理情况<br>3. 财务绩效情况（如资金周转率、捐赠收入增长率等）<br>4. 承接政府购买服务项目的履约情况<br>5. 组织是否被列入严重违法失信名单<br>针对不具有法人资格组织，应评估：主要负责人有无严重失信行为 |
| 社区的贡献度 | 积极参与社区活动，主动承担社区义务；为社区信用建设提供支持；积极参与公益志愿活动，推动社区公益事业发展；积极履行社会责任，回报和奉献社会 | 1. 社区活动参与度（如调解社区矛盾、参与环保活动、维护公共安全等，为社区活动提供人财物支持）<br>2. 社区服务的广度与深度（如服务人次、服务时长等）<br>3. 社区志愿活动参与度（如服务时长、服务人次等）<br>4. 社区慈善捐赠情况<br>5. 社区与居民满意度评价 |

续表

| 评价维度 | 评价标准 | 评价指标 |
| --- | --- | --- |
| 诚信的践行度 | 重视组织自身的诚信建设；有良好的社会声誉和公信力；做好诚信宣传与教育，营造诚实守信社会氛围，做诚实守信的践行者、传播者、推动者，为构建诚信社会贡献应尽之力 | 1. 诚信建设载入组织章程<br>2. 成员诚信档案建设<br>3. 信用承诺及履行情况<br>4. 诚信宣传教育开展<br>5. 社区信用建设支持力度（如支持社区信用信息化建设、协助社区做好信用信息归集评价、提供信用服务应用场景与信用激励）<br>6. 社会评价（如社会组织评估等级、社会组织公共信用评价等级、荣誉表彰）<br>7. 是否发生负面舆情 |

# 第四节　问题与建议

## 一、社区社会组织信用体系建设存在的问题

1. 社区社会组织公信力缺失，诚信建设亟待加强

社会组织在我国的发展还比较年轻，还没有形成具有本组织特色的文化模式，部分社会组织缺乏服务精神、公共精神、契约精神，诚信意识相对薄弱，社会组织内部还没有形成良好的诚信氛围；社会组织作为非营利组织，其经营之本在于诚信，但是在市场经济的浪潮中，社会组织不断出现为逐利而失信的行为。[1]相较于其他社会组织，社区社会组织的组织化程度普遍较低，内部治理不健全，业务活动不规范，信息不透明，诚信自律意识薄弱，违规失信现象频发，严重削弱其社会公信力，影响社会组织整体的健康发展。

[1] 郭少华．社会组织信用体系建设面临的挑战及应对策略研究［J］. 征信，2023（8）:55–59.

2. 针对社区社会组织的政府监管不到位

我国目前只有《社会团体登记管理条例》《民办非企业单位登记管理暂行条例》《基金会管理条例》等法规，却没有一部专门的社会组织法。社会组织的法律体系不完善，尤其是一大批虽经备案但并未取得法人资格的社区社会组织的法律地位不明确，政府监管执法缺乏充分的法律依据，客观上也造成了上述组织业务活动的各种乱象。

3. 社区社会组织信用体系不完善，信用奖惩机制不健全

社区社会组织的信用信息，尤其是社区活动中的守信信息和不良信息不完善，这导致社区社会组织的信用评价变得十分困难，从而也影响了社会监督。同时，信用奖惩机制不健全，对信用良好且社区贡献较大的社会组织缺少有效激励，对于其在社区的信用不良行为也缺乏有效的约束和惩戒。这些原因客观上造成社区社会组织参与社区信用治理的积极性不高。

4. 社区社会组织的社区信用服务能力弱

社区社会组织普遍存在资金短缺问题，资源的整合能力较弱，自身“造血”能力差，过度依赖政府“输血”，这都大大制约了其为社区提供公益性信用服务的能力。

## 二、完善社区社会组织信用体系建设的建议

1. 不断完善以诚信为内核的组织自律机制

完善社区社会组织内部治理，规范业务活动，加强信息公开与透明度；要把诚信建设内容纳入组织章程，强化组织诚信自律，加强成员诚信教育，提高组织公信力。

2. 加快构建以信用为基础的组织监管机制

加强社区社会组织社区信用活动信息的采集、认定，突出社区贡献，完善信用评价，依据评价结果采取差异化监管方式，逐步建立健全贯穿社区社会组织全生命周期，衔接事前、事中、事后全监管环节的新型监管机制。

3. 提升社区社会组织公益性信用服务能力

加大社区社会组织参与社区信用体系建设的政策支持力度，完善信用奖惩

机制，激发社区社会组织及其成员参与公益性信用活动的积极性；加强社会监督，建立以公众满意度评价为核心的优胜劣汰机制，不断提升组织的专业化服务能力。

## 第十四章

# 社区营利性组织信用评价问题研究

社区营利性组织是社区信用治理中不可或缺的推动力量。本章节将聚焦于个体工商户、物业服务企业和家政服务机构三大社区营利性组织的信用评价问题，从意义、地方实践、典型案例及问题建议等多个维度进行深入探讨。旨在通过全面剖析，揭示信用评价在促进社区营利性组织规范经营、提升服务质量中的关键作用，为推动社区信用治理提供有力支持。

## 第一节　个体工商户信用评价研究

### 一、个体工商户信用评价的意义

个体工商户是指在法律允许的范围内，依法经核准登记，从事工商经营活动的自然人或者家庭。截至2023年底，全国登记在册个体工商户1.24亿户，占经营主体总量67.4%，支撑了近3亿人就业。作为产业链和消费链的“毛细血管”和市场的“神经末梢”，个体工商户的稳定发展守住了街头巷尾的人间烟火气，维持了亿万家庭的生计。个体工商户是社区的重要组成部分，事实上，不少社区个体工商户具有市场经营主体和社区居民双重身份。2022年10月，国务院发布《促进个体工商户发展条例》，文件指出：要推动建立和完善个体工商户信用评价体系。实施社区个体工商户信用评价，意义重大。

1. 有助于经营主体信用价值发现

个体工商户是民营经济的重要组成部分，是中国式现代化的有生力量和高质量发展的重要基础。但长期以来，以个体工商户为代表的小微企业由于自身财务制度的不健全以及信息不透明的问题，银行和其他金融机构难以全面、准确地评估其的信用状况和经营能力，导致其在融资过程中面临诸多困难，信用价值难以被充分发现和认可。推动建立和完善个体工商户信用评价体系，有助于拓宽融资渠道，将资源更加精准地配置到那些信用良好、经营稳健的经营主体手中，缓解融资难、融资贵问题，助力个体工商户健康可持续发展。

2. 有助于社区营造诚信和谐氛围

一方面，作为社区经济的重要组成部分和社区治理的重要参与者，社区个体工商户与社区的发展紧密相连，与社区组成了共生共荣的利益共同体，可为社区治理注入了源源不断的动力与丰富的资源。但另一方面，部分经营主体等一些不文明、不规范行为，如占道经营、噪声扰民、环境污染等，对社区秩序和居民生活造成负面影响，加剧了与社区居民之间的紧张关系，导致矛盾与冲突频发。实施社区个体工商户信用评价，对守信经营、积极贡献社区的经营主体进行信用激励，对不文明、不规范的经营主体进行信用约束，引导个体工商户文明规范经营，成为破解上述基层治理难题的有效手段。

3. 有助于监管部门提升监管效能

社区个体工商户其数量众多且经营形式多样，但经营素质参差不齐。不少经营主体合规意识和诚信意识淡薄，为了短期利益，不惜铤而走险，证照不全、超范围经营、虚假宣传、销售假冒伪劣产品等违法违规问题多发，既破坏了公平竞争的市场环境，也极大地损害了消费者的合法权益。由于基层监管力量相对薄弱，面临日常监管执法工作量大、任务繁重的困境，导致难以实现对个体工商户的全面覆盖与精准监管，这无疑给监管工作带来了极大的挑战。实施社区个体工商户信用评价，构建以信用为基础的分级分类监管体系，进行差异化监管，有助于提升监管效能。为充分发挥信用风险分类管理优化监管资源配置、提升监管效能的积极作用，以信用助力个体经济健康发展，2024 年 7 月，市场监管总局发布《市场监管总局关于推进个体工商户信用风险分类管理的意见》，提出要“强化信用护航赋能作用，依法推进个体工商户信用风险分类管理，建立健全基于提升市场监管效能和服务经济发展的信用风险分类管理机制，有效发挥信用约束激励作用，为个体经济健康发展提供有力支撑……用三年左右的时间，形成个体工商户信用风险分类管理长效机制，监管及时性、精准性、有效性不断提升，政策精准供给和帮扶培育更加高效，个体工商户满意度、获得感大幅提升”。

## 二、个体工商户信用评价地方实践

目前，浙江、深圳、天津等地正积极探索与实施以公共信用为核心的个体工商户信用评价，并取得了积极的成效。

1. 浙江实践

浙江省发展改革委 2023 年 2 月正式印发《浙江省个体工商户公共信用评价指引》。在该文件中，个体工商户公共信用评价指标体系由基本情况、金融财税、管治能力、遵纪守法、社会责任等 5 个一级指标、12 个二级指标和 28 个三级指标构成（见图 14–1）。信用评价结果区间为 0~1000 分，划分为优秀（A ≥ 850）、良好（800 ≤ A<850）、中等（750 ≤ A<800）、较差（700 ≤ A<750）、差（A<700）五个等级。个体工商户公共信用评价每周更新一次。个体工商户公共信用评价结果主要应用于政府的行政管理和社会治理。2023 年以来，浙江省信用办、省信用中心组织全省 26 个单位开展个体工商户信用体系建设试点，取得了积极的成效。

2. 深圳实践

深圳市市场监督管理局于 2023 年 12 月发布针对个体工商户公共信用评价的地方标准——《个体工商户公共信用评价规范》。该评价以基础性、针对性、适用性为原则，设置了基本信息、经营状况、遵纪守法、诚信守约、社会责任 5 个一级指标、18 个二级指标、36 个三级指标（见图 14–2）。评价指标根据加扣分形式分为三类：正向指标、负向指标和双向指标。同时设置 6 个控制性指标，即可直接判定信用等级的指标。评分区间为 0 到 1000 分，评价结果从高到低依次划分为 A、B、C、D 四个等级，其中评价得分大于或等于 900 分为 A 级（优）、评价得分大于等于 750 分且小于 900 分为 B 级（良）、评价得分大于等于 450 分且小于 750 分为 C 级（中）、评价得分小于 450 分为 D 级（差）。

公开数据显示，截止 2023 年底，深圳全市 160 余万家个体工商户中，A 级占比 8.7%，B 级占比 80.3%，C 级占比 8.8%，D 级占比 2.3%，中间层（B 和 C 级）合计占比 89.05%。在评价结果应用方面，2023 年 7 月，深圳上线全国

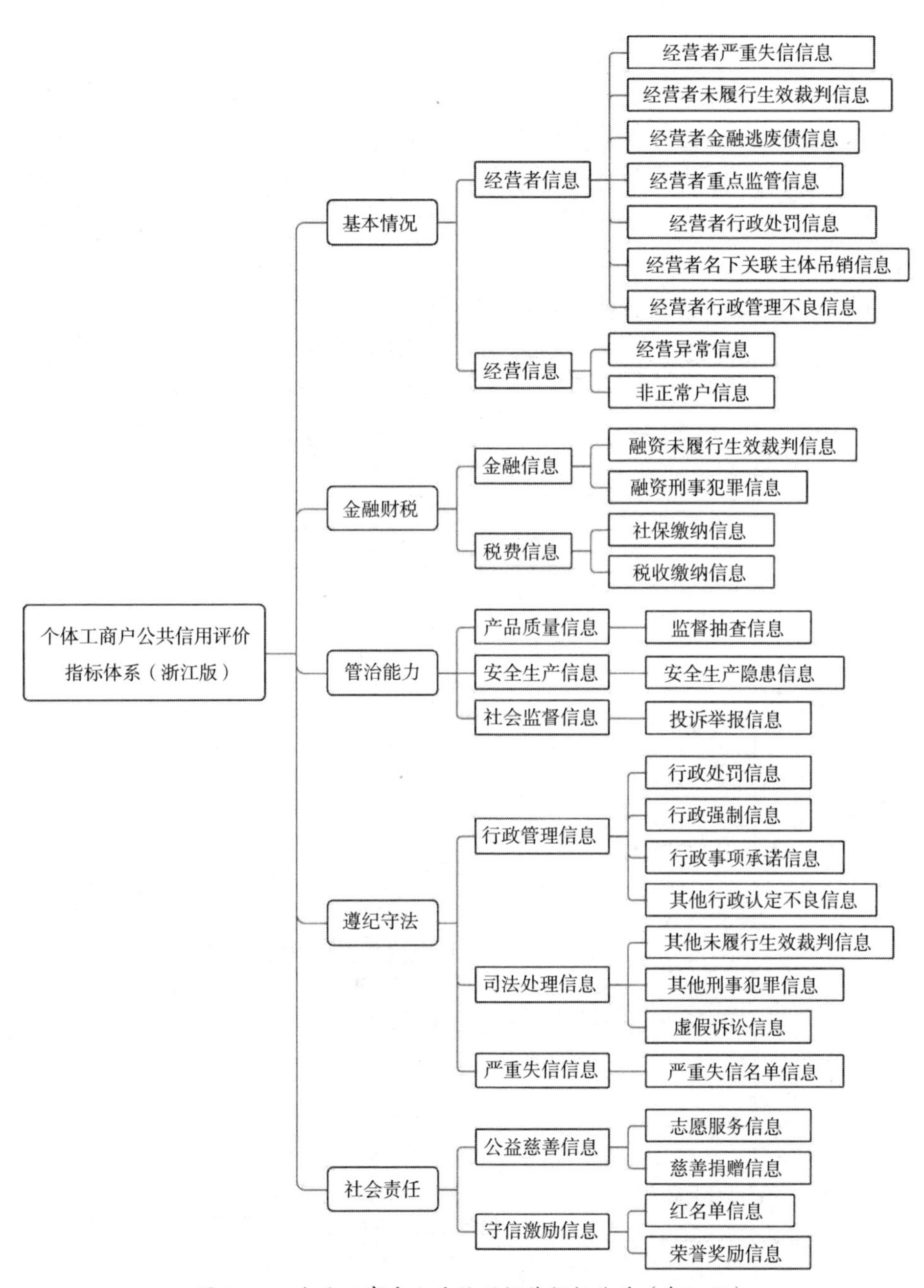


图 14-1　个体工商户公共信用评价指标体系（浙江版）

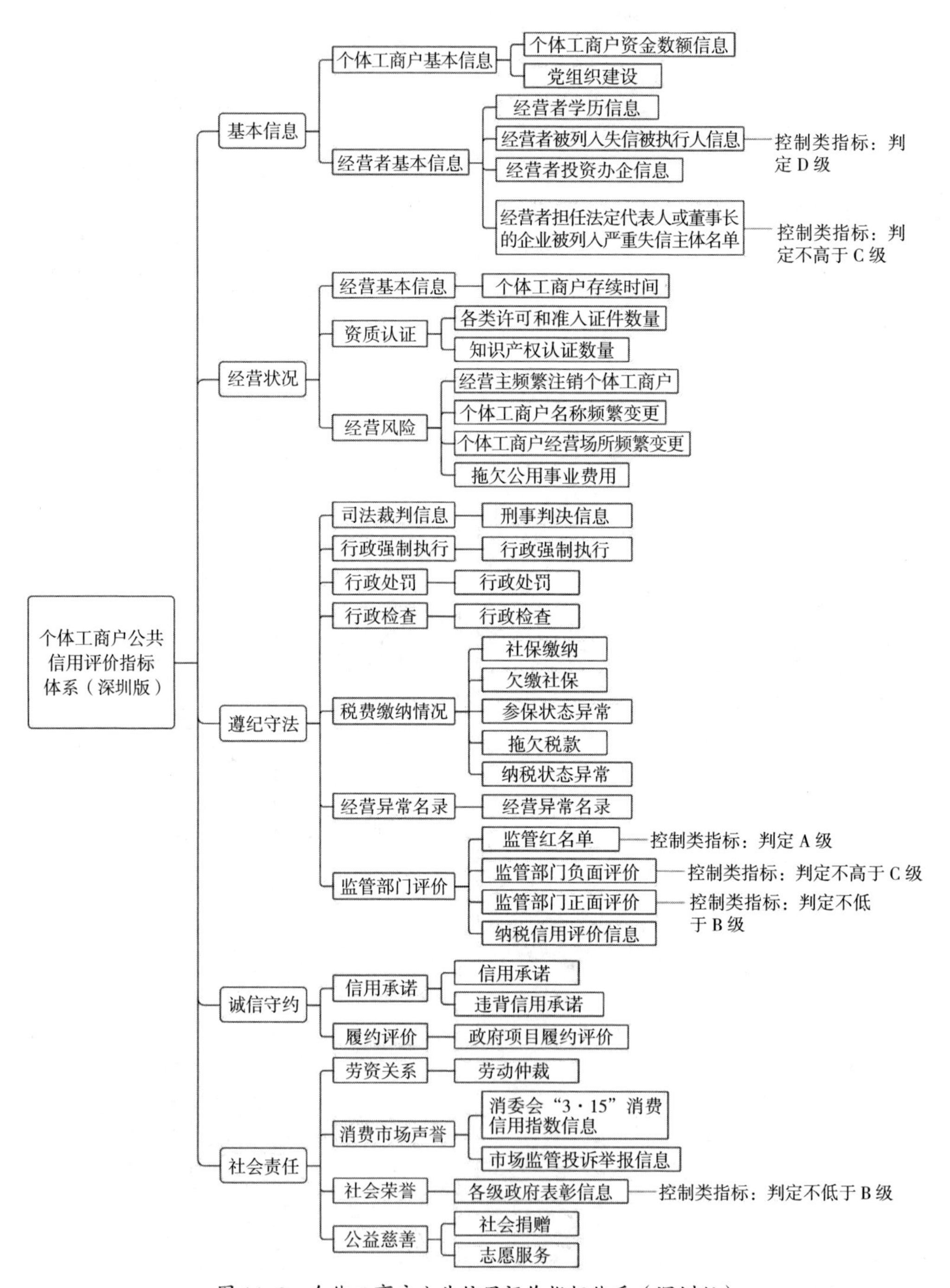

图 14-2　个体工商户公共信用评价指标体系（深圳版）

首个以公共信用评价体系为核心的个体工商户线上全流程信贷产品——“个体深信贷”，可凭纯信用线上快速申请。截止2023年底，该产品已累计服务个体工商户2.66万户，促成线上初评授信额度超3.88亿元。[1]

3. 天津实践

天津市于2023年11月发布《天津市个体工商户公共信用综合评价指引》，旨在为天津市行政区域内开展个体工商户公共信用综合评价工作及评价结果的应用活动提供指引。天津市个体工商户公共信用综合评价指标体系包括基础信息、资质认定、行业监管、履约践诺、社会责任5个一级指标和23个二级指标（见图14-3）。评价结果划分为A、B、C、D四等，A、A-、B+、B、B-、C+、C、C-和D九级。

在评价结果应用方面，文件明确强化信用评价结果应用，包括行政机关、司法机关、法律法规授权的具有管理公共事务职能的组织在法定权限范围内，对信用良好的个体工商户在政策扶持、评先评优等方面依法实施激励措施；鼓励金融机构在融资授信过程中参考使用个体工商户公共信用报告和公共信用综合评价，对信用状况较好的相关主体实施便利化融资服务；推进信用分级分类监管等。

## 三、个体工商户信用评价典型案例研究

实施个体工商户公共信用评价，一定程度上弥补了以往由银行金融机构单一主导市场信用评价体系中，个体工商户信用信息匮乏所带来的评价局限性。目前，各地正积极探索以公共信用为基础，通过深度融合地方治理、行业自律以及市场信用信息，构建一个全方位、多层次的综合信用画像体系，以实现对个体工商户信用状况的全面、精准评估。

下面以作者团队参与指导的“富阳区民宿个体工商户信用试点建设项目”为例，该项目入选2023年浙江省首批个体工商户信用体系建设试点，由杭州

---

[1] 深圳新闻网：《国内首个专门规范个体工商户公共信用评价市级地方标准在深推出个体讲信用 做优做大有大用》。

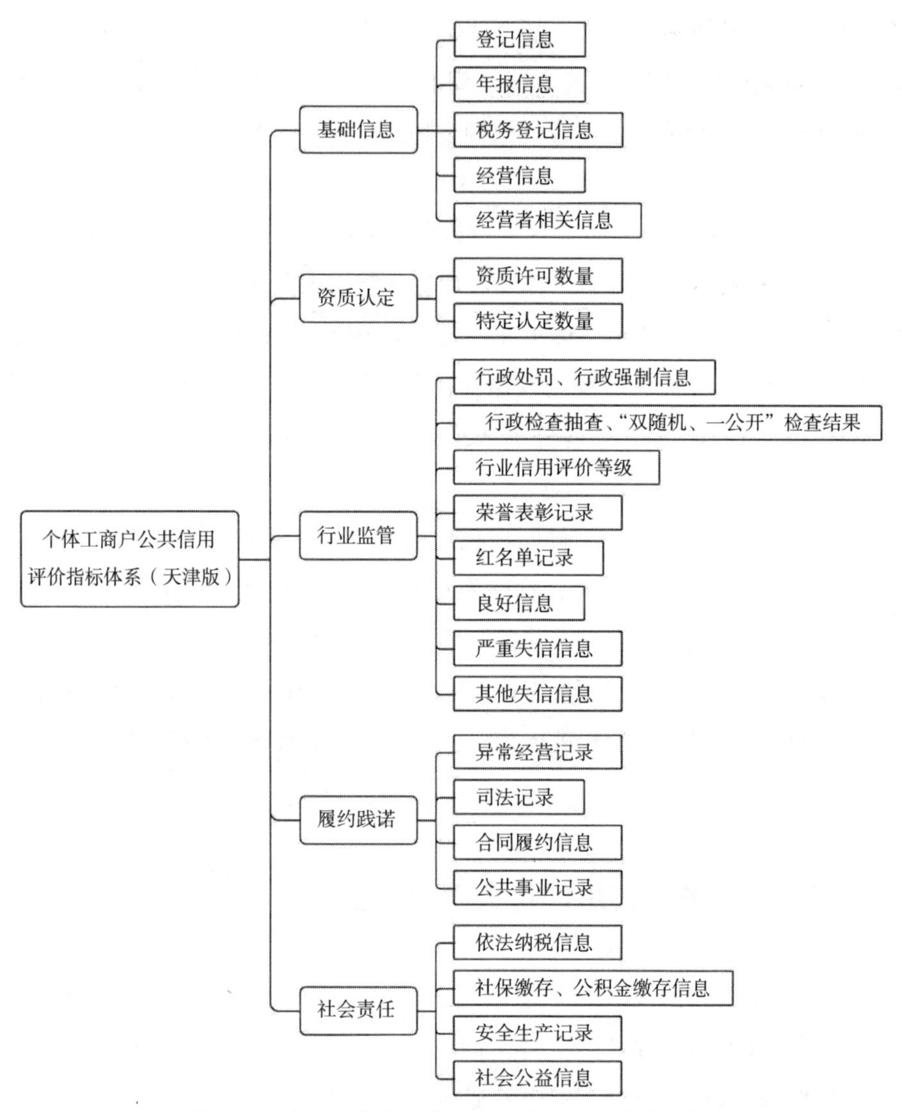


图 14-3　个体工商户公共信用评价指标体系（天津版）

市富阳区农业农村局、湖源乡、富阳区民宿业协会等单位共同推进。由于民宿个体工商户兼具社区成员与市场经营主体的双重角色，具有规模小、分布散，且以家庭为单位进行经营等显著特点，监管难度极大。加上经营主体素质参差不齐，一些经营者诚信意识淡薄、经营行为不规范、虚假宣传、消费欺诈等问题时有发生，既影响了民宿业的健康发展，也对当地社区的信用建设造成负面影响。因此，推动民宿个体工商户信用建设，具有净化社区信用环境、提升监管效率、助力民宿行业健康可持续发展的多重意义。富阳区以入选省级试点为契机，通过主体再扩容、体系再升级、评价再优化、场景再丰富、机制再创新，分步骤、分阶段推动民宿信用评价与应用的区级覆盖，其做法具有很好的参考和借鉴意义。其主要做法包括：

1. 建立组织协同机制

一是共建组织协同矩阵。由区发改局、区农业农村局牵头成立富阳区“民信宿用”省级试点建设工作领导小组，成员单位包括区文广旅体局、区总工会、湖源乡、区民宿农家乐协会等单位组织；同时，领导小组下设办公室，负责试点建设日常工作。二是共建多元宣推矩阵。各方共同参与民宿信用品牌的推广和宣传渠道建设，加大诚信宣传力度，积极为信用民宿代言，扩大其知名度和美誉度。

2. 搭建“一库三端”一站式平台

“一库”指依托区数字“三农”协同应用平台，在区级层面统一组建民宿信用信息数据库，归集民宿基础信息、证照许可资格信息、软硬件服务设施信息、线上线下经营信息、监管执法检查五大类民宿主体信息；开通省级共信用信息平台数据接口，全量接入全区 600 余家民宿个体工商户省 531X 公共信用分。“三端”即服务监管部门的信用管理端、服务民宿商家的移动管理端、服务消费者的移动应用端；“一屏”即“民信宿用”全景式驾驶舱。集成民宿信用信息归集、信息发布、信用评价、信用查询、风险预警、信用监管、场景应用、服务推广等功能于一体的一站式运营平台，提供一站式服务，满足不同用户需求。

3. 制定“一基双柱两翼”民宿信用评价体系

构建以公共信用评价为基础，以乡镇街道治理评价和民宿业主管部门（农业农村局）评价为双支柱，以民宿行业协会自律评价和第三方机构评价为两翼的“一基双柱两翼”综合评价体系（见图 14–4），形成对民宿信用的全方位、全景式画像，为乡镇街道精细治理、行业主管部门高效监管、行业协会精良服务、市场机构精准营销提供有力支撑。

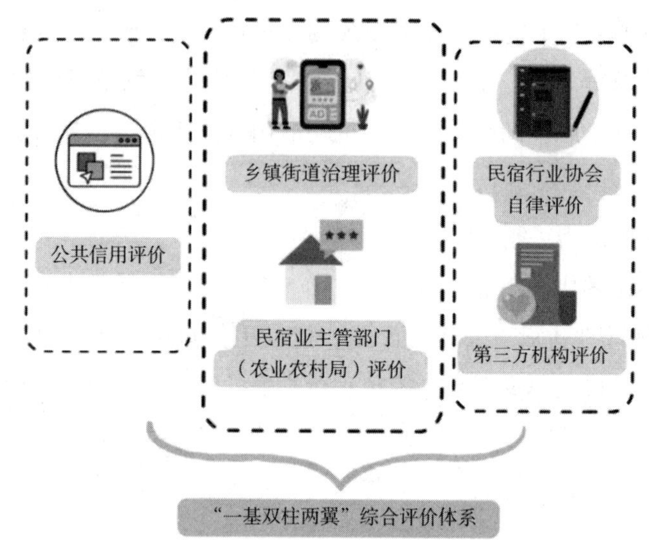


图 14-4　富阳区民宿信用评价体系

4. 政府、行业、市场共育应用场景

第一，政府培育。民宿信用评价结果与区农业农村局民宿示范村、农村现代民宿经营户、星级农家乐、精品民宿等评选挂钩，真金白银奖补信用民宿。其中，民宿示范村的最高补助额可达 200 万元，农村现代民宿经营户单个项目补助最高可达 150 万元。湖源乡创新“一宿一员”“一宿一码”链长制，将信用评价结果与民宿日常执法检查活动相挂钩，实施差异化监管，加大信用不良民宿的监管执法检查力度。

第二，行业自育。民宿信用评价结果与区民宿（农家乐）行业协会会员资格、会员服务和营销推广挂钩。一是将民宿信用评价结果作为会员资格的审核标准之一，激励民宿提升服务质量和信用水平；二是针对不同信用等级的民宿，提供差异化的会员服务，对信用等级较高的民宿提供更多的培训、交流、宣传等资源支持，对信用等级较低的民宿加强指导和服务，帮助其提升信用水平；三是将民宿信用评价结果作为市场营销推广支持力度的参考因素，对信用评价较好的民宿给予更多的宣传和推广资源支持，增加其知名度和客流量，同时也能激励其他民宿提升服务质量。

第三，市场助育。区内多家金融机构将民宿信用评价结果与金融信贷挂钩，创新信贷担保模式，加大民宿金融支持力度等。探索“协会＋民宿＋金融”的合作模式，专项推出“民宿贷”，引入了担保公司为民宿经营者提供保证担保，简化授信材料、审批流程，极大地提高了民宿行业贷款的可得性和时效性。数据显示，截至2023年7月末，该行已为全区189家酒店民宿提供金融支持8000余万元。

富阳区民宿个体工商户信用试点建设取得了积极的成效：第一，乡村旅游环境显著改善，文旅消费供需两旺。以湖源乡为例，民宿年接待游客9万余人次、创收1500万元，注册量全区第二且逐年递增。民宿的火爆带动了当地农家乐、土特产销售。第二，品牌辨识度显著增强。试点以来，全区民宿品牌辨识度显著提升。新增一批民宿示范村、精品民宿、星级农家乐。2023年7月1日，富阳区成功上榜第四批浙江省全域旅游示范区。第三，市场主体收获真金白银。农业银行富阳支行联合富阳区民宿（农家乐）行业协会举办战略合作签约仪式，为协会授信5亿元资金，并为四家民宿代表分别颁发授信牌，单户最高授信金额达410万元。富阳农商银行与富阳区农民合作经济组织联合会、杭州富阳农信融资担保有限责任公司签订三方战略合作协议并授信10亿元支持民宿产业发展。第四，监管效能和行业服务能力显著提升。2023年，区农业农村局、湖源乡等积极探索构建以民宿信用等级评价为基础的新型监管机制，开展分级分类监管。全区层面共开展各类民宿执法检查50余次，涉民宿各类行政处罚案件12起，涉民宿旅游消费投诉均较上一年显著下降，群众获得感不断增强。

## 四、个体工商户信用评价的问题与建议

1. 存在问题

（1）未充分考虑行业差异性，评价指标缺乏针对性。当前的个体工商户信用评价体系没有根据行业门类分类实施评价，忽视了不同行业门类之间的差异性，评价指标缺乏针对性。由于不同行业在经营模式、风险特点、监管要求等方面存在显著差异，采用一刀切的评价标准难以准确反映各行业个体工商户的实际信用状况，容易造成评价偏差，难以为行业监管和市场应用提供有效支撑。

（2）评价的“社区性”严重不足。当前无论是以政府部门为主导的公共信用评价，还是以银行金融机构为主导的市场化信用评价，其评价体系均忽略了个体工商户在社区信用治理中扮演的关键角色、积极贡献及其独特的信用价值，同时也未能充分构建起有效的激励与约束机制，以激发个体工商户在提升社区信用水平方面的内驱力和积极性，并约束其存在的失信行为。

（3）评价结果存在融合障碍与应用瓶颈。由于目前政府等公共部门和银行等私营部门在数据共享和模型开放方面仍存在较多的限制和壁垒，公共信用评价与市场信用评价之间缺乏有效的衔接和融合机制。两者在评价标准、指标体系、数据来源、结果应用等方面存在较大的差异和隔阂，难以形成有效的互补和协同作用。公共信用评价结果主要服务于行业监管与公共服务，难以直接应用于市场化场景；而市场化信用评价，尽管在融资贷款、商业合作等领域具有广泛应用，但由于涉及商业秘密，其商业数据和评价模型缺乏足够的透明度，也难以获得政府部门的信任和利用。两类评价在相互转化方面的这种困难，大大限制了结果应用的场景和范围，未能充分释放信用评价在促进个体工商户发展、优化市场资源配置等方面的巨大潜力。

2. 对策建议

针对上述问题，提出以下针对性建议。

（1）建立行业差异化评价指标体系。通过深入研究各行业的经营特点、风险状况及监管要求，分行业构建更具针对性的个体工商户信用评价体系，确保评价充分反映不同行业的信用特征。同时，加强跨部门合作，共享行业数据，为评价指标的科学性和合理性提供有力支持。

（2）强化评价的“社区性”与奖惩机制。完善个体工商户社区信用体系，将其在社区治理中的各类信用行为纳入评价体系，突出评价的“社区性”。同时，完善信用激励机制与惩戒机制，激发个体工商户参与社区信用治理的积极性，加大社区失信的曝光力度，形成强有力的外部约束。

（3）促进评价结果的融合与应用。打破公共部门和私营部门之间的数据壁垒，借助区块链等技术手段解决数据交互的安全性与可信性。建立公共信用评价与市场信用评价的衔接机制，探索评价结果互认与转化的可行路径。同时，不断拓展评价结果在政府端、市场端和社区治理端的应用场景，促进信用价值的多维度转化与增值，助力个体工商户高质量发展。

## 第二节　物业服务企业信用评价研究

### 一、加快物业服务业信用体系建设的重要性

1. 有助于改善物业服务行业形象，增进社区互信

长期以来，由于我国物业服务行业信用体系不健全，物业服务企业整体诚信意识淡薄，信用水平低下，行业形象差，和社区居民之间摩擦不断，双方关系紧张，相互信任水平低。各地每年都发生大量物业服务合同纠纷案件和投诉案件，层出不穷的物业纠纷矛盾已然成为社会焦点。探索建立包括物业等领域在内的社区服务信用管理体系，是《“十四五”城乡社区服务体系建设规划》提出的明确要求。物业服务企业参与社区信用治理，有助于完善物业企业社区信用信息，健全物业企业信用评价，推进物业企业信用分级分类监管，完善以信用为核心的奖惩机制，提升信用监管水平，规范物业服务企业行为，从而扭转行业形象，改善与社区居民的紧张关系，重塑公众信任。

2. 有助于改进物业服务水平，提升基层治理的效能

物业服务企业是基层治理的重要参与者，物业服务企业参与社区信用治理，有助于增强物业企业诚信自律意识，建立有效的监督与反馈机制，提升服务的精细化和精准化水平，推动资源的优化利用，改进物业服务水平以更好地满足居民需求。物业服务企业积累了丰富的专业知识和经验，了解社区运行的各个方面。通过参与社区信用治理，物业企业能够将其专业知识和服务能力直接应用于社区治理中，提供更加精准、专业的解决方案，从而提升社区的治理效能。

3. 有助于拓宽社区资源渠道，助推社区信用体系建设

物业服务企业参与社区信用治理有助于拓宽社区资源渠道，增强社区信用体系建设的动力与资源支持，从而推动社区信用体系的建设。通过促进社区

与外部资源的有效对接，物业企业能够协助社区吸引更多的社会资本、专业技术和人才等优质资源，这些资源将直接或间接地支持社区信用信息的采集、整合、分析与应用，提升社区信用治理的智能化、专业化水平，为构建更加完善、高效的社区信用体系提供有力保障。

## 二、物业服务企业在社区信用治理中的角色定位

1. 社区信用建设的参与者

物业服务企业在社区信用体系建设过程中起重要的协助推动作用，包括作为共建成员加入社区信用组织，共同参与社区信用治理规则的制定，为社区信用建设建言献策；为提升社区信用信息化水平提供技术支持；协助社区开展信用信息采集，如记录参与社区活动及志愿服务，建立社区成员的信用档案；执行社区信用的信用激励与约束措施；配合社区组织开展信用知识讲座、发放宣传材料、开展信用主题活动等方式，向居民普及信用知识，宣传诚信理念，提高居民的信用意识和道德水平，等等。

2. 社区信用环境的营造者

物业服务企业通过加强自身诚信建设，树立诚信经营的良好形象，通过优质服务、规范管理等行为，为居民树立榜样，引导居民积极参与社区信用建设，共同营造诚实守信的社区氛围。

3. 社区信用服务的提供者

物业服务企业通过探索基于信用的服务新模式、新路径，提供差异化的信用增值服务，如推出“信用积分 + 物业服务”模式，将居民的信用积分与物业增值服务挂钩，鼓励居民通过守信行为积累信用积分，兑换物业服务或其他优惠福利。

4. 社区信用应用的创新者

物业服务企业通过拓展信用应用场景，将信用建设与社区治理、商业服务等领域相结合，推动信用信息在更广范围内的共享和应用，提升社区治理的智能化和精细化水平。

## 三、物业服务企业信用评价与地方实践

随着我国城市化进程的不断加速，物业管理行业的快速发展，物业服务企业的数量与规模日益扩大，但同时也暴露出了一些问题，如服务质量参差不齐、诚信缺失、市场竞争无序等。这些问题不仅损害了业主的合法权益，也影响了整个行业的健康发展。为了推进物业服务行业信用体系建设，强化信用激励与约束，规范物业服务企业的经营行为，提高行业诚信水平，构建公平、公正、透明的市场环境，近年来，针对物业服务企业信用评价，全国各地进行了大量有益的探索与实践。

1. 北京模式："风险 + 信用"等级评价制

北京市是国内最早开始实施物业服务企业信用管理的城市。早在 2010 年，北京市发布《北京市物业服务企业信用信息管理办法》，与之配套出台的还有《北京市物业服务企业违法违规行为记分标准》和《北京市物业项目负责人考核记分标准》，并在后期进行过多次修订。文件明确了物业服务企业信用信息采集的内容包括基本信息、业绩信息和警示信息。对物业服务企业及项目负责人的信用信息的监督管理实行信用记分制度。企业记分满分为 20 分，项目负责人记分满分 15 分，按记分标准类别予以相应减分。

2018 年，为加强物业服务企业事中事后监管，北京市住房和城乡建设委员会和北京市经济和信息化委员会发布《关于加强物业服务信用信息管理的通知》，规定物业服务企业信用信息包括基本信息、良好信息和不良信息。基本信息是指物业服务企业获得经营许可及管理规模的信息。良好信息是指物业服务企业获得政府部门奖励、表彰或达标等守信行为记录。不良信息是指物业服务企业违反法律法规、标准、规范或合同约定等失信行为记录。

2020 年,《北京市物业管理条例》正式实施后，上述两份文件被废止。取而代之的是《北京市住宅项目物业服务综合监管实施方案（试行）》，与之配套的还有《住宅项目物业服务综合监管风险评估制度》《住宅项目物业服务综合监管信用评估制度》《住宅项目物业服务综合监管分类分级监管制度》等 8 份实施制度，涉及物业企业的信用管理将按照综合监管实施方案一并实施，该方案于 2022 年开始试行。根据该实施方案，北京市通过统筹住宅项目物业服务

因存在违法违规问题被投诉的情况、行政处罚、表彰等监管记录，对全市住宅项目物业服务统一实施四等九级信用评价。通过识别住宅项目物业服务投入使用时间、规模、物业服务费收费率、业主满意度等风险影响因素，按照影响范围、影响程度等，予以分配不同的权重系数，依据各项风险因素评估结果，综合确定风险等级。建立健全基于“风险＋信用”的分级监管制度，统筹风险监管与信用监管两个维度，不断优化监管频次，针对不同级别的监管对象，实施差异化精准监管。

从北京的做法调整可以看出：在评价对象上，北京市已从最初的针对物业服务企业和项目负责人评价，调整为针对住宅项目物业服务评价；而在评价方法上，从原来的信用计分制度，调整为基于“信用＋风险”的等级评价。构建了党委领导、政府主导、居民自治、多方参与、协商共建、行业自律的共治工作格局，将物业服务企业和业主委员会纳入基层治理体系。

2. 上海模式：失信计分制

上海市也是国内较早开始试点物业服务企业与项目经理信用信息管理与信用评价的城市。2012 年，上海市住房保障和房屋管理局以《物业管理条例》为主要依据，制定出台《上海市物业服务企业和项目经理信用信息管理办法》，并于同年发布《上海市物业服务企业和项目经理信用信息评价试行标准》。后续，上海市多次对上述两份文件进行修订完善。

采用失信计分制度是上海模式的主要特征。以最新的 2023 年版《上海市物业服务企业和项目经理信用信息管理办法》为例，该文件共包括目的和依据、适用范围、管理部门、管理原则、联动共享、行业自律、信用信息内容、信用信息采集、失信行为记分制度、失信信息异议申请和处理、失信行为修正申请和处理、特别管理措施、其他管理措施、信息查询与公示、施行日期十五条。文件明确该市实行物业服务企业和项目经理失信行为记分制度。由市房屋行政管理部门依据法律法规相关规定并结合本市实际情况，制定本市物业服务企业和项目经理失信行为记分规则，并适时调整。采集的信用信息主要包括基本信息、业绩信息和失信信息。其中，基本信息包括物业服务企业名称、统一社会信用代码、服务项目、雇用员工情况及其他有关企业的基本信息；项目经理姓名、身份证明、服务项目及其他有关项目经理的基本信息。业绩信息主要包括物业服务企业或企业法定代表人、主要负责人、项目经理、其他从业人员在本市从事物业服务活动中受到的相关行政管理部门、市物协涉及物业管理方面的评选、表彰信息。失信信息主要包括物业服务企业或项目经理在从事物业服务活动中，按照本市物业服务企业和项目经理失信行为记分规则认定的失信行为和记分处理结果的信息。物业服务企业失信信息含项目经理失信信息的折算分值。失信行为分为轻微失信行为、较严重失信行为和特别严重失信行为。

相应的，2023 年版《上海市物业服务企业和项目经理失信行为记分规则》中明确对物业服务企业、项目经理的失信行为依据管理服务效果和违规行为的严重程度进行记分，记分类型分为 18 分、6 分、3 分三种情形，其中 18 分为特别严重失信行为、6 分为较严重失信行为、3 分为轻微失信行为。失信行为自发生之日起超过 1 年的，不予记分。

公开数据显示，2023 年，全市各级房管部门对物业企业和项目经理等违规行为作出失信记分处理 329 条，其中，9 家物业企业和 5 名项目经理，因发生日常安全管理失职、损害业主利益等特别严重失信行为，被房屋行政管理部门作出记 18 分处理。

3. 福建模式：基于信用得分的等级评价制

福建省于 2015 年 12 月印发《福建省物业服务企业信用综合评价办法（试行）》，于 2016 年 1 月 1 日起施行。2019 年，印发《关于推进物业服务企业信用综合评价的实施意见》。在此基础上，2023 年修订出台《福建省物业服务企业信用综合评价办法》。

福建省物业服务企业信用评价采用基于信用得分的等级评价制度。以物业服务企业信息记分周期总得分为基础，结合各方评价确定企业信用等级，物业服务企业信用等级划分：信用得分在 100 分（含）以上的，为优秀物业服务企业，信用等级为 AAA 级；信用得分在 90 分（含）至 100 分以内的，为良好物业服务企业，信用等级为 AA 级；信用得分在 75 分（含）至 90 分以内的，为合格物业服务企业，信用等级为 A 级；信用得分在 60 分（含）至 75 分以内的，为基本合格物业服务企业，信用等级为 B 级；信用得分在 60 分以下的，为不合格物业服务企业，信用等级为 C 级（不合格）。物业服务企业信用得分

= 基本信息分 + 经营信息分 + 满意度信息分 + 良好信息分 – 不良信息分。物业服务企业信用得分按照《福建省物业服务企业信用信息记分明细表》，实行加减分制。

福建省将信用评价记分对象分为独立法人的物业服务企业、物业服务企业的分支机构、物业服务项目 3 类，分别对应 3 种计分方式。信用信息采集渠道主要包括企业自行申报、各级物业管理主管部门及相关部门主动采集和街道办事处（乡镇人民政府）、居（村）民委员会、社会公众等提供。此外，福建省还将社区物业党建联建工作纳入信用评价内容，增加了街道（乡镇）党组织、社区党组织对物业服务企业的满意度评价意见，包括党建联建、应急处置、矛盾纠纷调处等方面。

## 四、问题与建议

当前，我国物业服务行业信用体系地区之间建设进程极不平衡。虽然部分地区无论是在制度建设层面，还是在实践操作层面均积累了丰富的经验，但主要集中在城市化程度高、经济发展水平较好的大中城市，多数城市化程度较低的经济欠发达地区整体仍处于起步阶段。

1. 当前物业服务企业信用评价存在的问题

（1）缺乏统一的行业信用信息平台。目前，我国尚未建立全国统一的物业服务企业行业信用信息平台。各地在信用信息的采集、整合和共享上缺乏统一的标准和机制，导致信用信息孤岛现象严重。这不仅增加了信用评价的难度和成本，也限制了信用评价结果的应用范围和价值。

（2）评价标准不统一。由于各地在物业服务信用管理制度建设上仍处于探索阶段，不同地区之间的信用评价标准，无论是评价的对象与范围、评价信息的来源与采集方式、评价的具体内容，还是评价指标的选取、评价权重的设定、评价方法的使用以及评价结果的呈现上，均存在很大差异。这种差异性使得物业服务企业在不同地区的信用评价结果可能大相径庭，难以形成统一的行业信用标准。尤其是在失信行为的界定和惩处力度上存在较大不同，这使得物业服务企业在不同地区的违规成本不同，进而影响其守信的积极性和约束力。

（3）评价内容的“社区性”不足。物业服务企业信用评价的主体包括政府部门、行业协会、街道社区、小区业主等多个方面。然而，当前各地的评价主要由政府主导，在功能上主要服务于政府行政监管，这在评价上更强调物业服务企业在遵守法律法规、履行法律义务等方面的合规性。其他主体，尤其是街道社区、小区业主的参与度不够，无法充分反映上述主体的利益诉求，物业服务企业的行业自律和社会监督仍然不足，评价结果难以准确反映物业服务企业在社区中的实际表现，造成实际结果与公众感受存在较大偏差。

2. 进一步完善物业服务企业信用评价的建议

（1）建立全国统一的行业信用信息平台。制定统一行业信息标准，明确物业服务企业信用信息的采集、整合、共享的标准和机制，打破信息孤岛现象；依托云计算、大数据等现代信息技术，加快建立全国统一的物业服务企业行业信用信息平台，实现信用信息的互联互通和共享共用。

（2）完善信用评价，统一评价标准。物业管理是一个多方参与的过程，信用评价应当综合考虑政府部门、行业协会、专家和企业等各方面的意见，并充分结合物业服务行业的发展特点，分级确定信用评价的指标体系。[1]在国家层面制定统一的物业服务企业信用评价标准，明确评价的对象与范围、评价信息的来源与采集方式、评价的具体内容等；明确物业服务企业的失信行为界定标准，统一惩戒尺度。

（3）增强评价内容的“社区性”。健全多元主体评价机制，鼓励街道社区、小区业主等多元主体参与物业服务企业信用评价，确保评价结果的全面性和公正性；完善社区监督机制，建立健全社区监督机制，由社区和公众监督物业服务企业在社区内提供服务、履行合同等行为；强化行业自律，加强行业协会建设，推动行业自律机制的形成，提高物业服务企业的自我约束能力。

---

[1] 李小博. 城市社区物业服务信用体系的建设与完善［J］. 征信，2022（3）：37–42.

# 第三节　家政服务机构信用评价研究

## 一、实施家政服务机构信用评价的意义

家政服务业是指以家庭为服务对象，由专业人员进入家庭成员住所提供或以固定场所集中提供对孕产妇、婴幼儿、老人、病人、残疾人等的照护以及保洁、烹饪等有偿服务，满足家庭生活照料需求的服务行业。家政服务业作为新兴产业，对促进就业、精准脱贫、保障民生具有重要作用。据统计，截止 2024 年 7 月，我国家政服务从业人员已经超过了 3000 万人，行业企业 100 多万家，行业规模超过 1.1 万亿元。实施家政服务机构信用评价：

1. 有助于重塑行业公信力

家政服务机构是社区不可或缺的重要成员，其一头连接千家万户，是专业化社区服务的提供者，另一头连接劳动就业市场，是拓宽社区就业的重要渠道。但长期以来，家政服务机构普遍存在规模小、分布散、管理乱的“小散乱”问题，家政服务人员职业素养和专业技能参差不齐、服务质量难以保障，这些问题使得整个家政服务行业饱受诟病。通过实施家政服务机构信用评价，将包含家政服务人员在内的各类家政服务机构统一纳入信用管理，有助于规范行业秩序，提升服务质量，增强公众对家政服务行业的信任度和满意度，扭转行业形象，提升行业公信力。《国务院办公厅关于促进家政服务业提质扩容的意见》（国办发〔2019〕30 号）提出要健全家政服务领域信用体系，开展家政企业公共信用综合评价，对信用等级较高的企业减少监管频次，提供融资、租赁、税收等便利服务。

2. 有助于促进社区资源优化配置

家政服务是社区服务体系的重要组成部分。家政进社区是指家政企业以独营、嵌入、合作、线上等方式进驻社区，开展培训、招聘、服务等家政相关业务。《国家发展改革委等部门关于推动家政进社区的指导意见》（发改社会〔2022〕1786 号）指出，推动家政进社区，有利于稳定服务关系、提高家政服务品质，有利于扩大居家养老育幼等服务供给、有效应对人口老龄化，有利

于增加社区就业、扩大家庭消费，是促进家政服务业提质扩容的关键环节，是落实党的二十大精神、发展现代服务业的一项重要举措。实施家政服务机构信用评价，有助于促进行业优胜劣汰，通过政府为社区困难人群购买家政服务等方式，引导社区服务资源更多向信用良好、服务优质的家政服务机构和家政服务人员倾斜，促进社区资源优化配置。

## 二、各地家政服务业信用评价实践

为破解长期困扰家政行业服务质量参差不齐、信任缺失、公众满意度不高等难题，推动家政服务业向规范化、专业化、品质化方向发展，全国多地开展家政服务机构信用评价的积极探索与实践，推动家政服务领域信用体系建设高质量发展。下面重点介绍广州、杭州和上海三地家政服务业信用评价及其实践情况。

1. 广州探索

广州市作为全国“家政服务业提质扩容‘领跑者’城市”，积极推进家政服务信用体系建设。依托广州市家政服务综合平台，推广实施家政“安心服务证”项目。2021 年，广州市制定并发布包含企业和从业人员两个家政服务信用等级地方标准——《家政服务信用等级评价规范》。通过建立电子诚信档案、形成培训考核系统、开发动态评信机制等措施，促进家政服务企业和从业人员信用提升，提升家政服务水平和服务质量。

广州版家政服务企业信用评级包括企业实力、服务能力、管理能力、公共信用报告、综合能力 5 个一级指标；企业注册资本、经营场所面积、企业运营年限、年营业额排名、从业人员数量排名等 24 个二级指标（见图 14–5）。家政服务企业信用评级满分 1000 分，根据得分高低划分为 AAAAA、AAAA、AAA、AA、A、无（不合格）6 级。500 分以下为信用不合格。

广州版家政从业人员信用等级评价体系包括基础信息、服务信用、身份核查证明 3 个一级指标和 1 个加分项，其中基础信息包括身份信息等 7 个二级指标，服务信用包括职业道德等 5 个二级指标，加分项包括荣誉奖励等 3 个二级

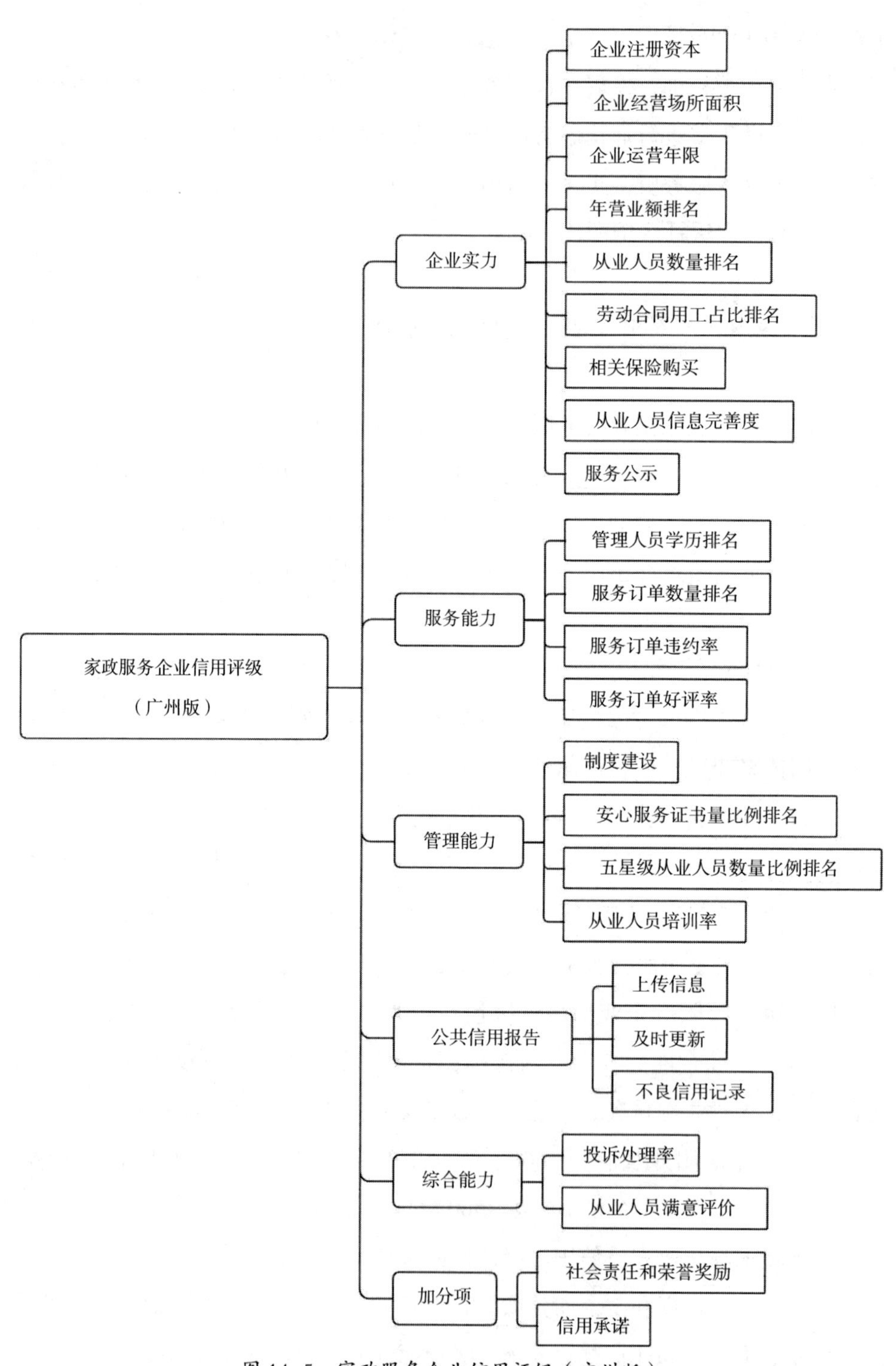


图 14-5　家政服务企业信用评级（广州版）

指标（见图 14-6）。评价结果用星级表示，等级从高到低分为 5 个等级：900 分以上为五星级，800~900 分（含 800）为四星级，700~800 分（含 700）为三星级，600~700 分（含 600）为二星级，500~600 分（含 500）为一星级，500 分以下为信用不合格。

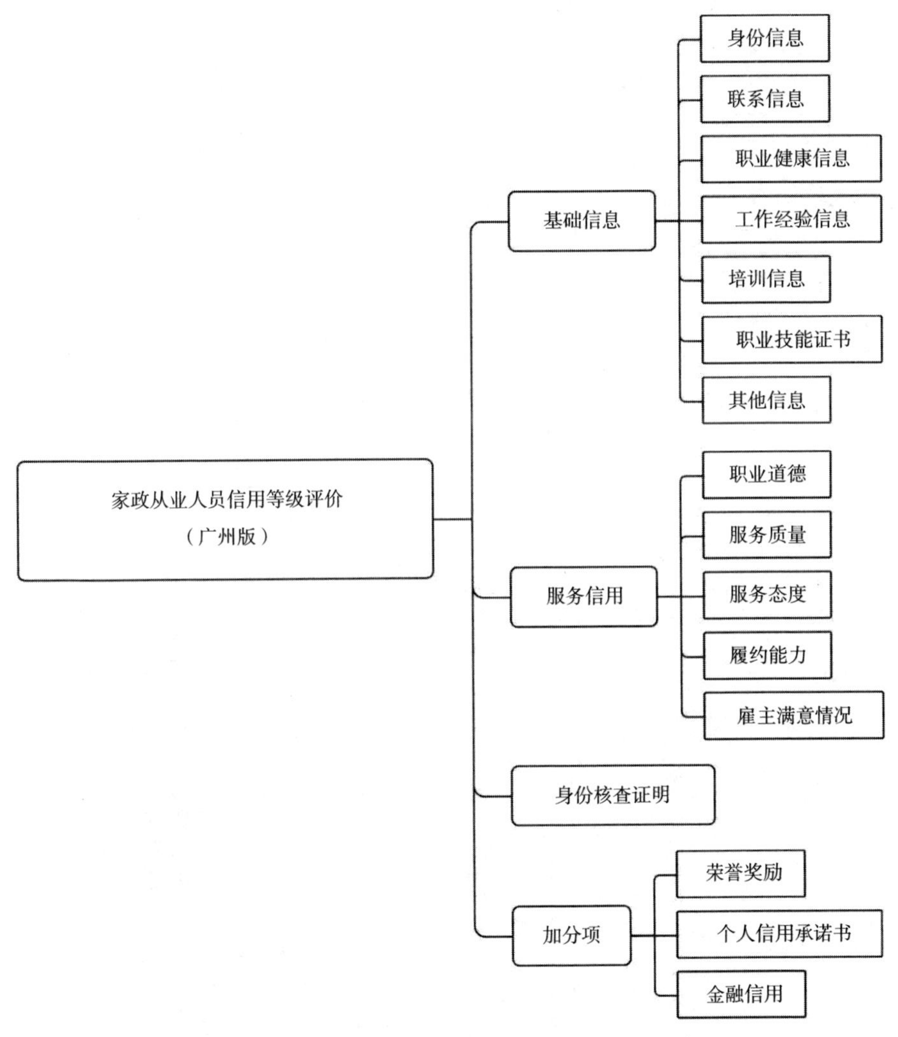


图 14-6　家政从业人员信用等级评价（广州版）

2. 上海探索

根据上海市 2021 年发布的《家政服务机构信用等级划分与评价规范》地方标准，上海版家政服务机构信用评价指标体系包括价值观、履约能力、社会责任 3 个一级指标，价值理念、品牌形象、管理能力、经营能力、服务能力、公共管理、相关方履约、社会公益、管理创新 9 个二级指标，发展战略、领导层品质、规章制度、品牌建设、部门架构及办公条件等 20 个三级指标（见图 14-7）。评价满分 120 分（含 20 分加分项），根据得分高低划分为 AAAAA、AAAA、AAA、AA、A、B、C 共 7 各等级。

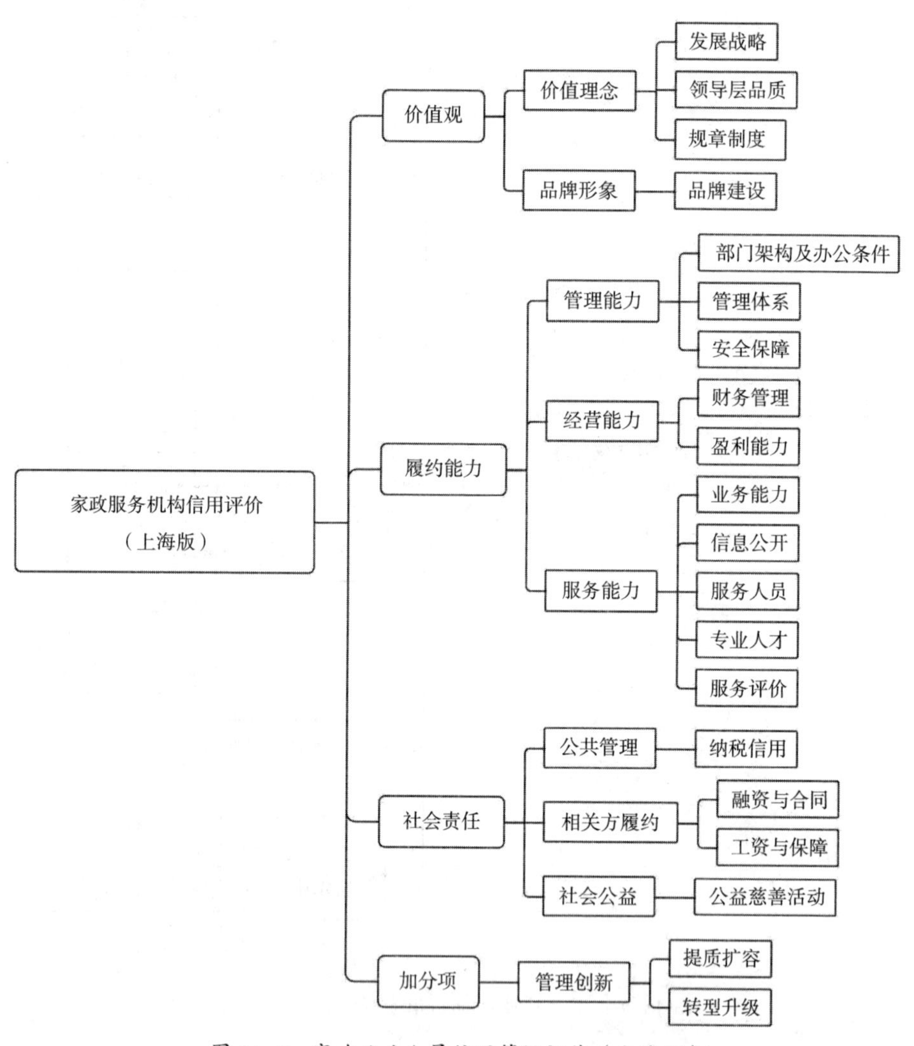


图 14-7　家政从业人员信用等级评价（上海版）

3. 杭州探索

自 2019 年 12 月被国家发展改革委、商务部等五部委确定为全国家政服务业提质扩容“领跑者”行动试点城市以来，杭州市商务局牵头构建了“1+3”家政信用评价体系，即依托 1 个家政信用平台，通过赋予个人专属的家政安心码、信用评分和星级评定，分别对家政服务员、家政服务机构和社区家政服务网点 3 个层次的信用主体开展信用评价。

根据杭州市 2023 年正式发布的家政服务机构信用评价地方标准——《家政服务机构信用评价规范》，杭州家政服务机构信用评价指标体系包括制度规范化、服务标准化、人员职业化、管理数字化和机构品牌化 5 个一级指标、管理制度、经营制度、运营标准、服务标准、法定代表人、家政服务员等 10 个二级指标，规章制度、工资与保险、经营场所、设备管理、投诉管理等 18 个三级指标（图 14–8）。评价总分 1100 分（含 100 分附加分），根据得分高低划分为 A、B、C、D、E 五个等级。

此外，杭州市以推出“安心找家政”场景为抓手，推动家政服务业标准化、规范化、品牌化、数字化发展。通过构建家政信用信息管理与服务平台，形成完善的家政信用评价体系，推动行业良性发展。截至 2023 年 1 月份，“安心找家政”场景已经与 16 个省市级部门建立 30 个接口，实现了 30 项数据协同。已入驻家政机构 222 个、家政服务员 62,132 人。杭州市龙头企业均有企业内部制作的上岗证件，持证上门人数达 10,532 人。

## 三、问题与建议

1. 主要问题

当前我国各地家政企业信用评价做法在推动家政服务领域信用体系建设和优化营商环境方面发挥了一定作用，但仍存在一些不足之处。主要体现在以下几个方面：

（1）统一的行业信用信息平台建设亟需加快进程。当前由中华人民共和国商务部组建的全国统一的家政服务信用信息平台已上线。但截至 2023 年末，其收录的家政企业数量仅 2 万家，家政服务人员信用信息 1500 余万条，与当前全国家政企业的实际规模（2024 年 7 月已超过 100 万家）及从业人员数量（超过 3000 万人）相比，存在显著差距，平台的覆盖范围和信息集成能力亟待

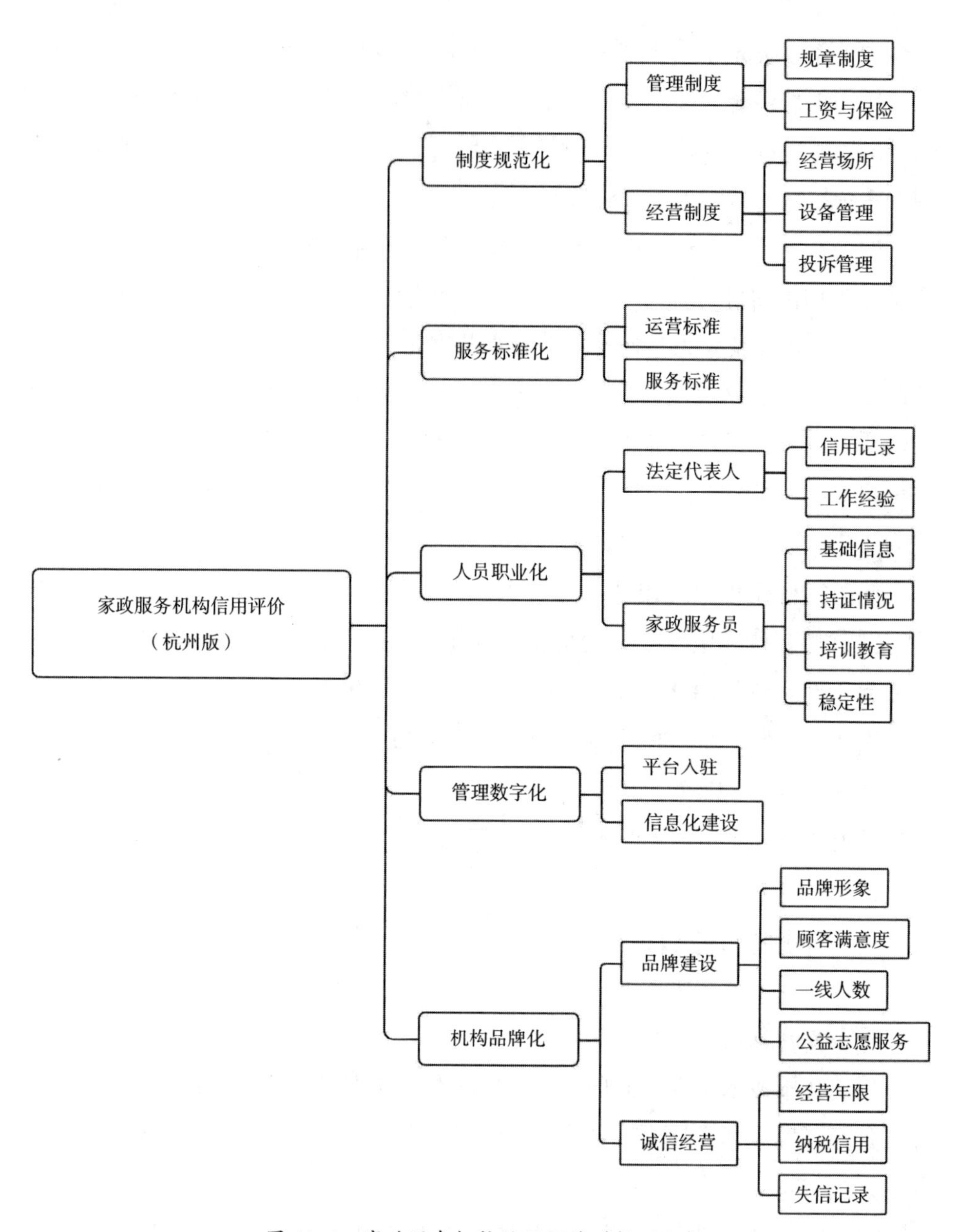


图 14-8　家政服务机构信用评价（杭州版）

提升。由于全国统一的家政服务信用信息平台建设进度未能跟上行业发展和地方监管的步伐，导致多地不得不自行推进地方平台建设，这在一定程度上不仅削弱了全国平台应有的整合效应，还直接导致了资源浪费与重复建设问题。

（2）家政服务企业社区信用评价缺失。从当前各地制定出台的家政服务企业信用评价体系来看，社区和社区居民在参与家政服务企业信用评价与监督方面的作用远未得到充分发挥。同时，家政企业在社区治理中的贡献也未能在评价体系中得到充分体现，导致家政服务在社区层面的信用状况难以得到全面、客观的反映。社区作为家政服务的重要“舞台”和意见反馈来源，其参与评价与监督，对于完善家政服务信用体系、推动行业健康发展，具有不可或缺的作用。

（3）信用评价结果市场应用机制不健全。当前家政服务行业的信用评价主要由各地政府部门主导，以市场为主导型的信用评价机制并未真正得以建立。由于市场参与度的严重不足，信用评价的结果大多被局限在政府监管和奖惩的框架内，未能充分融入市场的各个运作环节之中。一方面，那些信用记录优良的家政服务企业，无法充分利用其信用优势来获取更多的市场机会；另一方面，一些信用不佳的企业，由于市场对其缺乏有效的制约和惩罚，得以继续在市场上存活，这不仅破坏了市场的公平竞争环境，也影响了整个行业的健康发展。

2. 对策建议

（1）加速全国统一家政信用信息平台建设。应进一步加大资源投入，优化数据采集与整合流程，确保家政企业和从业人员的信用信息能够全面、及时、准确地被纳入平台。实现行业信用平台与公共信用信息平台、行业监管平台之间的无缝对接，实现数据的互联互通和高效共享，从而增强平台信用评价效能。

（2）强化社区在家政信用评价中的作用。进一步完善家政进社区政策机制，充分发挥社区和社区居民在家政服务企业信用评价与监督中的积极作用。建议将家政企业参与社区治理的贡献度纳入评价体系，确保家政服务在社区层面的信用状况得到全面、客观的反映。通过社区参与，提升家政服务信用体系的完善度，推动行业健康发展。

（3）完善以市场为主导的信用评价与应用机制。打破以政府为单一主体信用评价的局限性，构建多元主体参与的信用评价机制。要拓宽信用评价结果的应用场景，将其与市场准入、融资支持、税收优惠等政策挂钩，激励守信企业，制约失信企业。此外，加强政府与市场主体的合作，通过政策引导、资金扶持等方式，促进信用评价结果的广泛应用，形成有效的市场激励与约束机制。

# 第十五章

# 社区信用治理典型案例研究

在中国这片充满活力与变革的土地上，社区信用治理的创新实践正如火如荼地展开，遍地开花。各地纷纷涌现出一批批优秀的信用治理案例，它们不仅展现了广大基层的智慧与创意，更推动了社会治理模式的变革与发展。这些实践案例，是创新精神的生动诠释，也是中国式治理体系现代化的真实写照。本章中，作者将深入剖析这些优秀的社区信用治理案例，挖掘其创新模式、实践方法与实施路径，以期提供可借鉴的经验与启示。

## 第一节　山东“荣成模式”研究

### 一、模式介绍

荣成市是山东省最早开展社会信用体系建设的县市，同时还是全国首批 12 个社会信用体系建设示范城市之一，并获批全国守信激励创新工作试点市。自 2012 年自上而下启动社会信用体系建设以来，荣成市通过强化顶层设计和系统推进，以党建为引领，以信用为支撑，逐步构建起信用组织体系健全、信用制度体系完善、信用信息体系完善、信用服务体系丰富、信用文化浓厚、社会动员力度空前、社会力量参与广泛且覆盖广大城乡社区的社会信用体系，形成了极具荣成特色和县域特点“荣成模式”。

## 二、主要做法

1. 治理结构与组织实施

荣成市坚持政府主导、党建引领、社区主体、社会共建的基本原则，自上而下构建了覆盖城市和农村社区的三层级信用组织体系：市级层面成立了市委书记、市长“双挂帅”的工作领导小组和市委直属的社会信用中心，区镇、街道层级设立基层信用机构，村居层级设有信用管理议事会。同时，建立三级工作架构：在市级层面，设立了直属市委的社会信用服务中心，配备信用专职人员。把信息征集、评价应用、联合奖惩等信用建设的每个环节都纳入了制度化轨道。在街道层面，成立了信用工作领导小组，围绕群众生活、社会服务等多个领域，结合村居工作实际，细化信用考评机制。在村居层面，依托1000余名网格员、协管员、楼栋长等成立信用信息采集、评价、引导三支队伍，构建了社区信用队伍体系。

2. 社区信用规则体系建设

荣成市先后颁布实施《荣成市社会信用管理办法》《荣成市个人诚信积分管理办法》《荣成市市场主体信用分级分类管理办法》等50多个规范性文件、270多个配套文件，形成了覆盖城、乡社区的信用规则体系。在城市社区层面，2017年印发《荣成市城市社区居民暨在职党员信用管理实施办法》，将城市社区居民和在职党员纳入信用管理。2020年，荣成市委组织部等四部门联合印发《荣成市城市社区信用管理办法》，明确了居民、党员、楼长（楼栋长）、社区工作者（含网格长），以及驻区共建单位党组织、城市社区党组织、市场主体（红色物业）、社会组织等信用主体的管理标准、程序和方法，并在全市范围内对上述信用主体的信用行为进行评价。在农村社区层面，2019年，制定实施《荣成市农村居民信用积分评价办法》，对农村居民信用管理采取积分制，并依据积分开展信用评价，实行星级管理。

3. 社区信用信息体系建设

荣成市在全市层面搭建了统一的社会信用管理系统，包括公共信用信息、行业信用监管、村居信用等六个子系统，实现了信用平台系统覆盖到所有行业领域、信用管理对象覆盖到所有社会组织成员、信用信息征集覆盖到所有经济社会活动。荣成在全国率先建设村居信用管理平台，信用建设延伸到全市 22 个镇街、788 个村居组织。

城市社区信用信息体系建设方面，《荣成市城市社区信用管理办法》中规定，镇街负责城市社区的个人和组织信用主体相关信用信息归集、更新、报送与使用，指导、监督社区对信用主体相关信用信息的归集、更新、上报工作。社区信息定期采集上报至市级管理平台后，为信用主体建立信用档案。

农村社区信用信息体系建设方面，《荣成市农村居民信用积分评价办法》中规定，各镇街和村居组织将以重点人群、村居为单位，动态记录居民积分变化情况，以及扣分、加分原因等，形成居民信用积分档案。重点人群是指村党支部书记、村委会主任、妇联主席、"两委"成员、村民代表、中共党员、信息采集员。居民信用信息包括基本信息、日常信息、社会信息、整改信息、档案信息。其中，日常信息分为守信信息和失信信息。守信信息是指表彰奖励、参加新时代文明实践、慈善捐赠、好人好事、助人为乐、见义勇为等信息；失信信息是指居民违反村规民约、社会公德、职业道德、家庭美德和个人品德等信息。信息层级上分为市级、市村级、村级三个层级。

4. 社区信用评价体系建设

荣成市从城、乡两个层面分类制定针对不同社区信用主体的信用评价体系，形成市、镇街、村居统一的一套评价办法，将城、乡社区信用主体在社区基层治理中的大量守信和失信行为纳入评价范围，是荣成市社区信用评价体系的一大特色。

在城市社区层面，社区信用评价对象包括居民、党员、楼长（楼栋长）、驻区共建单位党组织、社区党组织、市场主体、社会组织、红色物业等多个主体，信用评价信息由守信信息和失信信息构成，信用等级依据信用分数，划分为 AAA、AA、A（A+、A-）、B、C、D 六个等级。以居民为例，其评价体系由信用加分和信用减分两大类构成，信用加分项包含参加社区志愿服务、在小区业委会担任职务并发挥积极作用等多个维度，信用减分项包括占用消防通道造成消防隐患、违法占用社区公共空间等多个维度（见图 15-1）。

在农村社区层面，结合农村工作实际，采取"共用统一标准、分类实施评价"的方法，普通村民和重点人群分别进行集中评价、积分、排名，既在本

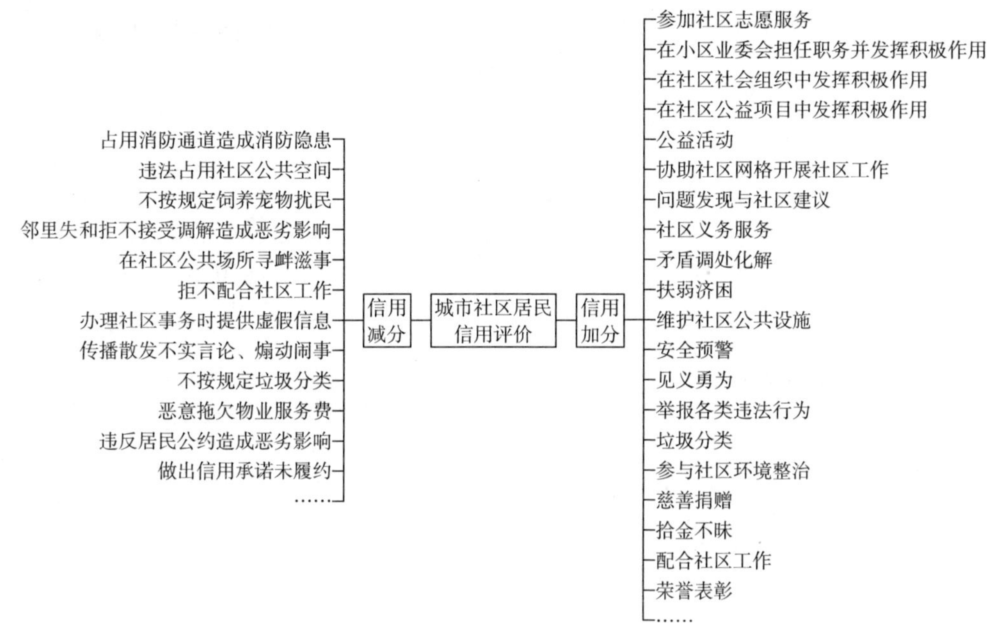


图 15-1　荣成城市社区居民信用评价体系（2020 年版）

村、本镇街排名，也在全市范围内排名。村民年度评价指标得分采取加分和减分方式。年度信用基础分为 1000 分，信用积分按照“基础分 - 减分分值 + 加分分值”方式计算而成，实时积分、动态调整。依据年度信用得分，村民信用分五星、四星、三星、二星、一星、零星六个等次。基础星为二星，五星为最高信用等次，零星为最低信用等次。本年度 12 月 31 日信用评价为五星等次的，次年一月增加市级个人信用分 15 分；四星等次的，增加市级个人信用分 10 分；三星等次的，增加市级个人信用分 2 分。村民信用评价的内容涵盖党建领域、新时代文明实践、社会公益、公民公德等社区治理中的守信行为和失信行为（见图 15-2）。

5. 社区信用服务体系建设

荣成采取政府主导、部门协同、社会参与的基本原则，构建形成了多层次信用激励服务体系。

在市级层面：①要求具有行业管理职能的部门和其他部门分别出台守信激励政策。建立了信用产品动态调整和淘汰机制，激励产品连续 3 个月使用人数不足百人的就淘汰，并作为负面信息纳入单位目标责任制考核。截止 2024 年

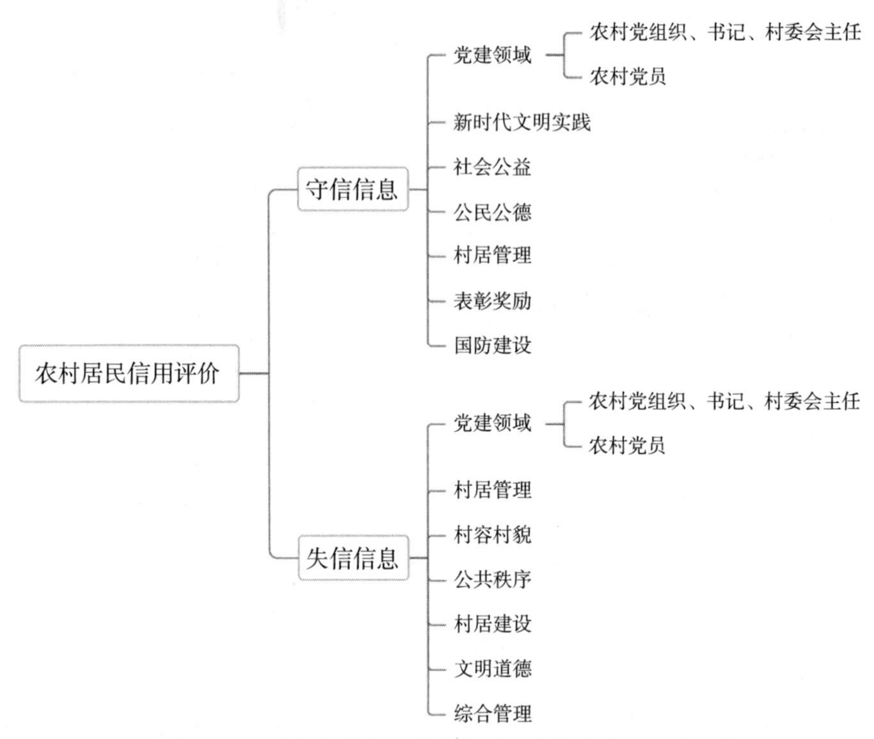


图 15-2　荣成农村社区居民信用评价体系（2019 年版）

4 月，在全市 50 多个部门出台了“信用游”“信易学”等信用激励政策 210 项，涉及个人层面 129 项、企业层面 81 项。②建立多元投入机制，设立信用激励专项基金。以 2024 年为例，在市级层面设立了 300 万元的信用基金，22 个镇街和 780 个村居设立了 3000 多万元的村级信用基金，用于激励诚信个人。③构建起线上与线下互动、信用等级与信用分互补的全激励模式，依托“信用荣成”微信公众号开发“美德信用大集”，设立惠企区、便民区、中介服务区、折扣区、减免区、兑换区六大功能区，集信用政策、企业介绍、商家推介、场景展示、激励应用、积分兑换于一体。④ 2023 年以来，荣成市还会同泰安市岱岳区、日照市莒县、枣庄市山亭区在山东省率先启动了县域城市跨区域守信联合激励工作。[1]

---

[1] 吕冰峰，王鹤颖．荣成市：用好信用激励 赋能社会治理［J/OL］. 山东文明网，［2024-4-29］http://sd.wenming.cn/sd_wmbb/202404/t20240429_6770122.shtml.

在镇街、社区层面，推出的信用激励包括①通过参加表彰活动、典型宣传、颁发证书等方式予以激励；②凭社区信用积分参与“红色信用银行”实物兑换；③优先享受社区提供的各类上门便民服务；④享受社区信用商家联盟提供的折扣优惠；⑤优先受邀参加社区组织的各类活动；⑥优先推荐参加市级层面的评优评奖；⑦社区提供的其他激励措施，例如部分村社推出“暖心食堂”，以“信用 + 志愿服务”方式为老年人提供免费就餐。

在市场和社会层面：①推出个人“美德信用贷”激励产品，当地农商银行针对美德信用达到 AA 级以上个人，发放不需要担保的贷款，贷款额度最高可达 30 万元，贷款期限最长可达 5 年，并给予不少于 30% 的利率优惠。②组建“信用商家爱心联盟”，为社区信用激励提供资金、实物和服务支持。以河西社区为例，“信用商家爱心联盟”入驻单位从最初的 13 家发展到 245 家。据统计，2022 年以来，荣成市企业、商家参与文明实践爱心伙伴项目，累计捐赠公益基金突破 1000 万元。

以崖头街道河西社区为例，2019 年，在试点运行基础上，社区正式组建全省首家“红色信用银行”载体，为社区每位党员、居民志愿者和商户、社会组织建立“红色信用账户”并实施“红色信用积分”管理，将信用积分以可兑换的信用币形式存入社区“红色信用银行”；同时，吸引辖区爱心商企成立“红色信用联盟”，为积分兑换提供奖品、服务和资金，对参与共建的主体进行信用加分和政策扶持等激励。从而形成一整套“共建 – 积分 – 兑换 – 表彰 – 带动 – 共建”的闭环工作机制，充分调动了各方参与社区共建共治的热情。截止 2021 年上半年，通过“12+2”表彰兑换机制，吸引 368 家商企提供优惠政策 689 项，累计开展兑换活动 50 余场次，惠及激励居民 2800 余人次；信用联盟促成信用商家之间合作 20 余项，达成交易 90 余项，累计成交 300 余万元，实现了共赢共享的局面。

6. 社区信用文化体系建设

荣成市在社会信用体系建设中，注重社区信用文化的培育与塑造，成功打造了“红色信用文化”与“美德信用”等独具地方魅力的社区诚信文化品牌。通过广泛而深入的宣传报道，形成了较大的信用文化辐射效应。此外，以党建为引领的“红色信用文化”是荣成市社区信用体系建设的一大亮点。

## 三、模式特点

荣成市社区信用体系建设，是中国特色社会信用体系快速发展的一个生动例证，为县域城市社区信用治理提供了宝贵参考。“荣成模式”以政府主导的顶层设计为显著特征，通过自上而下的强力推动，不仅在城市与农村两大领域广泛铺展，还构建形成了一个覆盖多元信用主体的，治理结构和组织体系、社区信用规则体系、社区信用信息体系、社区信用评价体系、社区信用服务体系、社区信用文化体系等要素相对完善的社区信用治理体系。无论是受众覆盖面，还是社会动员的力量，都是十分庞大的，是县域城市信用体系建设大框架下，政府、社区、市场和社会的一次大范围社会协作实验，在当地以及在全国范围都产生了较大的影响。

## 四、问题与展望

“荣成模式”无论在社会动员的力度，还是社会实验的广度和深度上都是空前的，是一次极具开创性的社区信用治理探索。当然，在实践中，“荣成模式”也存在一些问题，面临不少挑战：首先，“荣成模式”属于较为典型的政府主导下的信用协商治理，社区享有的信用自治权较为有限，社区和市场主体大多在政府的动员和组织下被动参与治理，行政管理的色彩仍然十分浓厚。政府事实上承担着社区治理的无限责任，各类资源的投入巨大且非常关键，社区并不具备调动外部社会资源来激活社区公众参与积极性的能力，一旦政府工作重心发生转移，或者资源投入难以为继，社区信用治理将面临挑战。其次，荣成市将信用的理念和方式深入到社区治理的“毛细血管”，其评价之细，应用之深，将信用的社会治理功效发挥到了极致。但是，由于整个社会信用体系是一个渐进式发展过程，由于其独特性缺乏可借鉴的成熟经验，法律制度的不成熟，全社会对于社会信用的认识不统一，客观上造成荣成市的一些做法引来争议，一定程度上挫伤了基层创新的积极性。如何以更加科学合理的方式推动社会信用体系建设，在确保以法治化、规范化的方式有序推动社区信用治理的同时，更好地激发并保护基层创新活力，是留给全社会需要深入思考的问题。

# 第二节　余姚“道德银行”模式研究

## 一、模式概述

余姚“道德银行”始发于邵家丘村。2012 年，临山镇邵家丘村首批 7 户农户以道德担保获得 100 万元信用贷款，这种通过“道德”与“信贷”联姻，以道德担保信贷，以信贷反哺道德的做法，在当地引发了巨大的反响。从 2012 年试点延续至今，余姚“道德银行”逐步组建起三级联动体系，出台道德评议实施办法，建立了三级评议网络，推出“道德绿卡”，搭建“道德银行”线上一站式金融服务平台，探索出一条“道德治理”的新路径。余姚“道德银行”体系本质上是一个依托农村社区组织的农村信用体系。[1] 该体系体系有效融合了道德评价与金融服务，通过道德积分与信贷服务的结合，不仅强化了农户的道德责任感，还激发了他们参与社区建设、提升自我道德水平的积极性，既促进了农村社区的诚信建设，又通过信贷支持激励了农户的道德行为，形成了良性循环，提升了社区的整体道德风貌和治理水平，从而实现了社区治理的创新与提升。

## 二、主要做法

1. 治理结构与组织实施

余姚“道德银行”模式在治理结构和社区信用组织体系上大致可以概括为三级联动体系和三级评议网络。

（1）在全市层面构建“市—乡镇（街道）—建制村（社区）”三级联动体系。市级层面组建“道德银行”总行，成立由市纪委（监察委）、市委宣传部（市文明办）、市委金融办、市发展和改革局、市大数据发展管理局、市公安局、市财政局、市税务局、市市场监督管理局、人民银行余姚支行等相关部门

[1] 王曙光，王彬 .“道德银行”与中国新型乡村治理［J］，农村经济，2020（2）：1-6.

为成员单位的建设工作领导小组，由市委书记、市长兼任组长；乡镇（街道）层面组建“道德银行”支行，并成立由乡镇（街道）相关负责人、各行政村（社区）负责人、相关部门派驻机构负责人组成的“道德银行”支行工作小组；行政村（社区）层面组建“道德银行”网点，并成立由行政村（社区）负责人、党员代表、村（居）民代表、先进人物、德高望重者等组成的道德评议小组。

（2）建立“网格—行政村—乡镇（街道）”三级评议网络。网格一级以自然村为单位，设立一个道德积分管理执行小组，由该自然村（片）负责人、村民小组长、村民代表组成，负责收集评价农户家庭的积分信息。在行政村一级，设有一个道德积分管理办公室，负责统计汇总、检查核实本村农户的道德积分，主要由行政村村委会负责人、村民小组长等组成。在乡镇街道一级设有道德积分管理领导小组，负责统筹协调积分评定工作并进行联合评审、信息共享，主要由乡镇、街道党（工）委，政府、办事处相关负责人和余姚农村合作银行，公安、财政、国税、工商等部门相关负责人组成。目前，采用“线下评议＋线上评议”相结合的方式，即按照“村民群众自评、评议小组月评、道德积分管理办公室和领导小组季评”的程序开展线下道德评议，按照“个人自评—网格互评—村社联评—大数据智评”的流程开展线上道德评议。

2. 社区信用规则体系建设

在社区信用规则体系建设方面，余姚“道德银行”在市级层面成立“道德银行”领导小组，制定出台全市统一的信用管理制度——《余姚市道德积分管理办法》，通过制度明确道德积分的评定细则、评定标准、评定程序、积分管理与应用，以及组织实施和保障措施等内容。2024 年，余姚市委、市政府发布《关于推动“德者有得”模式 助力基层治理的实施意见》，扎实推进公民道德建设工程，进一步打造“道德银行”升级版。

3. 社区信用信息体系建设

“道德银行”最初主要采用线下逐级评议和人工审核方式，依托余姚市农商行建立农户信用档案体系，这一方式工序相对繁琐费时，也大大限制了“道德银行”的受众面。在浙江省全面深化数字化改革的浪潮推动下，由当地政府部门主导，借助地方金融机构等社会力量，逐步搭建形成了全市范围内统一且广泛覆盖各村社的“道德银行”信用信息化平台。到 2022 年，“道德银行”通过浙江省一体化资源系统申请18个数据接口，涉及住建、公安、资规、市场监管、人社、建设、税务、法院等9大领域3600余万条数据，建立起1个数字驾驶舱，管理端、服务端2个端口，以及道德评议、道德画像、道德信贷、道德礼遇4大场景组成的“1+2+4”应用整体框架。余姚市委宣传部联合余姚市大数据局和余姚农商银行探索开发了基于区块链技术的“道德银行”移动服务平台。借助微信小程序，形成了“信息采集—积分评议—额度测定—实时查询—发放贷款”的一站式金融服务，大大提升了“道德银行”信用信息的数字化程度。目前,“道德银行”移动应用已上线“浙里办”平台并覆盖全市21个乡镇街道、261个行政村，累计入驻市民超60万。

4. 社区信用评价体系建设

余姚“道德银行”积分评价体系几经迭代优化。例如，2012年出台的《余姚市“道德银行”道德积分管理办法》规定：道德积分由遵纪守法行为文明、热心公益支持发展、诚实守信勤劳致富、家庭和睦邻里团结等四大项组成，每一项都有基准分，表现好的在基准分上加分，表现差的扣分，比如助困济贫、邻里互助、孝敬老人等都会加1至5分，而乱搭乱建、聚众赌博、销售假冒伪劣产品将会扣1至5分。目前,《余姚市道德积分管理办法》共设置道德评议、遵纪守法、诚实守信、志愿服务、崇德向善五个维度40项共100分的基础评价指标、10项正反向加减分指标，以及由市直相关部门提供和公众渠道获取的存在较大违纪违法行为、严重失信败德行为、列入失信惩戒黑名单等3项内容，作为“一票否决”项目，同时畅通信用修复的渠道。针对城市社区“陌生人社会”现象，道德积分引入宁波“天一分”关于遵纪守法、用信行为、履信情况等方面的数据，再加上个人的志愿分、荣誉分，从而丰富道德积分的评价维度。截至2022年，全市有近25.3万户家庭，超57.6万人参与道德评议。

5. 社区信用服务体系建设

余姚市“道德银行”的社区信用服务主要包括以下方面：一是金融扶持。这是最主要的一项信用服务，通过与当地农商行等金融机构合作开设“道德账户”,“道德积分”达标且有创业贷款需求的村民，可向“道德银行”申请免担保、无抵押、低利率专项信用贷款。例如，2012年，余姚农村合作银行针对守信村民最高给出50万元的信用抵押贷款。截至2020年12月底,“道德银行”

累计发放信用贷款3.26万户、贷款金额34.82亿元。二是道德礼遇。例如，余姚市推出的“道德绿卡”，主要面向各类道德模范和好人好事，持卡人除可获得信用贷款外，还可享受免费乘公交、看电影、游景点、参加体检等市级道德礼遇项目59项，镇街、村社级礼遇服务300余项。此外，注重吸收志愿者队伍、民间公益组织等社会力量参与守信激励，推出向“有德者”免费提供居家养老等系列服务。三是积分兑换。推行道德积分兑换和奖励制度，例如，积分达到80分的社员可以享受年终的村集体经济分红，还可以在“道德积分超市”兑换等值生活用品等。

6. 社区信用文化体系建设

余姚“道德银行”模式较为成功地打造了一个“好人有好报”的社区诚信文化体系。余姚市积极宣传推广“道德银行”模式，通过深入实施“好人文化工程”战略，选树道德典型，建立健全“市—乡镇（街道）—村（社区）”三级好人评选机制，评选产生了一批崇尚文明、践行道德的身边好人。截至2024年，全市共有“余姚好人”507例、“宁波好人”141人（例），同时有37人入选“浙江好人”、14人荣登“中国好人”榜。各类道德典型按标准分别被授予一星级、二星级、三星级“道德绿卡”。余姚以诚信榜样力量引领社区诚信文化精神，形成很好的示范带动效应与宣传教育效果，“道德银行”的做法也在各地得到了广泛实践。

## 三、模式特点

自2012年邵家丘村首创“道德银行”做法以来，余姚“道德银行”体系几经迭代优化，该模式得到了实践的检验，并在实践中焕发持续创新的活力。通过自上而下构建信用组织体系，自下而上实施道德评议，形成以“道德银行”为平台、道德评议为基础、好人评选为抓手、道德绿卡为载体、道德激励为手段，将道德与信用合而为一，通过道德建设带动社区诚信体系建设的新时代道德建设工作新模式。通过市政府的积极引领与协调，各级政府及多部门紧密协作，同时重视发挥社区的主体地位，积极吸纳金融机构等社会各界的广泛参与，共同编织起一张多元共治的良好治理网络。

### 四、问题与展望

从余姚“道德银行”模式现有实践情况来看，其基本形成了较为完整的农村社区信用体系，但尚存以下问题：一是仍较多地依赖地方政府行政权力推动和政府资源的撬动，除农商行等少数金融机构参与较深外，其余社会力量参与度以及社会资源的利用度还远远不够，体系内生驱动力有待加强。二是主要聚焦于农村社区部分有信贷需求的农户，诸如城市社区居民家庭、社区自治组织、驻社区的营利性组织和社区社会组织等其他主体信用建设，辐射推进力度不够；三是信用服务场景仍然较为单一，激励手段和力度较为有限，完全统一的信用评价体系在一定程度上遏制了社区基层自主创新的动力，难以满足社区多元化的需求，导致服务于社区治理的功能不够突出。在未来的发展中，余姚“道德银行”尚需通过增强内生驱动力、拓宽覆盖面、丰富服务场景，不断完善社区信用体系，为社区治理和乡村振兴持续注入新的活力。

## 第三节　富阳“东洲模式”研究

### 一、模式介绍

富阳区东洲街道是富阳接轨杭州的东大门，所辖黄公望村曾是元代著名画家黄公望晚年隐居地，也是名画《富春山居图》的创作实景地。作为“全国文明村”的黄公望村和亚运场馆所在村的东洲村，2019 年率先推出了“公望家庭指数”积分体系，以和为本、以德立身，定期将每户村民的公望家庭指数表张贴在村宣传栏里公示，在村庄内形成了比学赶超的良好氛围，村庄盛行文明和善之风。

2021 年，东洲街道以入选浙江省首批“信用 + 社会治理”基层试点创建单位为契机，提出以浙江省信用“531X”工程为目标导向，以顶层设计为统领，明确“信息全融通、主体全覆盖、应用全场景、要素全嵌入”的总体建设目标。经过数年建设，逐步构建形成以“1 个平台、3 大领域、5 大体系、X 个场景”为内核的“135X”东洲版信用体系：“1”是指通过依托1个“公望数智治理平台”来融通公共信用信息平台、“富春智联”数智平台、街道治理平台信息；“3”是指围绕基层治理三大领域，即以街道政府和基层群众性自治组织（村委会和居委会）为代表的政务领域、以新型农业经营主体（民宿、专业大户、家庭农场、农民合作社等）为代表的商务领域、以村社居民家庭为代表的社会领域；“5”是指进行五大体系建设，即基层信用组织体系建设、信用制度体系建设、信用信息体系建设、信用评价体系建设、诚信文化品牌体系建设；“X”是指创新在村社治理、信用监管、评优评先、融资信贷、市场交易、企业用工、社区养老、公益慈善、信用免押、积分兑换等“X”场景应用激励，并形成信用预警能力。

## 二、主要做法

1. 治理结构与组织实施

治理结构方面，在全区街道层面成立社会信用体系建设领导小组，由街道党工委副书记担任组长，党建办主任担任副组长，各科室（中心）负责人、各村（社）党组织书记为小组成员，形成信用组织在基层的全覆盖，强化信用建设的基层组织保障能力。同时，领导小组下设办公室，由党建办主任兼任办公室主任，具体负责试点建设任务。

在社区组织体系层面，东洲街道下辖各村社在东洲街道及下属各村党支部领导下，成立信用工作领导小组，负责管辖区域内的“公望指数”推进工作，引导和推动村（居）民家庭有序参与。各村（社）“公望指数”工作领导小组下设议事协商机构“指数议事会”，具体负责“公望指数”日常信息的采集、审核、评议和上报，实现村社内部的自我管理、自我服务、自我监督。“指数议事会”设组长1名，由东洲街道下属各村（社）主要负责人担任，设信用信息档案管理员1名。议事会成员均需由“两委”提名，由党员和村民代表大会表决产生，由不同层面人员组成。议事会任期与村民委员会任期相同，可连选连任。

2. 社区信用规则体系建设

依据《村民委员会组织法》《新时代公民道德建设实施纲要》等文件精神，

在街道层面统一制定并颁布实施《东洲街道“公望美好家庭指数”管理办法》《东洲街道“公望美好家庭指数”评价实施细则》等用于保障社区基层治理的信用规章制度，从总体原则、组织管理、评价管理、奖惩管理、异议处理和补救机制、信息安全和隐私保护等方面，做出明确规定，以制度为统领，规范推进试点建设。

3. 社区信用信息体系建设

在街道层面建立镇级的信用信息平台——“公望数智治理平台”，融通区级基层治理平台、“富春智联”数智平台、省（市）公共信用信息平台和街道自治平台，建立形成了较为完备的数字一体化基层社会信用信息体系。平台横向打通部门间的数据壁垒，纵向整合形成“村（社）—街道—区—市—省”上下联动的综合运行管理体系。平台汇集三大领域多类主体各个维度信用数据。覆盖东洲街道 7891 家企业主体、11,375 户家庭、15 个自然村。其中，村社日常治理数据由街道、村社干部、网格员、志愿者，协同第三方公司共同采集维护，定期更新；公共信用信息和监管执法信息从各级公共信用信息平台和监管部门定期获取。

4. 社区信用评价体系建设

街道围绕政务、商务、社会三大领域，聚焦村集体、民宿、村居家庭三类主体，建立三套评价（以村务诚信为核心的政务诚信评价、以民宿等市场主体信用为核心的诚信经营评价、以村民诚信为核心的家庭诚信评价），编制三大指数（“公望美好村务诚信指数”“公望美好经营诚信指数”“公望美好家庭诚信指数”），为基层治理提供依据（见图 15-3）。

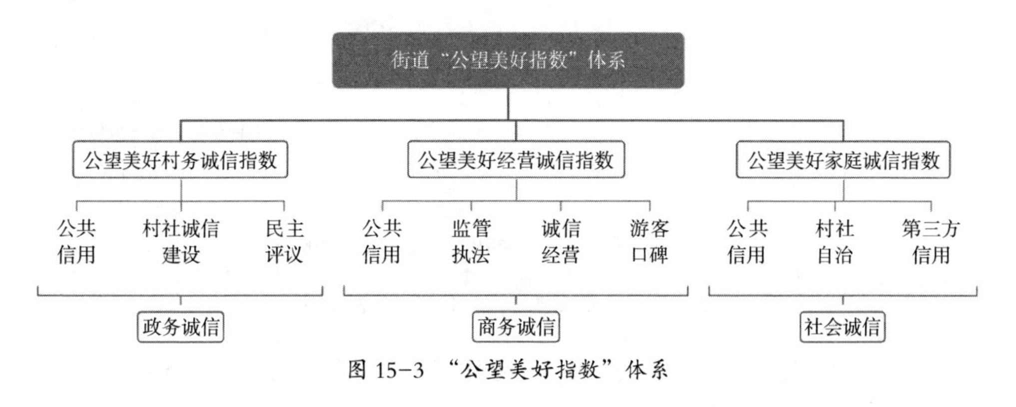


图 15-3　“公望美好指数”体系

以“公望美好家庭诚信指数”为例，其以东洲街道居民家庭为单位实施评价。“公望美好家庭诚信指数”由作为基础项的公共信用分、专属项的基层治理分、拓展项的第三方信用分三部分构成（见图 15-4）。其中的基层治理分由平安家庭、文明家庭、诚信家庭、美丽家庭、风尚家庭五项构成，每项均由基础分、加分项、扣分项构成。凡符合条件的东洲街道居民家庭，均可开通基础项和专属项，获得家庭公共信用分和基层治理分。拓展项为可选项，为第三方提供的个人信用分，经由东洲街道居民个人授权后，方能开通。

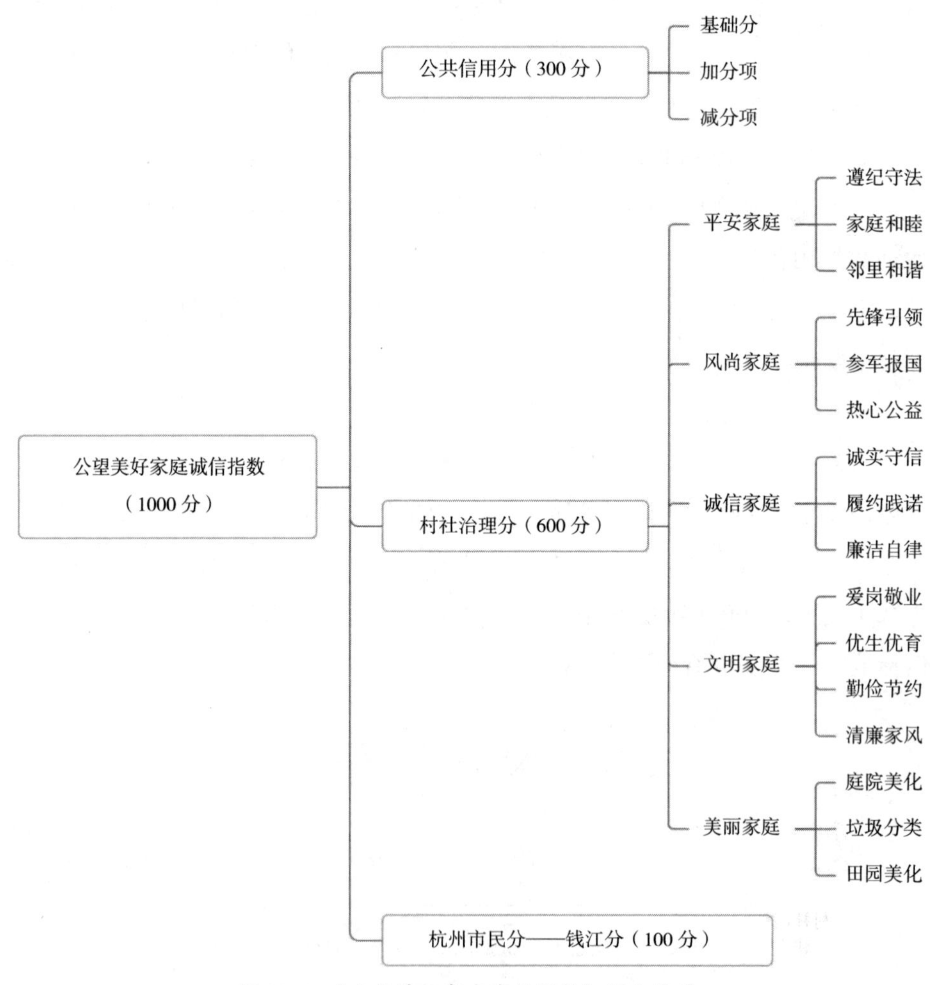


图 15-4 “公望美好家庭诚信指数”评分体系

“公望美好指数”系列，其评分充分体现公共信用在评价中的基础地位与作用，以基层治理记录为内核，以第三方信用大数据为辅助，构建科学全面的量化评估模型，实现对基层各类主体的精准画像，为准确研判和及时化解基层矛盾风险提供手段，为信用价值发现提供依据。

5. 社区信用服务体系建设

（1）创新政府行政管理应用场景。第一，村社考核管理的依据。将指数与村（社）年度考核相挂钩，村社集体履约践约、"三务"公开、诚信宣传等作为重要考核内容。第二，干部评先评优的导向。将指数与村（社）干部提拔晋升和荣誉表彰相挂钩，对村社干部廉政实行"一票否决"。第三，政府信用监管的依据。建立以指数为核心的企业风险预警体系，将指数与市场主体监管执法检查相挂钩，根据信用等级高低采取差异化的监管措施。将指数作为财政补助、项目资金安排、容缺办理的重要依据。

（2）创新市场经营中应用场景。第一，提供融资便利。将指数嵌入地方金融机构信贷环节，提高诚信市场主体授信额度，提供手续便利、利率折扣、期限延长等优惠措施。第二，繁荣市场交易。将指数与钱江分实现互联互通，依托钱江分应用场景和激励体系，为民宿等经营主体推广引流。

（3）创新村社自治中应用场景。第一，物质奖励。成立"爱心超市"，将指数与超市商品兑换相挂钩，为诚信家庭提供物质奖励，以"小积分"兑换"大文明"。建立政府全额兜底的养老服务"重阳分"机制，推出"居家养老爱心卡"，为村内独居老人、行动不便老人提供居家上门送餐、助浴、理发、清洁等关爱帮扶服务。第二，精神鼓励。将指数与公望星级家庭、最美人物等荣誉称号评比相挂钩，为诚信家庭、诚信人物提供精神鼓励，引领诚信风尚。第三，市场激励。将指数与"公望书屋"信用借书、社区公寓养老"时间银行"、钱江分"富春勋章"等第三方信用服务相挂钩，提供丰富的市场激励，让信用有价。

6. 社区信用文化体系建设

东洲街道积极推动社区信用文化体系建设，包括（1）推动"公望诚信文化"载体建设。建成"公望诚信文化"主题教育馆、文化广场、文化长廊、文化礼堂，将诚信元素全方位融入社区，沁入居民生活。（2）推动"公望诚信文化"阵地建设。联合省内三所高校共同组建东洲街道大学生"信用＋社会治理”实践基地，构建社会高校协同诚信育人共同体。（3）推动“公望诚信文化”内容建设。在每月 8 号东洲街道“诚信日”开展丰富多彩的诚信主题宣传活动，将身边的好人好事广泛宣传报道，涌现出一批先进典型。

## 三、模式特点

“东洲模式”有两大特点：①三大主体之间的紧密协同。政府负责顶层设计、制度制定、平台搭建、数据协调；社区负责具体执行，包括信息采集、信用评定及奖惩落实；市场则通过其机制和资源，为社区提供信用服务与应用场景支持。三者各司其职，紧密协作，共同推动信用治理在社区的深入发展与实践。②三类信用之间的有机融合。公共信用夯实了社区信用治理的底座，为其提供了基础性的支撑；社区信用织密了社区信用治理的网络，为其注入了不竭的活力和动力；市场信用拓宽了社区信用治理的边界，为其提供了创新与应用的空间。三者相互补充、相互促进，共同构建了一个多层次的社区信用生态系统。“东洲模式”以顶层设计为引领，系统构建了以“1 个平台为核心，3 大领域为支撑，5 大体系为框架，X 个应用场景为延伸”的“135X”社区信用体系架构，通过三大主体的紧密协同，三类信用之间的有机融合，将自上而下的政策引导与自下而上的基层实践相结合，共同推动信用治理在基层社区的深入发展与实践，该模式具有很好的可复制和推广价值。

## 四、问题与展望

“东洲模式”尽管在局部点上取得了突破，但要形成面仍待持续发力。例如，在社区信用治理对象上，实现了村集体、居民家庭和民宿经营主体的覆盖，但其余主体，如社区社会组织、驻社区商户等，尚未全面纳入社区信用治理体系，且治理工作主要集中在农村社区，城市社区的推进步伐相对缓慢。下一步，如何在更大范围更多领域形成资源共享、场景共用、优势互补，将前期在社区信用治理中积累的宝贵经验由“点”扩展至“线”，并最终形成覆盖全区的“面”，还需要在体制与机制层面持续发力。

# 第十六章

# 打造社区信用治理共同体：机制与路径

社区治理研究正式进入体系化时代。虽受滕尼斯“共同体”等西方理论影响，但在实践中发展形成了独具中国特色的治理共同体理论体系。在十八大报告首次提出“人类命运共同体”表述前，学术领域已有涉“共同体”相关研究。在党的十九届四中全会给出“社会治理共同体”命题后，其遂成学术焦点。社区治理进入体系化时代，围绕这一新理论模式的内涵、内容、特征等探讨很多，成果丰硕（Ferdinand Tonnies，1887；杨君等，2014；郁建兴，2019；曹海军，2020；吴晓林，2020）。现代社会中的“社区”与滕尼斯笔下的“共同体”相比，已经发生了很大的变化。现代社会中，人们对于“共同体”所蕴含的互助性、归属感、亲密感等因素的需求是与日俱增的。那么，如何在新的“社区”中重新建构和培育“共同体”？这一命题自20世纪80年代以来更加突出地摆在了人们的面前，成为一个全球性的大问题（邱梦华，2019）。

## 第一节　社区治理共同体：价值共同体、责任共同体和利益共同体的有机统一

### 一、社区治理共同体的有机构成

社区治理共同体，是指在特定社区范围内，由社区居民、组织、机构等多元主体共同参与、共同承担社区治理责任、共同追求和维护社区价值、共同享有社区利益的集合体。这个集合体以社区的共同发展为目标，通过协商、合作、共建等方式，共同制定和实施社区治理的规则和策略，推动社区的经济、社会、文化等各方面的全面发展。在社区治理共同体中，各主体之间形成了一种相互

依存、相互制约的关系，通过共同的努力和协作，实现社区的和谐稳定与繁荣。

社区治理共同体，既是社区价值的共同体，也是社区责任的共同体，还是社区利益的共同体，是三者的有机统一。它们相互影响、相互促进、相互制约，共同构成社区发展的内在动力，成为社区和谐稳定与持续发展的基石（见图 16-1）。

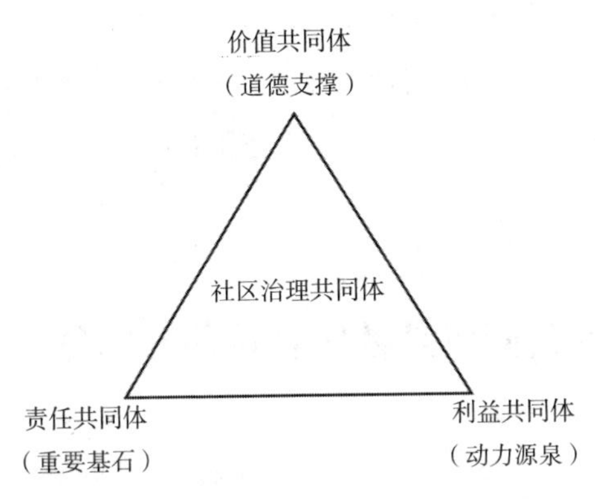


图 16-1 社区治理共同体的有机构成

## 二、社区治理共同体是社区价值的共同体

社区价值共同体强调的是社区成员在价值观念上的共同性。这意味着社区成员在道德、伦理、文化等方面具有相似的认知和取向，这种共同的价值观念为社区成员提供了相互理解、相互尊重的基础，有助于形成社区的凝聚力和向心力。社区价值共同体为社区责任共同体和社区利益共同体提供了道德支撑。在社区治理过程中，共同体成员通过协商、合作与互动，共同塑造和认同社区的价值观。这些价值观包括但不限于诚信、互助、公平、正义等，它们构成了社区治理的基石。在这种共同价值观念的引领下，社区成员更有可能积极履行责任和义务，追求并维护社区共同利益的最大化。

## 三、社区治理共同体是社区责任的共同体

社区责任共同体则侧重于社区成员在履行责任和义务方面的共同性。在社

区治理中，每个社区成员都应该对社区的公共事务、环境保护、文化传承等方面承担起相应的责任。共同体成员需要彼此担当、共同尽责。无论是政府、社会组织还是居民个体，都需要积极参与到社区治理中来，这种责任共担的精神有助于增强社区的凝聚力和向心力，共同维护社区的秩序和稳定，推动社区的发展和进步。社区责任共同体是社区价值共同体和社区利益共同体得以实现的重要基石。社区成员通过共同履行责任和义务，不仅体现了对社区价值的认同和尊重，也确保了社区利益的实现和维护。责任共同体的形成，使得社区成员能够相互支持、相互协作，共同应对社区面临的挑战和问题，推动社区的持续发展。

### 四、社区治理共同体是社区利益的共同体

社区利益共同体关注的是社区成员在利益方面的共同性。利益共同体意味着社区成员是一损俱损、一荣俱荣的命运共同体。在社区治理中，共同体成员需要共同关注和维护社区的整体利益。通过协商、合作和利益共享，实现社区资源的合理分配和有效利用，确保每个成员都能从社区发展中获益。这种利益共同体的理念有助于平衡和协调社区内部的利益关系，避免利益冲突和矛盾，促进社区的可持续发展。社区利益共同体是社区价值共同体和社区责任共同体实现的动力源泉。在社区利益共同体的框架下，社区成员能够共享社区的经济利益、社会福利和公共资源，实现利益的均衡和最大化。这种共同利益的存在，使得社区成员更加紧密地联系在一起，形成了利益共享、风险共担的关系，进一步巩固了社区价值共同体和责任共同体的基础。

## 第二节　打开社区治理共同体的“信用钥匙”

国内学者多依据官方表述探寻社会治理共同体建设的出路，路径机制研究角度众多，结论呈多样化。作者认为，打造社区治理共同体的核心，在于构建

以信用为基石的基层治理体系，以信用理念为引领，以信用准则为规范，以信用手段为工具，用好这三把“钥匙”，才能成功开启社区治理共同体建设的新篇章。

## 一、以信用理念凝聚社区共识，打造社区价值共同体

信用理念作为社区建设的核心价值观，对于凝聚社区共识，增强社区居民的凝聚力、促进社区内部的和谐稳定具有重要意义。在一个社区中，不同的居民可能有着不同的文化背景、价值观念和生活习惯。而信用理念作为一种普遍认可的价值标准，能够超越个体差异，成为社区居民共同遵循的行为准则。通过强调诚实守信、互信互助的信用理念，可以引导居民形成共同的价值追求和行为规范，从而凝聚起广泛的社区共识。一个价值共同体需要具备共同的价值观念、行为准则和文化底蕴。而信用理念正是这些要素的核心。不仅能够提升社区的整体形象，还能够增强社区居民的归属感和认同感，形成紧密的价值共同体。

## 二、以信用准则规范社区行为，打造社区责任共同体

以信用准则打造社区责任共同体，是因为信用准则能够有效约束和规范社区居民的行为。在社区建设过程中，将信用准则作为居民行为的重要规范。通过制定具有地方特色的信用规则体系，建立完善的信用记录和评价体系，对社区居民的信用状况进行客观公正的评估，可以激励居民自觉遵守社区规则，履行自己的责任和义务。同时，信用准则还可以促进社区内部的合作与协作，使居民们能够共同参与到社区的建设和管理中来，形成共建共治共享的良好局面。

## 三、以信用手段激发社区活力，打造社区利益共同体

以信用手段打造社区利益共同体，是因为信用手段能够平衡和协调社区内部的利益关系。在社区建设过程中，通过引入具有地方特色的信用积分、信用

奖惩等机制，对社区居民的行为进行激励和约束，使其符合社区的整体利益。同时，通过信用信息的共建共享和信用评价结果的共评共用，共同壮大社区共同利益这块“蛋糕”，实现资源共享、利益共增，形成“共赢”新局面。

## 第三节　社区信用治理共同体建设的协同机制

当下，应重点围绕构建信用组织协同、信息协同、评价协同、奖惩协同、应用协同、宣传协同、帮纠协同等机制，形成社区共建共治共享新格局。

### 一、构建社区信用治理的组织协同机制

组织协同为社区信用治理提供重要保障。美国管理学家切斯特·巴纳德认为协作意愿、共同目标、信息联系是构成组织协同的三大要素。协作意愿是个体为组织贡献力量的愿望。从组织角度看，如何找到提供给个体各种诱因和组织能够获得的成员努力之间的平衡，是维持组织生存发展的重要条件。共同目标是协作意愿的必要前提，组织共同目标不仅要得到组织成员的理解，而且必须被他们接受。否则无法对行为起指导作用，无法成为激励的力量。上述两种要素只有通过信息沟通才能串联起来，信息沟通是组织成员理解共同目标，相互沟通，协同工作的条件，是组织的基础。因此，信用组织协同机制是政府、社区、市场等社区信用治理多元主体之间，围绕社区这一共同载体，在照顾彼此利益基础上，通过相互沟通、协调、合作、联动等，确保社区公众共同利益得以维护，社区各项工作得以顺利运行。

就当前而言，应做好四种社区治理力量的整合，将以乡镇街道和部门力量为代表的政府信用组织，以村（社）党组织和村（居）委会等为代表的村（社）基层自治信用组织力量，以村（社）经济组织、驻村（社）企业等各类盈利为目标的市场信用力量，以及以公益组织、民间团体等非盈利社会信用力量，通过打破不同信用组织或力量的组织边界和利益格局，进行跨部门、跨层

级、跨系统协同，构建多跨协同的多元信用治理体系，形成组织协同立体网。

第一，跨部门组织协同。城乡社区信用治理离不开跨部门协同。我国特有的行政组织结构下，部门和地方政府事实上是相对独立的系统，各子系统之间既相互竞争又互相合作。在基层信用治理过程中，容易出现部门利益至上的“本位主义”，从而造成治理的条块分割、重复建设、多头管理，必须在现有社会信用体系建设组织框架内，建立跨部门信用协同机制，凝聚共识、推动合作、消解分歧，形成有效合力。

第二，跨层级组织协同。推动城乡社区信用治理，必须自上而下和自下而上建立双向跨层级协同机制。我国已从上至下建立多层级的信用组织，但基层的信用组织体系却并不完整，大多数的乡镇（街道）并未完成信用组织的组建并被纳入社会信用体系建设领导小组成员组织架构，基层信用组织保障能力较弱。有必要组建并纳入乡镇（街道）一级信用组织，在条件成熟时进一步向下延伸至村（社区）基层自治组织，将村（社区）“两委”一并纳入，夯实基层信用组织保障基础。

第三，跨系统组织协同。在推进城乡社区信用治理过程中，正确处理政府、社区、社会三个治理子系统之间的关系。充分发挥政府的组织、协调、引导、推动和示范作用，突出社区主体地位，鼓励和调动社会力量，广泛参与，协同推进，形成社会信用体系建设合力。

## 二、构建社区信用治理的信息协同机制

信息协同为社区信用治理提供重要支撑。信用信息的协同，主要是指信用信息归集和共享标准和范围的统一。信用信息是信用体系的基本构成要素，信用信息平台是社会信用体系的基础设施之一，是实施包括信用评价、信用监管、信用奖惩在内的信用活动的基础条件。我国的信用信息一般包括公共信用信息、金融信用信息和市场信用信息。而服务于社区治理的信用信息除上述信息之外，还应包括部门监管信息、基层治理信息、社区自治信息等。

当前，各地的数字化治理正在为社区建设注入强大活力，云计算、大数据、物联网等数字技术给公众带来了巨大影响，同时作为新生驱动力，推动社

区进行数字化治理的升级转型。但就当前社区治理信用信息的协同情况来看，国家、省、市公共信用信息平台和地方治理平台、监管平台的信息融合仍然存在不少障碍。为节省资金，避免重复建设，社区层面没有必要自行投入开发信用平台，用于社区信用治理的信息主要依托于当地政府搭建的地方性治理平台，但这客观上造成各系统信息融通的障碍，容易形成信息孤岛。因此，公共信用信息平台、地方监管执法平台与地方治理平台的协同就至关重要。信息从采集到交换再到应用各个环节，需要打破信息孤岛，破除信息壁垒，进行纵向贯通和横向融通，在部门之间、平台之间、主体之间进行多跨协同，组建形成信息协同立体网。信用信息的协同，可采用两种不同的协同路径：一是通过市场化方式，二是通过政府主导方式。从当前各地城乡社区信用治理的试点情况来看，主要以政府主导模式为主。这种模式的优点在于信用信息的融通相对较容易实现，信用信息的安全性有所保障，但缺点是市场主体的参与动力仍显不足。下一步应该进一步探索市场组织与政府组织之间的信息协同问题。在遵守信用信息安全与隐私保护相关法律规章前提下，做好信用信息分级分类逐步向社会开放，进一步发挥信用数据的经济与治理价值。

## 三、构建社区信用治理的评价协同机制

信用评价协同是社区信用治理的重要依据。评价标准是否科学，评价程序是否规范，评价信息是否可靠，评价结果是否准确性，不仅关乎评价对象的切身利益，而且直接影响组织的权威性。要在社区治理过程中，结合日常的各项工作需要，基于不同的治理客体、不同的信息来源、不同的使用目的，形成多用途多目标评价体系。例如，从治理客体看，可分为针对基层自治组织的信用评价、针对社区公众的信用评价、针对社区经济组织的信用评价、针对社区社会组织的信用评价等；从信息来源看，可分为基于公共信用信息的信用评价、基于监管执法信息的部门评价、基于镇街政府治理信息的治理评价、基于社区自治信息的自治评价、基于市场交易信息的信用评价等；从使用目的看，可分为服务于政府监管的信用评价、服务于社区工作的信用评价、服务于市场主体信用价值判断的信用评价等。

就当前社区信用治理的实践情况看，部分由基层政府或部门主导的社区信用治理试点，社区组织和社会组织参与评价不够，评价指标体系的构建、评价标准的制定、评价的组织实施都不够开放和透明，缺乏广泛的民意征求，一定程度上影响了评价结果的社会认可度；同时，由于缺少市场组织的参与，也造成评价结果的市场认可度较低，真正被市场应用的评价不多。如何让各地众多的社区信用积分，从一个个精致的“盆景”，真正意义上转变成一道美丽的风景，成为当下亟待解决的一个问题。因此，要让多元主体共同参与评价规则的制定和评价过程，形成标准共制，评价共施，结果共认，成果共用，建立上下联动、左右互动多元主体分布式评价，形成信用评价协同立体网。

## 四、构建社区信用治理的奖惩协同机制

信用奖惩协同是社信用治理的重要手段。信用联合奖惩是指通过信用信息公开和共享，政府各部门和社会组织依法依规运用信用激励和约束手段，跨地区、跨部门、跨领域对诚信主体和对严重失信主体分别实施守信激励和失信惩戒。奖与惩是一体的两面，守信激励与失信惩戒对于社区信用体系建设而言，犹如车之两轮，鸟之双翼，缺一不可。城乡社区信用治理的奖惩手段，大致分为三大类：第一类是政府端的奖惩手段，主要为行政性激励，包括行政事项审批和管理过程中优先办理、容缺办理、流程简化，行政奖励，荣誉表彰，在积分落户、积分入学等方面的政策倾斜；第二类社区端主要以道德激励为主，比如诚信居民家庭的表彰荣誉和宣传，部分经济条件较好的社区有少量的积分兑换实物激励，个别集体经济收入较好的社区则在分红中予以额外的奖励；第三类市场端则主要体现为市场价格的奖惩。例如，金融机构针对信用良好居民或家庭的信用贷款优惠政策。

当前，就社区信用治理奖惩机制建设而言，政府、社区和市场的奖惩协同不够。对社区主体依据信用评价的结果实施以信用为基础的分级分类治理，不仅需要在政府部门之间实施联合奖惩，更需要在政府、市场和社会三大系统之间进行更全面综合的奖惩协同，褒扬诚信，惩戒失信，使守信畅通无阻，失信无处遁形，形成信用奖惩协同立体网。因此，需要通过共建共享，建立跨部门、跨领域的信用联合奖惩机制，形成政府部门协同联动、社区组织和社区公

众自律管理、市场组织积极参与、社会舆论广泛监督的共同治理格局。现阶段要重点做好社区公众自我约束和市场联合奖惩协同。鼓励公众媒体、社会组织、社会公众等各类社会力量广泛参与信用联合奖惩，通过各种合法手段、公共渠道，挖掘和宣传介绍社会各类先进事迹和诚信典型。鼓励市场主体对诚实守信的交易对象采取优惠便利、增加交易机会等奖励措施，对信用不良的交易对象采取降低优惠、提高保证金、取消交易等约束措施。

## 五、构建社区信用治理的应用协同机制

信用应用协同是社信用治理的重要动力。信用产品、信用服务、信用应用场景可为社区的信用治理提供不竭的动力。协同创新面向社区的信用应用场景和信用应用服务，以信用手段精准高效化解社区民生问题，便利社区公共服务，繁荣社区商业活动，活跃社区信用交易，激活社区公众持续参与热情，为社区治理提供不竭动力。要厘清政府、市场和社会三者在基层信用体系建设中的地位和作用。发挥基层政府诚信建设领头羊作用，既不“缺位”，也不“越位”；鼓励市场和社会广泛参与，形成“多轮驱动、协同共治”新格局。通过政府、市场和社会三方协同，形成信用应用协同立体网。积极探索政府与社会互促、行政与市场共融的信用服务模式，扩展“信易 +”的应用场景，丰富“信易 +”激励内容，共同搭建多渠道、多元化的“信易 +”应用体系。

当前，社区信用积分治理体系应用场景的广度和深度都不够，社区信用积分的互认互通存在较大困难，缺乏相应的互换机制。地方信用治理积分体系与城市市民信用分之间，与市场化个人信用分，均没有很好的互换机制。社区信用积分体系只能在社区内部或者乡镇（街道）内部成为封闭的循环体系。因此，该积分治理体系就难以实现与其他信用积分应用场景的共享。2020 年 4 月，杭州率先推出全国首个城市“信用分”互认互通平台，与厦门、宁波、郑州等多个城市建立了互认机制，应用场景涉及旅游、住房、租赁、公交出行等领域，为信用分互认和应用场景互通提供了“数字解决方案”。2022 年 11 月，杭州、天津、三亚、海口、厦门、宁波、济南、郑州、榆林、黄石等十座城市通过并签署《十城市信用建设战略合作协议》。按照协议，这十座城市将建立城

市“信用分”互认共享机制，建立“信用分”互认转换共享规则。如果可以将社区信用治理评价结果有效嵌入到各地城市“信用分”，既可以夯实城市“信用分”的信息基座，丰满个人信用画像，同时也有助于将城市“信用分”的各类信用应用场景与服务资源下沉至社区，助力社区治理。

## 六、构建社区信用治理的宣教协同机制

信用宣教协同是社区信用治理的重要咽喉。在推进社区信用治理过程中，通过宣教内容协同、宣教渠道协同、宣教载体协同、宣教形式协同，形成诚信宣传和教育的舆论合力，发挥社区诚信宣传教育主阵地作用，形成信用宣教协同立体网。

当前，社区信用宣教的协同体系尚不完善，宣教活动的形式仍较为单一，宣教影响力还有进一步提升的空间，重形式轻内容、重口号轻实践的现象突出。应持续开展“诚信建设万里行”“诚信人物”评选等主题宣传活动，采取专题报道、文体活动、调研走访、知识竞赛等丰富多样的宣传形式，不断提高诚信宣传的广度与深度。尤其应加大社区基层一线诚信典型人物典型事迹的挖掘和宣传推介力度，组织开展社区层面最美诚信人物、诚信之星等评选活动，让群众身边涌现出更多可见、可感、可学的诚信榜样，形成人人讲诚信、事事守信用的良好社会风尚。要逐级建立科学适度的基层“诚信示范荣誉体系”，在社区层面树立一批信用建设的示范典型，及时总结梳理建设的特色与亮点，以点带面，辐射带动基层广泛参与。

## 七、构建社区信用治理的帮纠协同机制

信用帮纠协同是社区信用治理的重要价值导向。要健全社区失信前的预防与预警、失信中的惩戒与容错、失信后的信用重塑机制，完善信用约束闭环，以政府、社会、市场三方协同，形成信用修复协同立体网。

当前，社区信用治理的协同帮纠机制还不够健全。对社区失信预防与预警不够重视，社区性信用惩戒使用不规范，社区信用容错机制缺失，社区失信后

的信用重塑机制还非常不完善，缺少相应的失信挽救退出渠道与机制安排，这都造成了社区自我管理、自我服务、自我教育、自我监督的功能发挥不够（详见本书第九章第二节）。因此，在帮纠协同方式上，建议采取以下措施。

第一，协同构建失信预防与预警网络。联合多方力量，构建跨部门、跨领域的社区信用监测与预警系统，利用大数据、云计算等技术手段，精准识别潜在失信风险，协同开展预防宣传，共同提升居民信用意识。

第二，协同规范信用惩戒体系。在协同框架下，制定统一、公正、合理的信用惩戒标准，确保惩戒措施既能有效遏制失信行为，又能避免过度惩罚。各部门协同合作，确保惩戒与教育相结合，推动失信者积极改正错误。

第三，协同建立信用容错与修复机制。针对非主观原因导致的失信行为，协同各方资源，提供容错机会和信用修复服务。建立信用修复协同平台，为失信者提供指导和支持，帮助其重塑信用形象，实现社会再融入。

第四，协同推进信用重塑计划。协同各方力量，为失信者制定个性化信用重塑计划，提供培训、教育等资源。鼓励社区成员积极参与，形成协同重塑信用的良好氛围，促进失信者融入社区，重建社会信任。

第五，协同建立失信挽救与退出机制。协同建立失信挽救平台，提供咨询、法律援助等服务。明确失信挽救与退出标准，协同各部门审核失信者改善情况，确保其符合退出条件，恢复社会信任，实现失信者的顺利回归。

第六，协同强化社区自治与监督功能。充分发挥多元主体的作用，打破各项监督之间壁垒掣肘，实现监督职责的再强化、监督力量的再融合、监督效果的再提升，发挥好“1+1+1>3”的作用，将监督效能转化为社区治理效能。

## 第四节　社区信用治理共同体建设的实施路径

### 一、体系嵌入，激活社区信用治理“微细胞”

将社区信用体系嵌入社区治理体系。具体来说：

第一，信用组织体系嵌入。将信用组织体系嵌入到社区的村（社）基层群众性自治组织、群团组织、社会组织、志愿组织、业主委员会、驻社区市场组织等基层治理组织中，纵向建立与上级信用组织的上下联动，横向建立与市场信用组织、社会信用组织的，形成立体化社区信用组织网络，夯实组织基础。

第二，信用规则体系嵌入。将信用规则体系嵌入到社区村（社）自治公约中，强化信用规则的约束效力，做好信用规则与社区治理体系的其他规则相互衔接，确保信用规则在社区治理中得到有效执行。

第三，信用信息体系嵌入。将信用信息体系嵌入到社区基层治理平台，实现与社区治理其他信息系统信息的相互连通；同时，畅通信息渠道，实现政府公共信用信息、市场信用信息与社区自治信息的充分共享，为社区治理赋能。

第四，信用评价体系嵌入。将信用评价体系嵌入到社区各项事务的治理环节中，建立以社区信用主体的信用记录、信用档案、信用积分、信用等级等为主要依据的公共资源分配体系、考核评估体系，实现治理的精细化水平和精准化水平，提升治理效率。

第五，信用服务体系嵌入。将信用服务体系嵌入到社区公共秩序维护、志愿活动、公益慈善、公共安全、调纠解纷、移风易俗、环境整治、社区康养等各项公共服务环节，为社区成员提供多样化、个性化的信用服务场景，激发参与的积极性，为社区治理注入持久动力。

第六，诚信文化体系嵌入。将诚信文化体系嵌入社区文化建设中，培育既内涵丰富又独具特色的社区诚信文化精神。要立足社区实情，深入挖掘社区本土诚信文化精髓，将诚信文化“种子”植入自治章程、村规民约、居民公约，加强社区诚信文化规约制定，积极培育社区原创的诚信文化精神，塑造别具一格的社区诚信精神品质。

## 二、融信于治，强化社区信用治理“有机体”

政治引领、法治保障、德治教化、自治强基、智治支撑“五治”是推进基层社会治理现代化的基本方式。实现社区信用治理，就是要将信用与“五治”相融合，做到融信于治。

第一，融信于政治。坚持和加强党对社区信用工作的领导，通过“党建+信用”方式发挥基层党组织在社区信用建设中的“政治”的引领作用，树立公信，增进与公众的互信，凝聚社区治理合力。

第二，融信于法治。信用是法律的“道德底蕴”，是法治社会的内在品质。信用与法治相融合，有助于维护法律尊严，维系法治良性运转，更好发挥“法治”的保障作用，增强社区治理定力。

第三，融信于德治。诚信是社会主义核心价值观的重要内容。信用是德治的重要“灵魂”。维系社会的良性秩序既要靠法律的外在规制，也有赖于社会信用这一道德资源的内在调适。以信用为导向，弘扬诚信文化和契约精神，将有助于更好的发挥“德治”的教化作用，促进社区治理内力。

第四，融信于自治。诚信自律是实现社区自治的重要前提条件。以信用为内在约束，以信用为手段调动社会主体参与社区治理现代化的积极性、主动性、创造性，有助于更好发挥“自治”基础作用，激发社区治理活力。

第五，融信于智治。信用智治是社区智治的重要表现。以信用信息为支撑，以信用评价为依据，以信用奖惩为核心，推进信用智治水平和能力建设，将有助于更好发挥“智治”支撑作用，提高社区治理智力。

## 三、内外循环，畅通社区信用治理“联动体”

第一，完善社区信用良治“微循环”。每位成员在参与社区治理过程中的信用行为都被记录并积累成为个体的信用积分或等级，社区依据其信用积分或等级差异化实施信用激励或约束措施，从而鼓励社区成员更加积极地参与社区活动，履行社会责任，共同维护社区秩序，形成治理的良性循环。

第二，畅通城市信用治理“大循环”。以社区信用良治“微循环”畅通市域社会治理“大循环”。要在市域层面制定统一的信用标准和规范，建立跨地域、跨领域信用联动机制，推动社区之间信用积分或等级的互认和信用应用的共享，将社区信用治理的“微循环”融入市域社会信用治理的“大循环”，让每位守信成员可以在更多领域、更大范围享受更广泛的激励。

## 四、合力共治，打造社区信用治理“共同体”

通过社区信用力量联合、资源整合、信息融合、服务聚合，体系耦合，实现共建共享共治新格局。

第一，力量联合。通过打破组织边界和利益格局，联合以乡镇街道和部门为代表的政府信用力量，以村（社）党组织和村（居）委会等为代表的村（社）基层信用力量，以村（社）经济组织、驻村（社）企业等盈利为目标的市场信用力量，以及以公益组织、民间团体等非盈利社会信用力量，打造社区治理的联合体。

第二，资源整合。通过政策资源的整合，为社区信用治理提供政策保障和支持；通过社区内外信用服务资源的整合，实现社区公共服务的共享和优化配置；通过设立社区信用基金、引入金融机构参与社区信用治理等方式，拓宽资金来源渠道，整合金融资源。

第三，信息融合。加快社区信用信息化建设进度，将社区信用信息系统与现有智慧社区综合信息平台进行整合。完善信用信息共享机制，加强社区信用信息资源的共建共享共用，各级政府要将涉社区相关信用主体的公共信用信息主动下沉至社区，为社区信用治理赋能。

第四，服务聚合。提供“信用+”物业服务、社区养老、家政服务、志愿服务、金融服务等一站式信用服务。鼓励和支持社会力量参与社区信用治理服务的提供，引入市场机制，激发服务创新活力。通过政府购买服务、引入社会资本等方式，吸引更多优质资源参与社区信用治理服务。

第五，体系耦合。社区信用体系与社会治理体系、公共服务体系、诚信文化体系、政府监管体系是一种耦合关系。社区信用体系作为社会治理的重要工具，通过信用机制提升治理效能，促进社区和谐稳定；社区信用体系与公共服务体系相互耦合，通过信用评价和监督优化公共服务质量，提高社区服务效率和社区居民满意度；社区信用体系与诚信文化体系相辅相成，通过弘扬诚信精神、树立诚信榜样，推动社区诚信文化的发展，形成诚信的社区氛围；社区信用体系与政府监管体系紧密耦合，政府监管体系为社区信用体系提供强有力的制度保障和监管支持，而社区信用体系则作为政府监管的有效延伸，二者共同协作，推动社区治理的法治化、规范化和精准化。

## 五、培育资本，打造社区信用治理“财富池”

社会信用资本是社会信用体系建设的独特产物，是资本的一种独特类型，具有经济价值、社会价值和文化价值等多重价值属性。社区信用资本是社会信用资本的重要组成，加快社区信用体系建设步伐，积极培育社区信用资本，畅通其向经济资本与社会资本的转化渠道与路径，让每个社区、每位社区成员都能拥有社区信用资本，有助于打造社区信用治理“财富蓄水池”，让社区信用资本成为驱动社区治理体系与治理能力现代化的核心引擎，为社区的全面发展与繁荣注入不竭的动力。

# 参考文献

[1]邱梦华.城市社区治理[M].2版.北京：清华大学出版社,2019.
[2]张雷.建设以人民为中心的城乡社区治理新体系[J].中国民政,2022(6):21-23.
[3]沈岿.社会信用体系建设的法治之道[J].中国法学,2019(5):25-46.
[4]韩家平.中国社会信用体系建设的特点与趋势分析[J].征信,2018(5):1-5.
[5]高茜."十四五"时期我国社会信用体系建设高质量发展的特征与推进举措[J].征信,2021(5)：9-12.
[6]林钧跃.辨识社会信用体系的性质及其现实意义[J].征信,2020(9):1-7.
[7]吴晶妹.信用建设的重中之重：全面的社会互信建设[J].征信,2020(7):11-15+25.
[8]王淑芹.中国特色社会诚信建设研究——诚信文化与社会信用体系融通互促[M].北京：人民出版社,2022.
[9]王淑芹,郭玲.中国社会信用体系建设的缘起与特征[J].首都师范大学学报(社会科学版),2023(3):66-72.
[10]门立群.高质量社会信用体系建设 助力社会治理现代化路径研究[J].中国经贸导刊,2023(11):29-31.
[11]董树功,杨崎林.基于社会治理的社会信用体系建设研究：学理逻辑与路径选择[J].征信,2020(8):67-72.
[12]郁建兴.社会治理共同体及其建设路径[J].公共管理评论,2019(1):59-65.
[13]林钧跃.社会信用体系:社会治理工具的最佳选择[J].中国信用,2018

（12）:117–118.

[14]吴晶妹．现代信用学［M］. 2 版．北京：中国人民大学出版社，2020.

[15]陈一新．“五治”是推进国家治理现代化的基本方式［J］. 求是，2020（3）：8.

[16]刘武俊．信用，现代法治社会的一种德性［J］. 社会，2002（1）:31.

[17]林钧跃．社会信用体系理论的传承脉络与创新［J］. 征信，2012（1）:1–12.

[18]林钧跃．社会信用体系模式构建及其必要性［J］. 征信，2023（1）:6–11.

[19]李正华．社会规则论［J］. 政治与法律，2002（1）:6.

[20]林钧跃．信用规则体系：社会信用体系的基础组成部分［J]，征信，2023（5）:1–12.

[21]吴晶妹．我国信用服务体系未来：“五大类”构想与展望［J］. 征信，2019（8）:7–10,92.

[22]刘金海．互助：中国农民合作的类型及历史传统［J］. 社会主义研究，2009（4）:37–41.

[23]卞国凤．近代以来中国乡村社会民间互助变迁研究［D］. 天津：南开大学，2010.

[24]汪小亚．新型农村合作金融组织发展案例研究［M］. 北京：中国金融出版社，2016.

[25]毛通，谢朝德．金融支持乡村振兴的模式和路径——基于浙江“三位一体”农村信用合作实践的思考［J］. 当代农村财经，2018（10）:10–16.

[26]吴文藻．论社会学中国化［M］. 北京：商务印书馆，2010.

[27]王淑琴等．中国特色社会诚信建设研究——诚信文化与社会信用体系融通互促［M］. 北京：人民出版社，2022.

[28]许洪源．城市社区诚信文化建设研究［D］. 大连：大连理工大学，2020.

[29]刘菁．诚信文化赋能社会治理现代化［J］. 前线，2022（12）：50–52.

[30]杨连生，许洪源．诚信文化建设与社区治理的互动逻辑［J］. 人民论坛，2020：96–97.

[31]林钧跃．社会信用体系支撑的新型诚信教育方法［J］. 征信，2020（11）：1–8,92.

[32]刘菁，杨柳.诚信文化建设的相关要素与实践逻辑[J].征信，2023(7):59-64.

[33]毛通，楼裕胜，顾洲一.面向高质量发展的基层信用体系建设[J].宏观经济管理，2022(6)：68-73.

[34]郑杭生.中国城市社区治理结构研究[M].北京：中国人民大学出版社，2012.

[35]李建革，刘文宇.基于法经济学视角的信用权[J].东北师大学报(哲学社会科学版)，2016(3):104-107.

[36]吴太轩，谭娜娜.制度嵌入与文化嵌入：信用激励机制构建的新思路[J].征信，2021(3):9-17.

[37]王伟，杨慧鑫.守信激励的类型化规制研究——兼论我国社会信用法的规则设计[J].中州学刊，2022(5):43-50.

[38]林钧跃.论公共和市场两种不同类型的失信惩戒机制及其互补关系[J].征信，2022(1):11-25.

[39]黄鹏进，王学梦.乡村积分制治理：内涵、效用及其困境[J].公共治理研究，2022(4):58-67.

[40]马九杰，刘晓鸥，高原.数字化积分制与乡村治理效能提升——理论基础与实践经验[J].中国农业大学学报(社会科学版)，2022(5):53-68.

[41]孔祖根.信用成金——浙江丽水市农村信用体系建设的探索与实践[M].北京：中国金融出版社，2011.

[42]夏建中，张菊枝.我国城市社区社会组织的主要类型与特点[J].城市观察，2012(2):25-35.

[43]王晓露."爱心银行"服务模式研究[D].合肥:安徽大学，2017.

[44]北京大学，中国红十字基金会.中国时间银行发展研究报告[R].北京：北京大学，2021.

[45]郭少华.社会组织信用体系建设面临的挑战及应对策略研究[J].征信，2023(8):55-59.

[46]李小博.城市社区物业服务信用体系的建设与完善[J].征信，2022(3):37-42.

[47]王曙光，王彬."道德银行"与中国新型乡村治理[J].农村经济,2020(2):1-6.
[48]毛通，楼裕胜.社区诚信文化建设高质量发展的理论逻辑与实践路径[J].征信,2024(6)：44-50.
[49]毛通，楼裕胜.基于大数据的社会信用监测评价[M].浙江：浙江大学出版社,2022.
[50]毛通，谢朝德.基于舆情大数据的城市信用治理满意度评价——来自17个GDP超万亿元大城市的实证[J].征信,2020(9)：15-23.
[51]毛通，谢朝德.基于百度大数据的信用舆情指数构建与实证研究[J].征信,2019(12)：11-20.
[52]楼裕胜，毛通.行业信用指数的编制与应用[M].浙江：浙江大学出版社,2021.
[53]顾洲一，楼裕胜，毛通.基层治理中的信用环境监测研究[J].征信,2022(6)：68-73.
[54]吴晶妹.人力资本与信用资本相融共建[J].中国金融,2021(23):98-100.
[55]卡尔·马克思，弗里德里希·恩格斯.马克思恩格斯全集[M].北京：人民出版社,1974.
[56]林南.社会资本：关于社会结构与行动的理论[M].上海：上海人民出版社,2020.
[57]皮埃尔·布尔迪厄.文化资本与社会炼金术[M].包亚明，译.上海：上海人民出版社,1997.
[58]罗伯特D·帕特南.使民主运转起来[M].王列，赖海榕，译.南昌：江西人民出版社,2001.